现代生物学
数据分析原理与应用

◎ 梅步俊　王 贵　著

中国农业科学技术出版社

图书在版编目（CIP）数据

现代生物学数据分析原理与应用 / 梅步俊，王贵著 .—北京：中国农业科学技术出版社，2019. 11

ISBN 978-7-5116-4429-9

Ⅰ. ①现…　Ⅱ. ①梅…②王…　Ⅲ. ①分子生物学-数据处理-研究　Ⅳ. ①Q7

中国版本图书馆 CIP 数据核字（2019）第 212290 号

责任编辑　张国锋
责任校对　李向荣

出 版 者　中国农业科学技术出版社
　　　　　北京市中关村南大街 12 号　邮编：100081
电　　话　（010）82106636（编辑室）（010）82109704（发行部）
　　　　　（010）82109703（读者服务部）
传　　真　（010）82106631
网　　址　http：//www.castp.cn
经 销 者　各地新华书店
印 刷 者　北京建宏印刷有限公司
开　　本　787mm×1 092mm　1/16
印　　张　15. 25
字　　数　390 千字
版　　次　2019 年 11 月第 1 版　2019 年 11 月第 1 次印刷
定　　价　78. 00 元

前　　言

随着信息技术的飞速发展，生物学数据以爆炸似的速度积累增长，特别是基因组学数据的大量积累，但是如何有效地整合和利用这些数据进行科学研究，这就对有效数据的管理和挖掘提出了更高的要求。

近年来，数据挖掘得到迅速发展，并逐渐应用到现实生活中，在分类分析方面表现相当出色，因此，已有专家将数据挖掘技术与基因表达数据分类问题相结合，发掘基因之间的关联联系，基因表达正常与非正常的活动范围，由此来理解基因表达的内在规律，给性状遗传学规律研究和表型预测等提供新的思路和方法。

本书介绍了生物学数据分析的基本技巧，全书共分 10 章，内容主要包括：R 语言在生物信息学中的应用、二代测序数据深度挖掘与展示、转录组深度分析、动物育种中的线性模型 R 语言在动物育种中的应用。其中梅步俊负责前 5 章的撰写，王贵负责后 5 章的撰写。

本书的出版发行得到国家自然科学基金（项目批准号：31760660）、内蒙古自治区留学回区人员科技活动项目择优资助项目、内蒙古自治区高等学校“青年科技英才支持计划”青年科技领军人（项目批准号：NJYT-17-A21）、巴彦淖尔市科技局项目基于基因交互作用的绵羊复杂性状遗传机制解析与应用研究、河套学院高层次引进人才科研启动金项目、河套学院“教师教、学生学”教学研究项目、巴彦淖尔市肉羊重要经济性状遗传机理解析与遗传评估改良研究（巴彦淖尔市科技局，项目批准号：BKZ2016）、整合多组学数据的家畜稀有变异上位效应关联分析研究（内蒙古自治区科学技术厅，项目批准号：2019MS03092）的支持。

由于作者知识水平有限，书中难免存在错误和不足，敬请读者批评指正。

著　者

2019 年 9 月

目　录

第一章　R 语言在生物信息学中的应用

第一节　基因组数据的图形展示与说明

生物信息学常见 R 包：VennDiagram、gmodels、ggplot2、pheatmap、maps、mapdata、vioplot、corrgram、qqman、RColorBrewer、可以用 install. packages（）在线安装。例如：install. packages（"qqman"）。

一、散点图

散点图是指在回归分析中，数据点在直角坐标系平面上的分布图，散点图表示因变量随自变量而变化的大致趋势，据此可以选择合适的函数对数据点进行拟合。下图绘制的是基因组大小与所含基因数的散点图及其回归曲线。图中横坐标为基因组大小，单位为 Mb，纵坐标为 Gene 数目，图中每一个实心散点表示一个微生物基因组。

根据直线回归分析的结果可以看到，一个基因组中所含基因的多寡与基因组大小呈线性正相关，其相关性高（=0.97）。虽然图中横纵坐标的相关性高，但仍有部分离散点，尤其是位于右下方的点，该点所代表的基因组，其基因组较大，但所含基因较少，可能是有其生物学意义，也可能是该基因组的基因预测不完整。

散点图在基因组学中主要用于：

（1）RT-PCR 结果与转录组结果相关性；

（2）基因周围保守原件数目与基因互作基因数量的关系；

（3）基因表达量与启动子区甲基化水平关系；

（4）转录组重复之间的相关性；

（5）差异基因的火山图；

（6）基因组大小与基因数目；

（7）重组率与基因密度关系。

二、直方图

直方图（Histogram）又称质量分布图，是一种统计报告图，由一系列高度不等的纵向条纹或线段表示数据分布的情况。一般用横轴表示数据类型，纵轴表示分布情况。

对于一个基因组中的所有基因，绘制其基因长度的频数/频率分布直方图。直方图表征的是不同值出现的频数/频率大小。下图中，横坐标为基因长度，纵坐标表征的是某一基因长度范围下基因的数目；图中蓝色曲线为分布密度曲线，描绘的是频

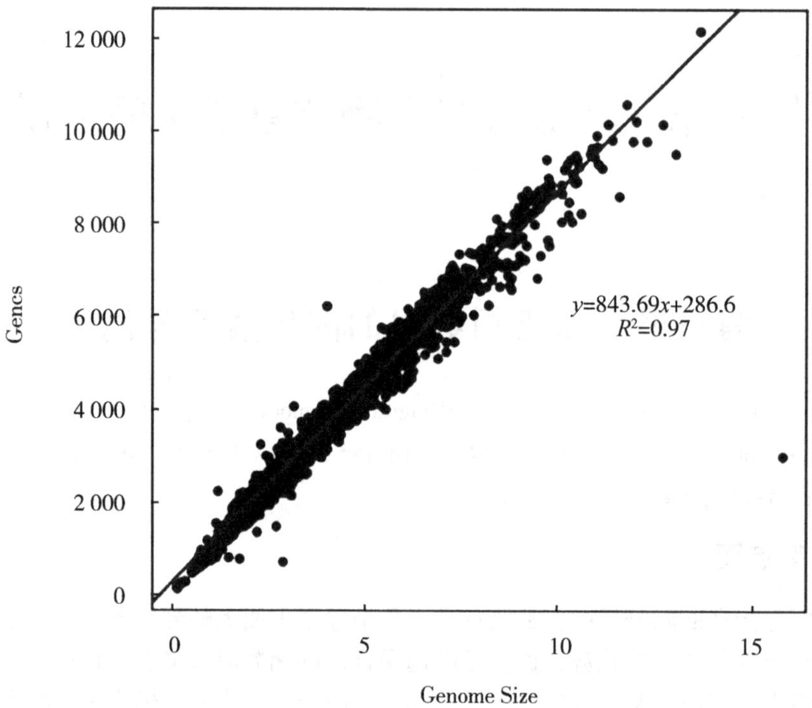

数/频率分布的形状。图中横坐标旁出现的黑色的短线即为 rug，其绘制方法是将所有的 x 值按短线形式绘制在横轴上，因此，短线越密集的区域，其基因长度出现的频率越高。总体上，对于一个基因组，其基因长度集中分布于一个范围内，只有个别基因较长或较短。

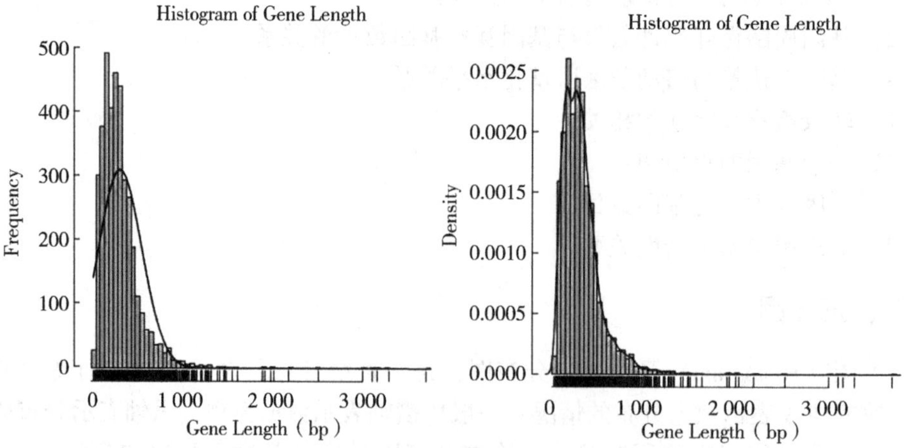

三、盒形图

盒形图英文名称为 boxplot，中文名称又有如下说法：箱图、箱线图、盒子图。盒图是在 1977 年由美国的统计学家约翰·图基（John Tukey）发明的。

最简单的盒形图由 5 个数值点组成：最小值（min）、下四分位数（Q1）、中位数（median）、上四分位数（Q3）、最大值（max）。

假设在一生物实验中，有 3 组样品，每组样品在各种生物表型上基本一致，对一组的样品分别进行方法 A 和方法 B 两种不同的处理，共得到 A1、A2、A3 和 B1、B2、B3 6 组表型数据值（此处为某一类型基因的表达量）。鉴于基因的数量较大，难以进行一一比较，这里使用盒形图对基因表达量进行整体比较。图中横坐标为分组，纵坐标为表达量的值，每一个盒子表示的是这一类基因的表达量分布情况。

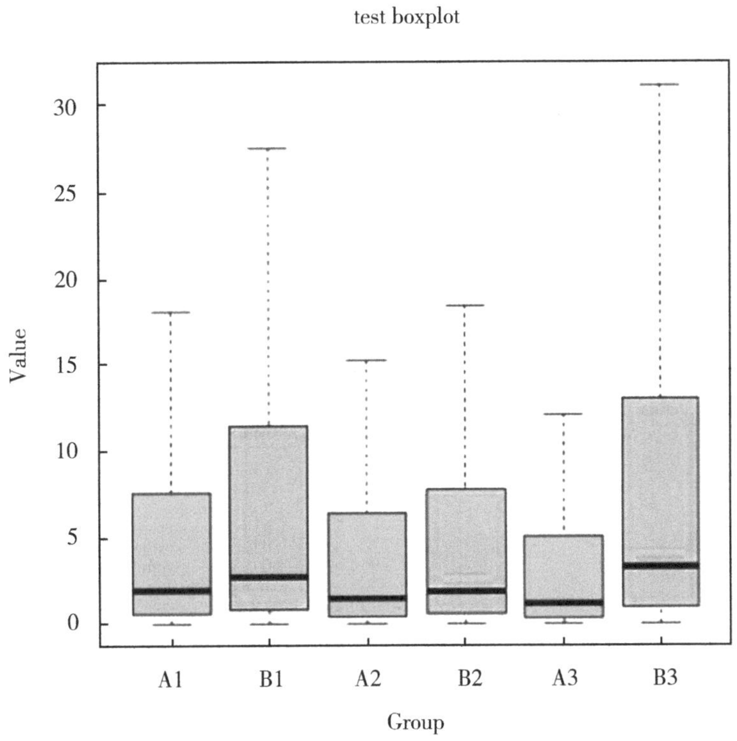

四、饼状图

饼图英文学名为 Sector Graph，又名 Pie Graph。饼图显示一个数据系列中各项的大小与各项总和的比例。在示例图中，表示的是一个环境样品中所含微生物的分类比例，各个区域的大小代表相对比例，图中标记的名称表示的是微生物的“界（Kingdom）”和“门（Phylum）”。

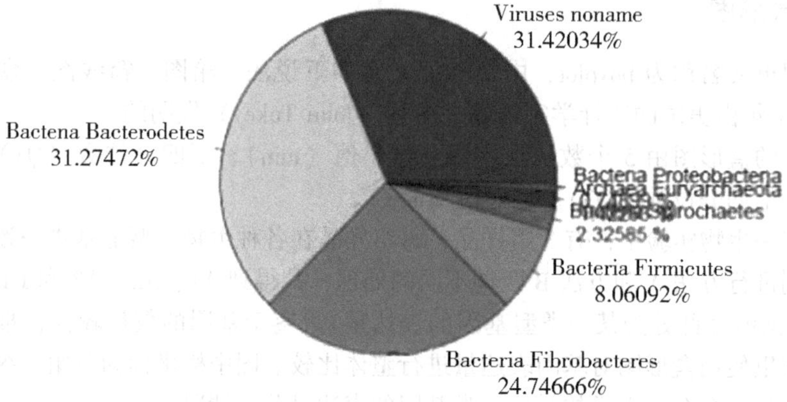

五、柱状图

柱状图（bar chart），是一种以长方形的长度为变量的表达图形的统计报告图，由一系列高度不等的纵向条纹表示数据分布的情况。

下图是某一基因组中所有基因的 COG 功能分类柱状图。其中，横坐标表示 COG 分类，纵坐标为各分类中的基因数目，右侧对各个 COG 分类的详细功能含义进行了描述，在图的上方，添加了四个大的 COG 分类说明。下图为 R 绘制，包括所有文字说明，没有使用其他软件进行过修改，图中横坐标按 COG 功能分类排序而不是按英文字母的顺序排序。

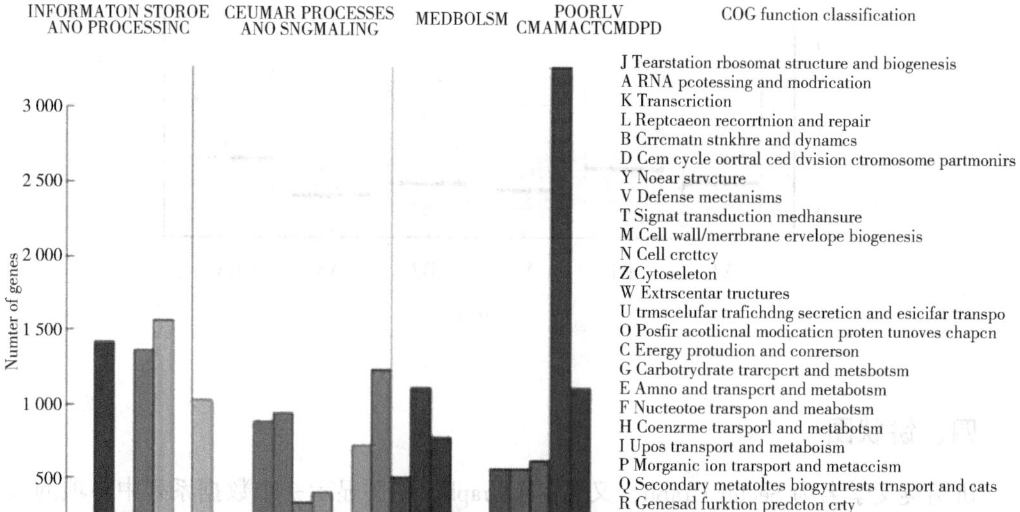

六、组合图

在生物学研究中，通常需要使用一个图来表示多种数据或多个信息，这就需要对多种图形进行有效的整合。

从图中看，下图包含了直方图（上方）、散点图（左下）和柱状图（右侧）。图中横坐标为基因组上某一段的 GC 含量，以百分比表示；纵坐标为对应区段上的测序深度。对于一个基因组，其基因组的 GC 含量和测序深度在理论上是接近正态的，如果 GC 含量出现两个峰值或测序深度出现两个峰值，应当着重考虑样品及测序上可能出现的问题。例如：如果样品中混杂有少量其他基因组，基因组的 GC 含量分布可能出现两个峰；若样品中含有多拷贝的质粒序列或细胞器基因组，测序深度可能出现两个峰。图中，直方图表示的是 GC 含量分布直方图；柱状图表示的是测序深度分布；散点图中每一个点表示基因组的一段，其位置由这一段序列的 GC 含量和测序深度确定。

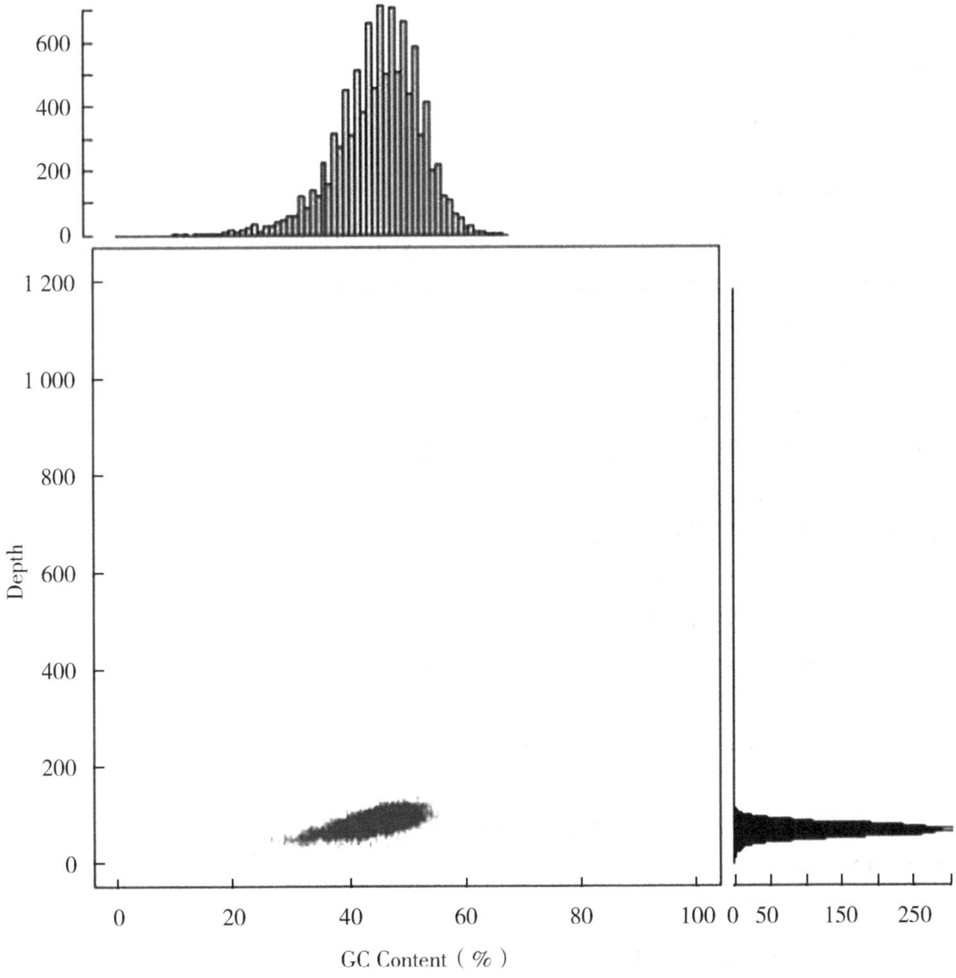

七、基因组大小与基因含量的散点图及线性回归例子

1. 数据

输入文件为 txt 格式，文件名"genomes. genes. txt"（注意带扩展名），可用 Excel 打开。输入数据为微生物基因组的基因组基本信息表，输入文件共 5 列，以分隔，各列内容分别为物种名、基因组大小、GC 含量、Gene 数及编码蛋白数。

2. 要求

绘制基因组大小与所编码基因数的散点图，横坐标为基因组大小，纵坐标为对应的编码基因数目。

3. 绘图

```
m=read. table ("genomes. genes. txt", sep="\t");
#读入数据，将数据赋值给对象 m
pdf ("1. 1. pdf");
#打开绘图设备
x=m [, 2];
#将第二列赋值给 x，方便使用
y=m [, 4];
#将第四列赋值给 y
plot (x, y, pch=16, xlab="Genome Size", ylab="Genes");
#绘制 x 和 y 的散点图，设定横纵坐标的坐标轴名称
fit <-lm (y~x);
#做线性拟合并将拟合结果赋值给 fit
abline (fit, col="blue", lwd=1. 8);
#向图中添加拟合直线，设定颜色及线的宽度
rr <-round (summary (fit) $ adj. r. squared, 2);
#取出 R^2 的值并保留两位小数，同时赋值给一个新的对象 rr
intercept <-round (summary (fit) $ coefficients [1], 2);
#取出截距，保留小数位数后赋值
slope <-round (summary (fit) $ coefficients [2], 2);
#取斜率
eq <-bquote (atop ("y=" * . (slope) * " x + " * . (intercept), R^2 = =.
(rr) ) );
#以上下的方式书写拟合的直线公式及 R^2 值
text (12, 6e3, eq);
#向图中某一位置添加公式
#legend ("topleft", legend=eq, bty="n");
#或者直接向图的左上角以图例的方式添加公式
dev. off ();
```

#关闭绘图设备

在绘图中，plot 函数中使用到了一个 pch 选项，pch 是 plotting character 的缩写。pch 符号可以使用 0：25 间的数字来表示 26 个标识。当然符号也可以使用#;%；¤；j；+;¡;:;　o；O 等。使用数字表示的点的形状请参考下图：

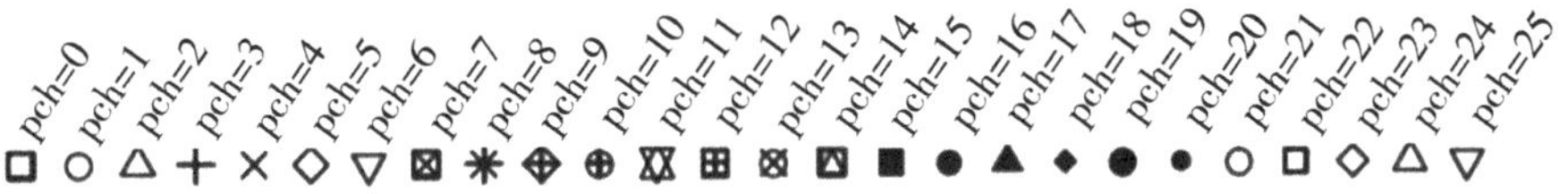

绘制图形后，使用 legend 函数可以给图形添加图例，详细可参考 help（"legend"）。使用 legend 函数需要指定图例的位置及内容。bty 表示的是图例是否需要使用边框标识出来，设定选项 bty 的值为"n"表示不绘制图例的边框。

八、绘制包含多种图形类型的 R 生物图形

（1）数据输入文件为 txt 格式，文件名"GC-depth. txt"（注意带扩展名），可用 Excel 打开。输入文件共两列，以分隔，标题行已使用"#"进行标注，第一列为基因组某一段的 GC 含量，第二列为对应的测序深度。

#GC	Depth
48	54. 3
39	75. 9
42. 2	83. 65
40. 8	82. 28
50. 8	97. 73
42. 6	84. 11

（2）要求将①GC 含量的分布、②深度分布、③GC 含量和深度的散点图绘制到一张图形中进行展示，横坐标为 GC 含量，纵坐标为深度。

```
pdf（"5. 1. pdf"）;
m=read. table（"depths. txt"）;
nf <-layout（matrix（c（0, 2, 0, 0, 1, 3）, 2, 3, byrow=T）, c（0.5, 3, 1）,
c（1, 3, 0.5）, TRUE）;
par（mar=c（5, 5, 0.5, 0.5））;
x=m [, 1];
y=m [, 2];
#第一个图片
plot（x, y,
xlab='GC Content（%）', ylab='Depth',
pch=46, col="#FF000077",
```

```
xlim=c (0, 100), ylim=c (0, max (y) ),
);
xbreaks <-100;
ybreaks <-floor (max (y) -0);
xhist <-hist (x, breaks=xbreaks, plot=FALSE);
yhist <-hist (y, breaks=ybreaks, plot=FALSE);
par (mar=c (0, 5, 1, 1) );
#第二个图片
barplot (xhist $ counts, space=0, xlim=c (0, 100) );
par (mar=c (5, 0, 1, 1) );
#第三个图片
barplot (yhist $ counts, space=0, horiz=TRUE, ylim=c (0, max (y) ) );
dev. off ();
```

在“nf <-layout (matrix (c (0, 2, 0, 0, 1, 3), 2, 3, byrow=T), c (0.5, 3, 1), c (1, 3, 0.5), TRUE);”语句中，c (0.5, 3, 1)、c (1, 3, 0.5) 分别为宽度和高度；2、3 表示把屏幕分割成 2 行 3 列 6 个部分；c (0, 2, 0, 0, 1, 3) 表示绘图顺序及图像位置。

0, 2, 0

0, 1, 3

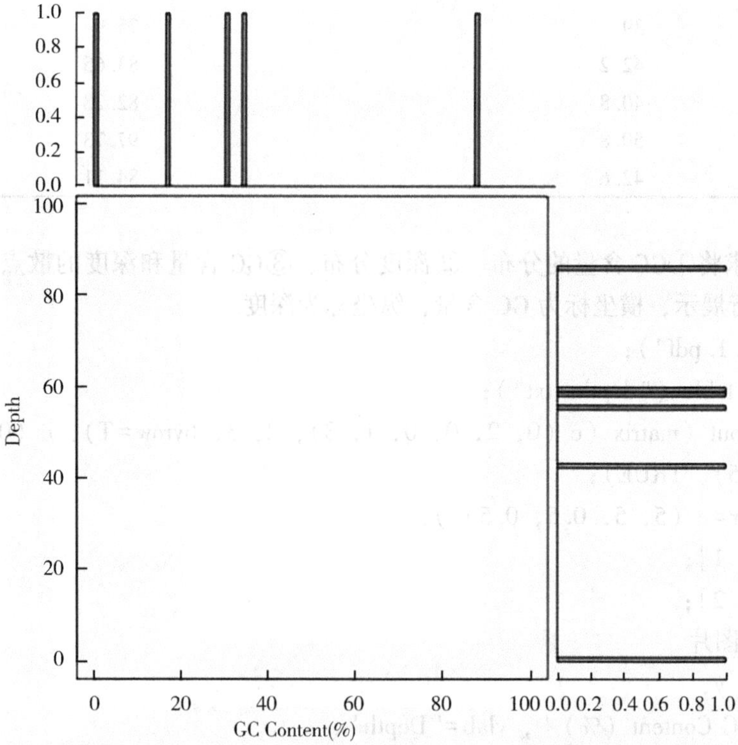

第二节　高分辨率论文图片制作

PPT制作矢量图

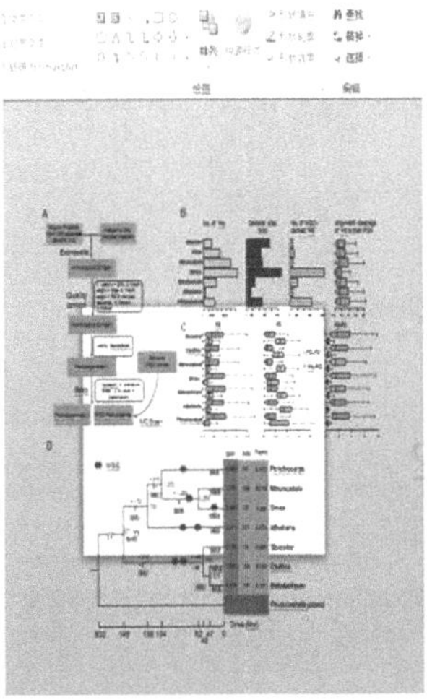

AI新建画板

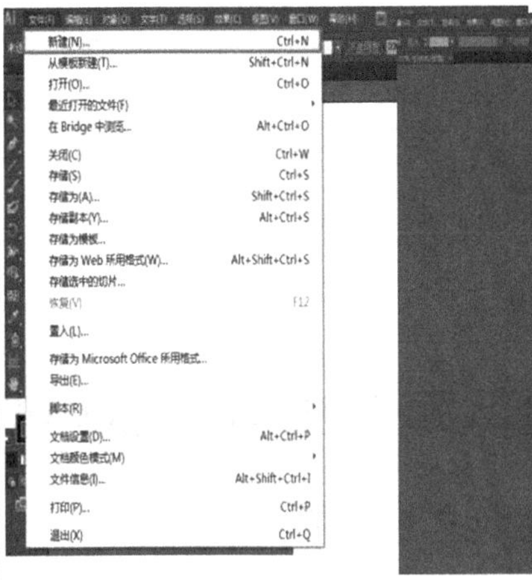

粘贴进画板

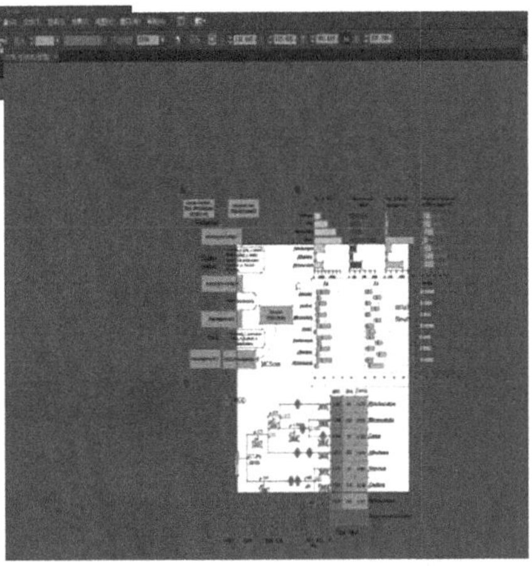

注意：可以使用 contrl + c 和 control +v 进行复制粘贴。

调整图像大小

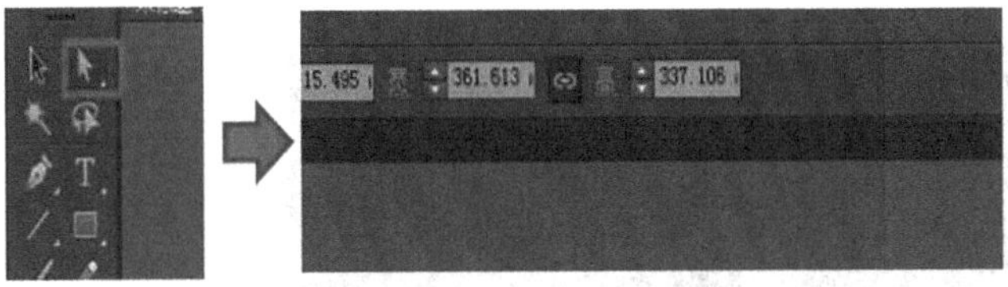

调整画板大小

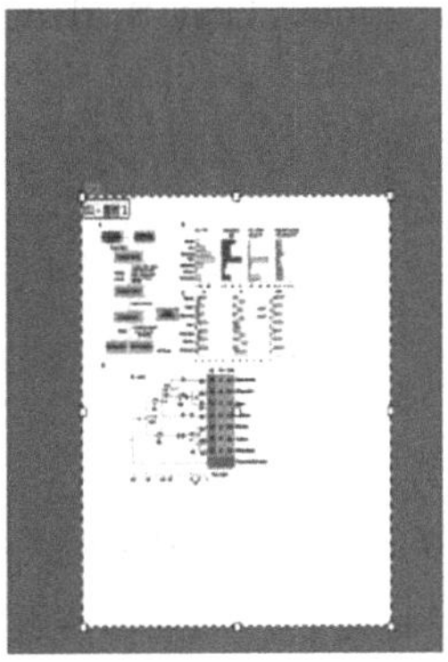

可以使用 shift + o 快捷键调整大小。

另存为pdf

2.0
矢量图

转换为tiff

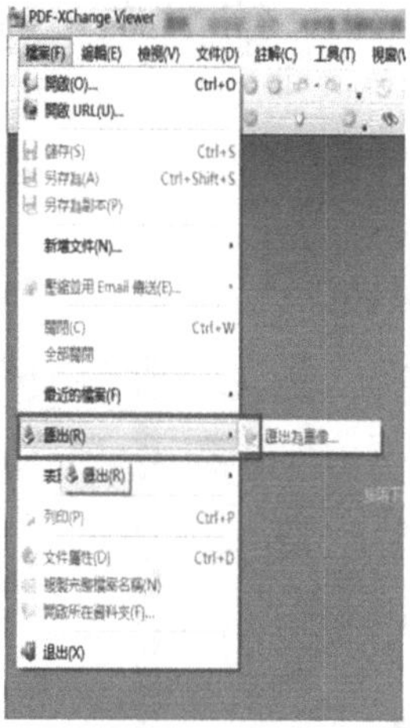

第三节　ggplot 或 ggplot2

www. r-graph-gallery. com，R 重要绘图网址。

###

fam=read. table （"ceu_tsi. fam"，as. is=T） ## no header

dat=read. table （"ceu_tsi_22. frq"，as. is=T，header=T） ## header

dim （fam） #get data dimension

dat （dat） ##

table （fam $ V5） # how many men and women?

plot （dat $ MAF）

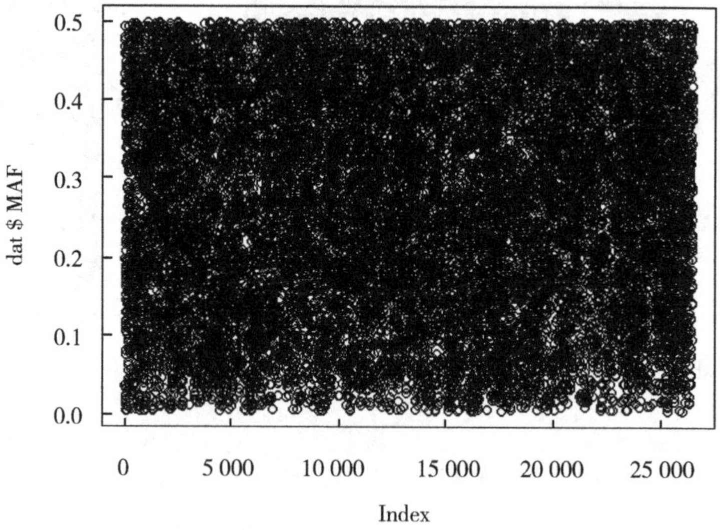

attach (dat)

plot (main = " hello" , bty =' l' , MAF, pch = 16, cex = 0. 5, col = ifelse (MAF < 0. 167, "red" , ifelse (MAF> = 0. 33, "blue" , "grey")))

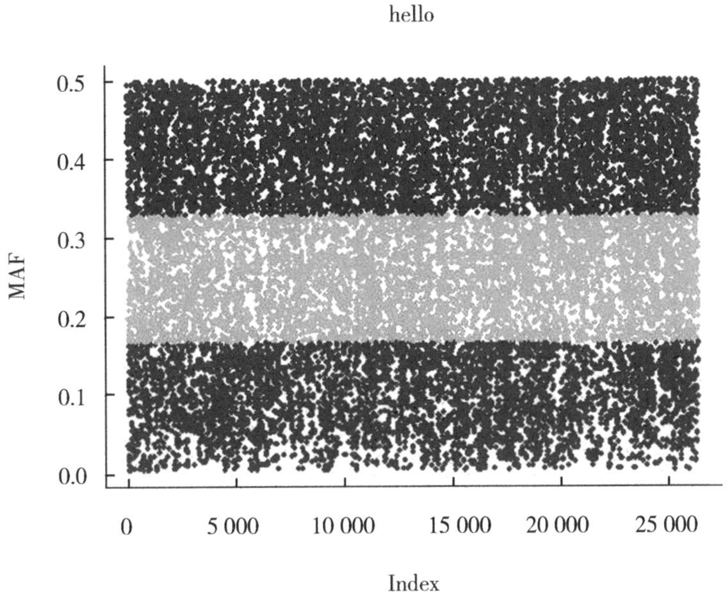

hist (MAF)

hist (MAF, main = "Freq dist" , breaks = 50)

detach (dat)

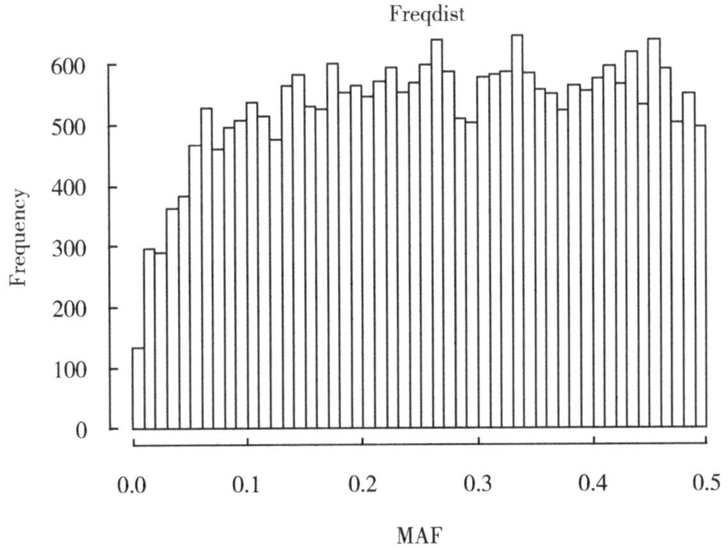

barplot (table (fam $ V5))

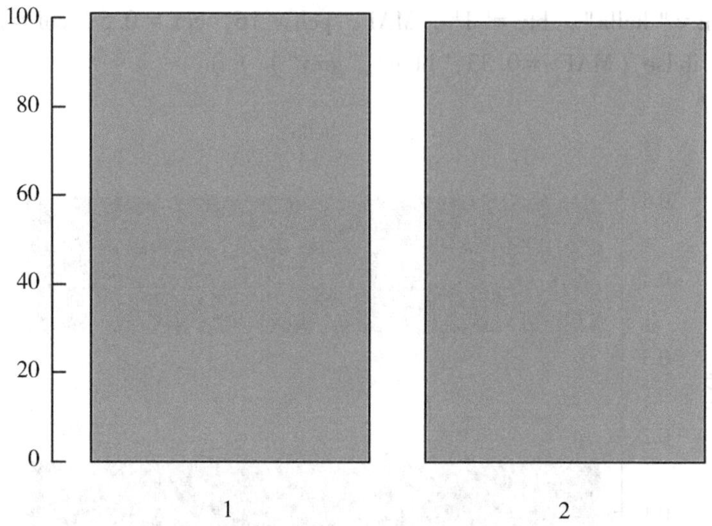

barplot (table (dat $ A1))

> head (dat)

	CHR	SNP	A1	A2	MAF	NCHROBS
1	21	rs240444	C	T	0. 1969	386
2	21	rs2261645	A	G	0. 4343	396
3	21	rs2260810	G	A	0. 4217	396
4	21	rs2260895	A	G	0. 4231	390
5	21	rs2821796	C	A	0. 4948	388
6	21	rs2742182	C	T	0. 4590	390

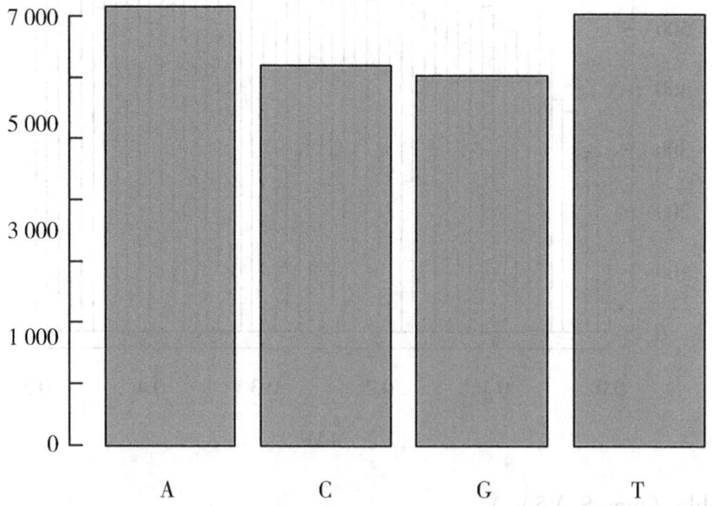

snpMat=matrix (NA, 2, 4)

snpMat [1,] =table (dat $ A1 [dat $ CHR==21])

snpMat [2,] =table (dat $ A1 [dat $ CHR==22])

barplot (border= F, ylim = c (0, max (apply (snpMat, 1, sum)) * 1.2), t (snpMat), col=c ("yellow","green","blue","grey"))

legend ("topleft", ncol=4, col=c ("yellow","green","blue","grey"), pch=15, legend=c ("A","C","G","T"), bty='n')

说明A、C、T、G含量基本相同。

barplot (border=F, beside=T, ylim=c (0, max (apply (snpMat, 1, sum)) * 1.2), t (snpMat), col=c ("yellow","green","blue","grey"))

> legend ("topleft", ncol=4, col=c ("yellow","green","blue","grey"), pch=15, legend=c ("A","C","G","T"), bty='n')

> text (1.5, 5000, labels =" A", cex = snpMat [1, 1] /mean (snpMat [1,]* 1.5))

> text (2.5, 5000, labels =" C", cex = snpMat [1, 2] /mean (snpMat [1,]* 1.5))

> text (3.5, 5000, labels =" G", cex = snpMat [1, 3] /mean (snpMat [1,]* 1.5))

> text (4.5, 5000, labels =" T", cex = snpMat [1, 4] /mean (snpMat [1,]* 1.5))

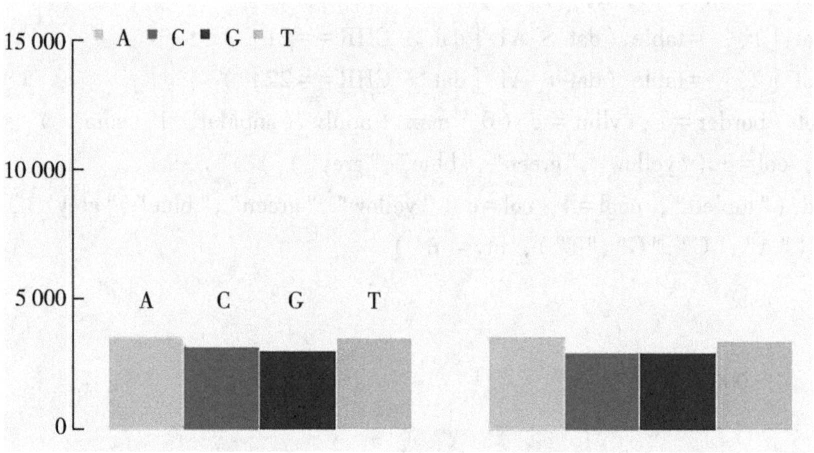

barplot（border=F，beside=T，ylim=c（0，max（apply（snpMat，1，sum））*1.2），t（snpMat），col=c（"yellow"，"green"，"blue"，"grey"））

legend（"topleft"，ncol=4，col=c（"yellow"，"green"，"blue"，"grey"），pch=15，legend=c（"A"，"C"，"G"，"T"），bty='n'）

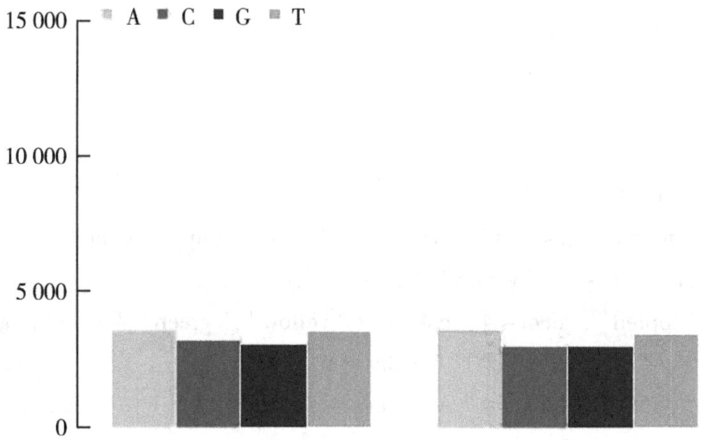

mean（dat $ MAF）
sd（dat $ MAF）
####test
layout（matrix（1：4，2，2））
plot（density（rt（10000，3）），main="t-test，1 d. f. "）
plot（density（rt（10000，13）），main="t-test，13 d. f. "）
plot（density（rt（10000，23）），main="t-test，23 d. f. "）
plot（density（rt（10000，100）），main="t-test，100 d. f. "）
注：rt 表示产生 t 分布的随机数。

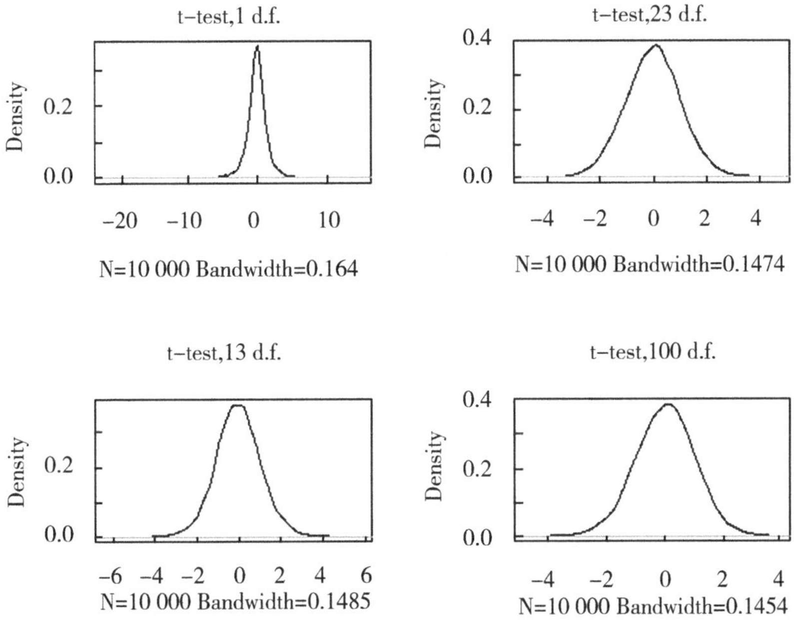

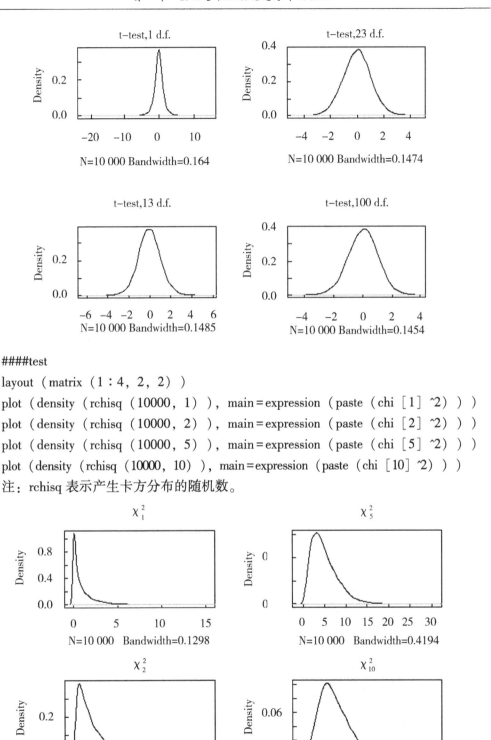

```
####test
layout（matrix（1：4，2，2））
plot（density（rchisq（10000，1）），main=expression（paste（chi［1］^2）））
plot（density（rchisq（10000，2）），main=expression（paste（chi［2］^2）））
plot（density（rchisq（10000，5）），main=expression（paste（chi［5］^2）））
plot（density（rchisq（10000，10）），main=expression（paste（chi［10］^2）））
```

注：rchisq 表示产生卡方分布的随机数。

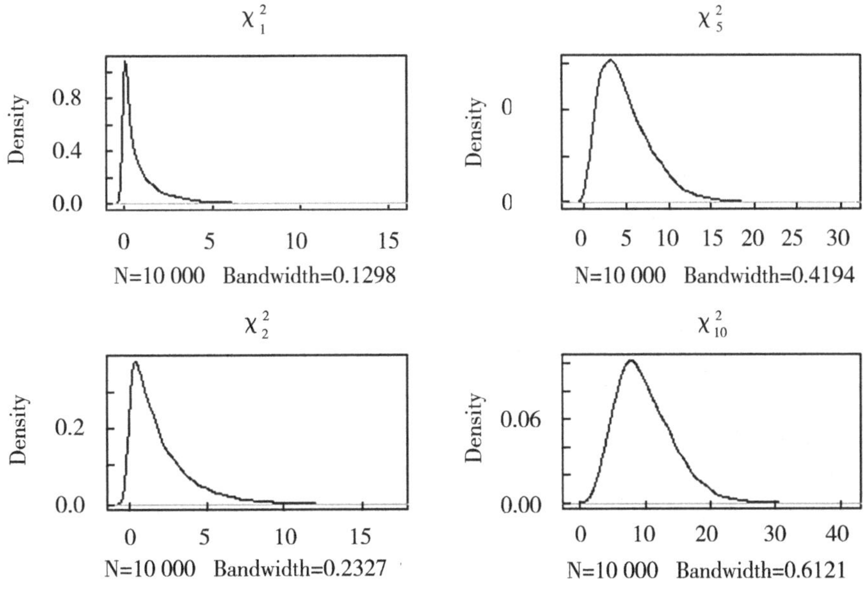

R 最常用绘图命令：plot，hist，barplot

第四节　GWAS 理论

GWAS：$y = a + bx + e$

线性混合模型，BLUP，$\beta = X^T[h^2 + (1 - h^2)I]^{-1}y$

当 A 为单位矩阵是，以上模型变为下面形式：

$$\beta = X^T(A)y = X^Ty => y = a + bx + e$$

$$A = \begin{bmatrix} 1 \pm e & \wedge \\ \hat{e} & 1 \pm e \end{bmatrix} \approx I = E(A)$$

主成分 GWAS：$y = a + bx + pcs + e$

特征值（Eigenvalue），特征向量（Eigenvector）

奇异值分解（SVD）$X^TA^{-1}E$

预测准确性（Prediction Accuracy）$R^2 = h^2 \dfrac{\frac{N}{M}h^2}{\frac{N}{M}h^2 + 1}$，ploS ONE，2008，3：e3395，ploS Genet，2013，9：e1003348

$$F_{st}^W = \frac{n_A n_R}{n_A + n_R} F_{st}^{Nei}$$

$$F_{st}^{Nei} = \frac{(p_1 - p_2)^2}{2\bar{p}\bar{q}}$$

EigenGWAS：$pc = a + bx + e$

$$\left(\frac{b}{\hat{\sigma}_b}\right)^2 \sim \chi_1^2 = nF_{st}^W$$

例子 Heredity，2016，V117：51-61

通过将全基因组关联研究（GWASs）的统计框架与通常用于群体遗传学以表征遗传数据结构的特征向量分解（Eigen GWAS）相结合，可以在不需要离散种群的情况下识别选择的基因座。通过理论和模拟表明，我们的方法可以确定选择沿着血统梯度的区域，在实际数据中，可以通过证明 LCT 处于选择状态来证实这一点。

在 HapMap CEU-TSI 队列之间，然后在 POPRES 样本中验证欧洲各国的选择信号。HERC2 也被发现在 CEU-TSI 队列和 POPRES 样本中有区别，反映出北欧和南欧人口在肤色和头发颜色方面可能存在的人类学差异。

控制人口分层对于任何定量遗传学研究都非常重要，该方法也提供了一种简单、快速和准确的预测独立样本主成分的方法。随着许多领域的样本数量不断增加，这种方法可能被极大地利用，来获得个体水平的特征向量，从而避免了与大数据集中进行奇异值分解相关的计算挑战。

#change to your path

```
gear='D:/2018hangzhougeneticslecture/day2/gear.jar'
plink='D:/2018hangzhougeneticslecture/day2/plink'

source("manhattan.R")

#################
# Day 1PM Arab
#################
FN="arab"
eg=paste("java-jar ", gear," eigengwas--bfile ", FN,"--ev 5--out ", FN)
system(eg)

e1=read.table("arab.1.egwas", as.is=T, header=T)
manhattan(e1, bty='l', pch=16, cex=0.5)
```

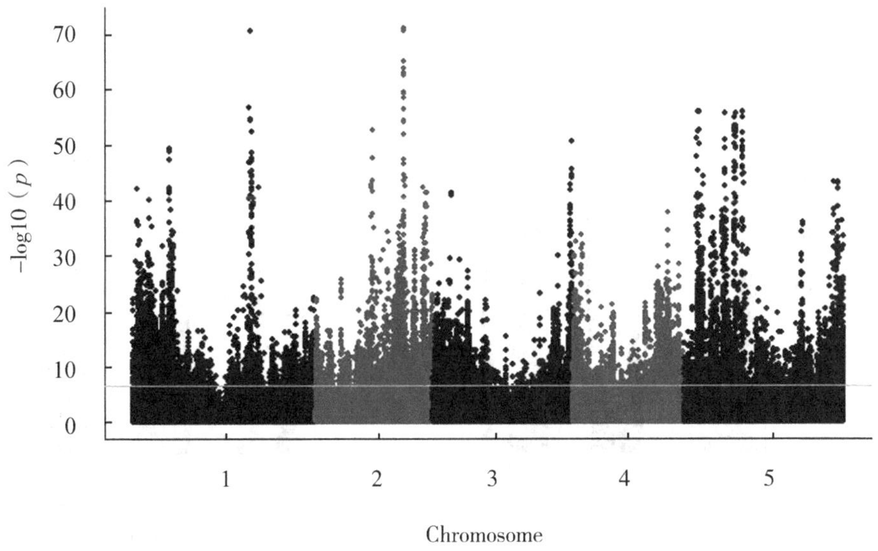


```
e1$P1=e1$P
e1$P=e1$PGC
manhattan(e1, bty='l', pch=16, cex=0.5)
```

矫正遗传漂变后的 *P* 值

可以将两张图片放在一块讨论：

```
layout(matrix(1:2, 1, 2))
e1=read.table("arab.1.egwas", as.is=T, header=T)
manhattan(e1, bty='l', pch=16, cex=0.5)
e1$P1=e1$P
```

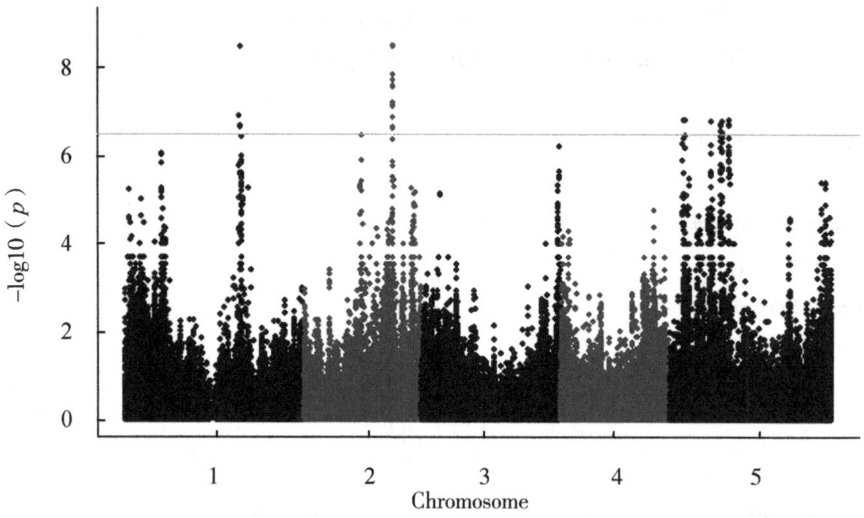

e1 $ P=e1 $ PGC

manhattan (e1, bty='l', pch=16, cex=0.5)

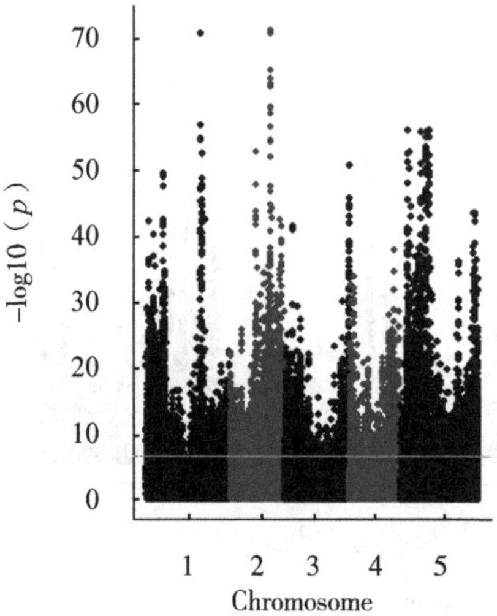

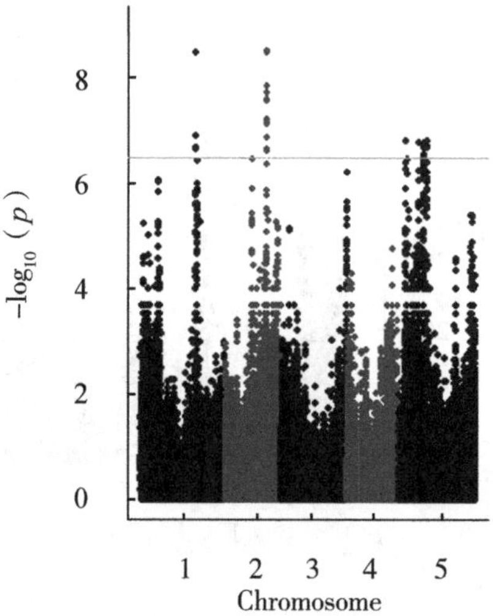

阈值计算（Threshold 或 Cut off）: $\frac{0.05}{m}$，使用 dim（e1），即 $-\log_{10}\frac{0.05}{156744}$，或 $-\log_{10}\frac{0.05}{nrow(e1)}$，即多重检测（multiple testing）。

建立模型尽量使用奥卡姆剃刀理论，模型尽量简化。注意应有连锁不平衡，manhattan 图应该是塔形的。使用 median（e1 $ p）计算中位数，如群体没有分化、漂变等，则 *P* 在 0.5 附近的均匀分布（可使用 hist（e1 $ p）查看 *P* 值分布）。

hist（e1 $ P）

hist（e1 $ PGC）

依据不同的主成分，绘制 manhattan 图，注意查看不同主成分输出图之间的差异。

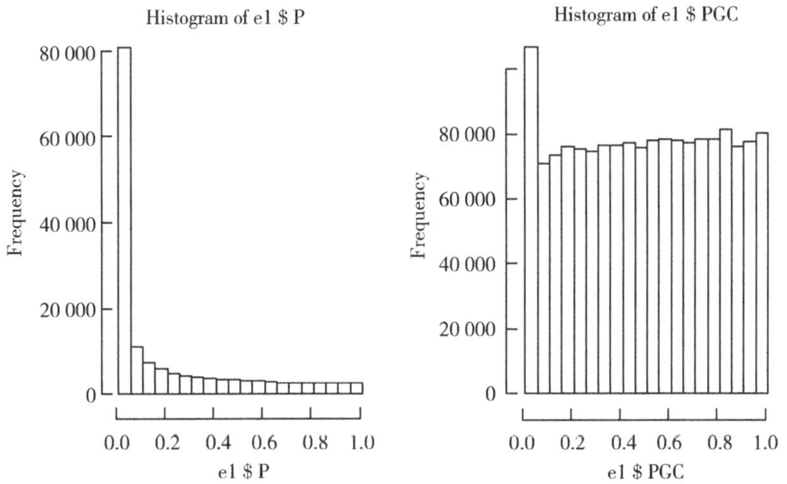

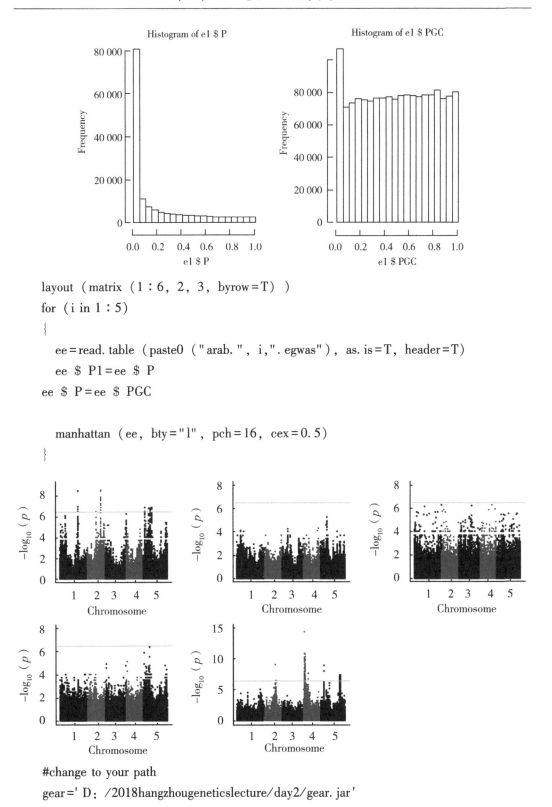

```
layout (matrix (1 : 6, 2, 3, byrow=T) )
for (i in 1 : 5)
{
  ee=read. table (paste0 ("arab. ", i,". egwas"), as. is=T, header=T)
  ee $ P1=ee $ P
ee $ P=ee $ PGC

  manhattan (ee, bty="l", pch=16, cex=0. 5)
}
```

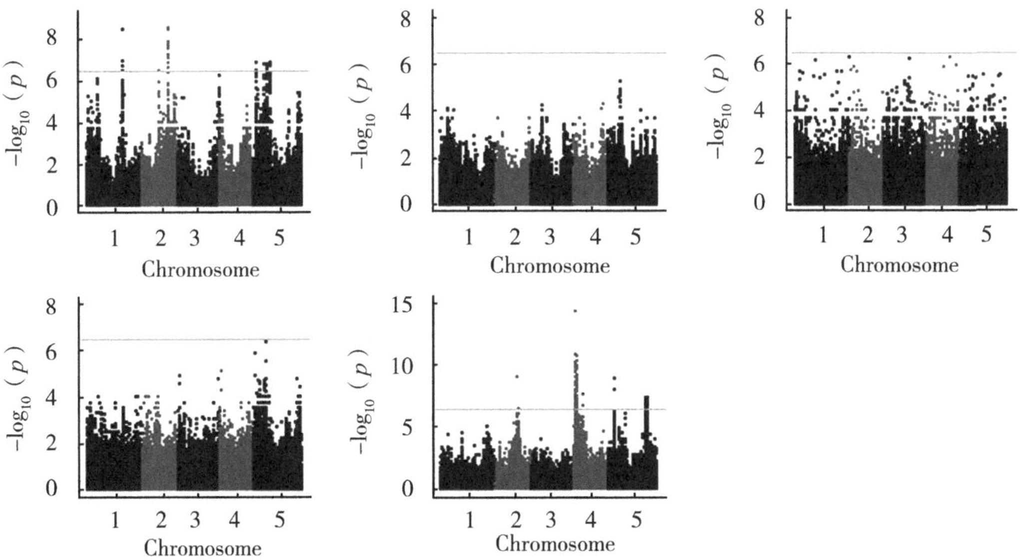


```
#change to your path
gear=' D: /2018hangzhougeneticslecture/day2/gear. jar'
```

```
plink=' D: /2018hangzhougeneticslecture/day2/plink'
source ("manhattan. R")
#################
# Day 1PM Arab
#################
FN="ceu_tsi"
eg=paste ("java-jar ", gear," eigengwas--bfile ", FN,"--ev 5--out ", FN)
system (eg)
layout (matrix (1 : 2, 2, 1) )
ctRes=read. table (paste0 (FN,". 1. egwas"), as. is=T, header=T)
hist (ctRes)
manhattan (ctRes, pch=16, cex=0. 5)
ctRes $ P1=ctRes $ P
ctRes $ P=ctRes $ PGC
hist (ctRes $ P)
```

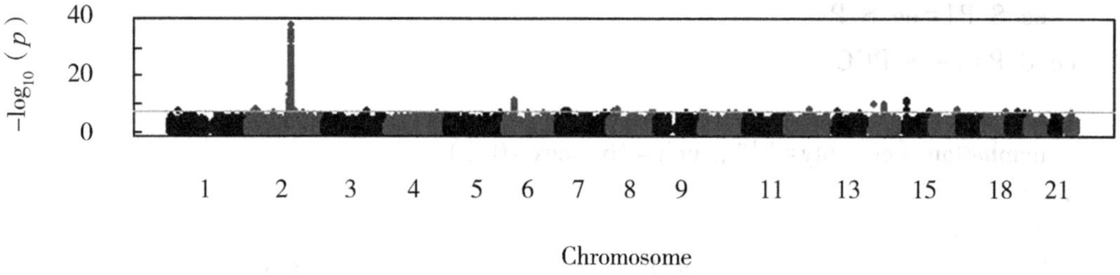

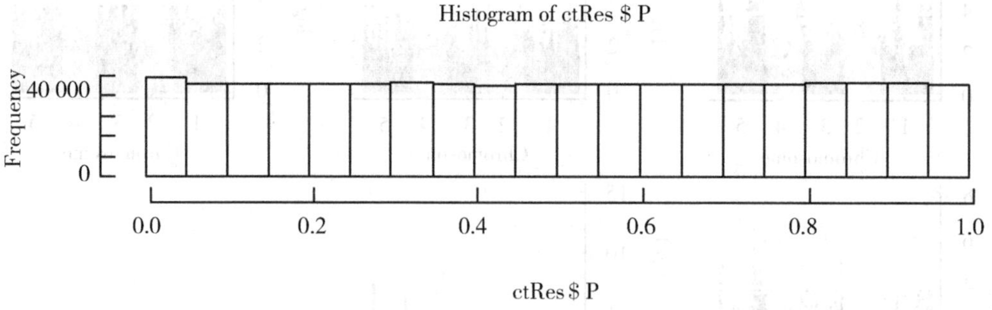


```
qqplot (rchisq (nrow (ctRes), 1), ctRes $ Chi, xlab="Theoretical", ylab="Ob-
served")
abline (a=0, b=1, col="red")
gc=qchisq (median (ctRes $ P1), 1, lower. tail=F) /qchisq (0. 5, 1, lower.
tail=F)
```

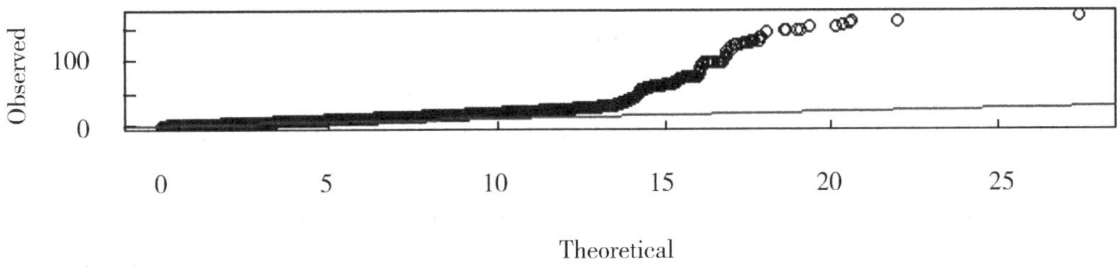

求 QQ 图直线部分斜率和对角线斜率的比值，可作为衡量群体分化的指标。该例子中 gc 为 1.699071。

manhattan（ctRes，pch=16，cex=0.5）

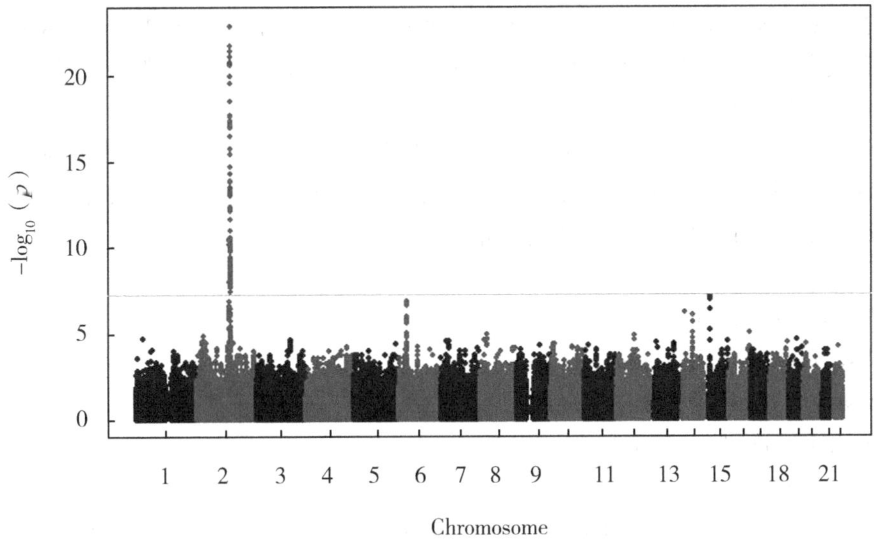

找到显著的位点，可在 NCBI 的 dbgene 中查找附近基因。

idxP=which（-log10（ctRes $ P）> 20）

ctRes［idxP，］

```
SNP CHR          BP RefAllele AltAllele  freq     Beta     SE
118861   rs3754686   2 136319746         T          C 0.4400-0.0571 0.0046
118864    rs309180   2 136330725         G          A 0.4500-0.0577 0.0046
118870    rs632632   2 136354686         C          T 0.4467-0.0585 0.0046
118882    rs309160   2 136401698         T          C 0.4450-0.0579 0.0046
118893   rs13404551   2 136438465        C          T 0.4475-0.0589 0.0045
```

```
118897    rs687670   2 136457370          C            T 0.4450-0.0579 0.0046
118900    rs309137   2 136482421          C            T 0.4450-0.0576 0.0047
               Chi          P       PGC n1   freq1  n2  freq2      Fst        P1
118861 152.0798 2.75e-21 2.75e-21 88 0.7386 112 0.2054 0.5688 5.40e-35
118864 155.6354 9.56e-22 9.56e-22 88 0.7500 112 0.2143 0.5714 9.02e-36
118870 158.5233 4.05e-22 4.05e-22 85 0.7529 112 0.2143 0.5759 2.11e-36
118882 160.9516 1.97e-22 1.97e-22 88 0.7500 112 0.2054 0.5919 6.21e-37
118893 169.5850 1.51e-23 1.51e-23 88 0.7557 112 0.2054 0.6036 8.08e-39
118897 160.9516 1.97e-22 1.97e-22 88 0.7500 112 0.2054 0.5919 6.21e-37
118900 153.1322 2.01e-21 2.01e-21 88 0.7443 112 0.2098 0.5700 3.18e-35
```

例子，Bosse et al.，Recent natural selection causes adaptive evolution of an avian polygenic trait，Science 358，365-368（2017）.

使用来自英国和荷兰的大山雀（Parusmajor）长期研究的大量数据，以更好地理解选择的遗传签名如何转化为适合度和表型的变化。发现差异选择下的基因组区域包含用于喙形态的候选基因并使用遗传结构分析来确认这些基因，特别是胶原蛋白基因COL4A5，解释了喙长度的变化。

COL4A5 的差异与繁殖成功有关，与时间长度的时间模式相结合，表明英国正在进行长期喙的选择。最后，喙长度和 COL4A5 的变化与饲养者的使用有关，这表明在英国可能已经演变出更长的喙作为对补充喂养的回应。

```
NLUK="NLUK_auto"
NLUK_eve="NLUK_auto.eigenvec"
pl=paste (plink,"--linear--bfile ", NLUK,  "--pheno ", NLUK_eve,"--autosome-num 34--out ", NLUK)
system (pl)
NLUK_e=read.table (paste0 (NLUK,".assoc.linear"), as.is=T, header=T)
manhattan (NLUK_e)
NL_eve=read.table (NLUK_eve, as.is=T)
NL_eve $ col="grey"
NL_eve $ col [grep ("UK", NL_eve $ V1) ] ="red"
NL_eve $ col [grep ("Oosterhout", NL_eve $ V1) ] ="green"
plot (NL_eve $ V3, NL_eve $ V4, col=NL_eve $ col)
```

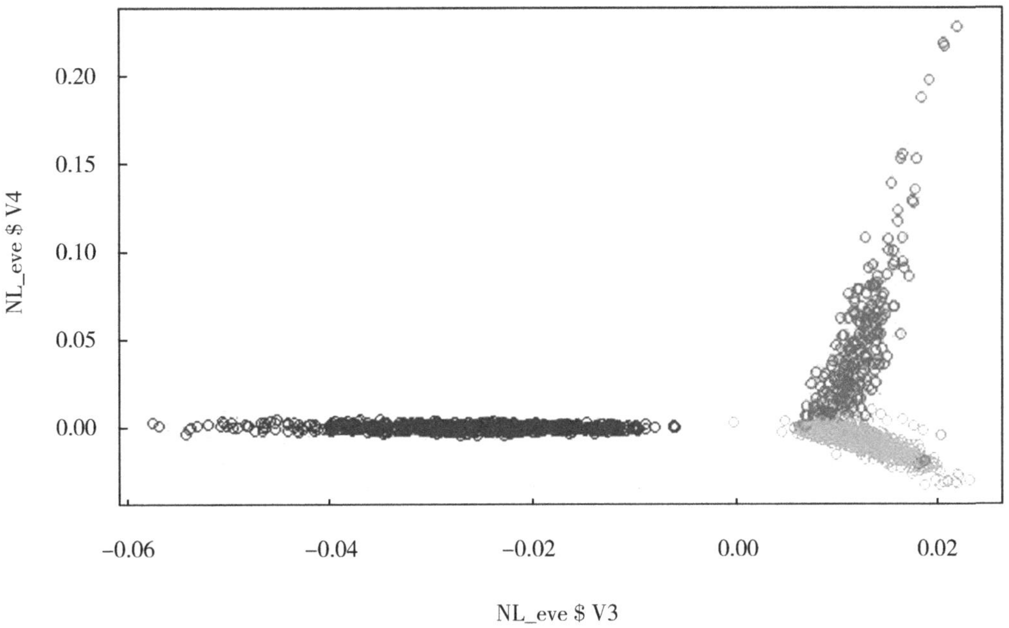

使用 $V3 = a + bx + e$，扫描每一个位点，求每个位点的 P 值。

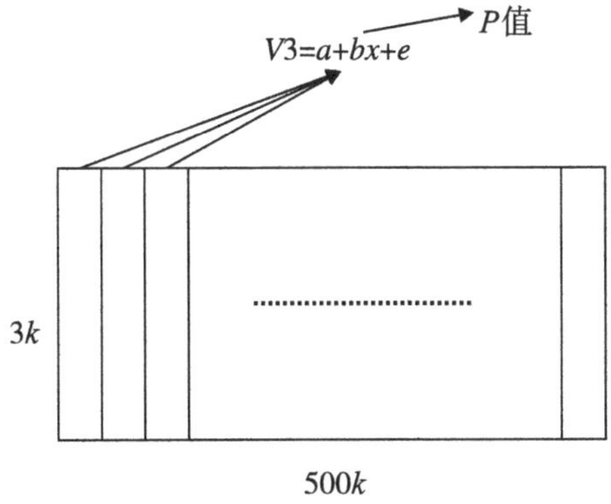

鸟喙麦哈顿图

source（"manhattan. R"）

manhattan（NLUK_e）

原文使用 windows（1k 内 P 值平均数进行平滑）。可以做表型和基因组 $-\log p$ 之间的相关，将表型和基因型建立关联。

hist（NLUK_e $ P）

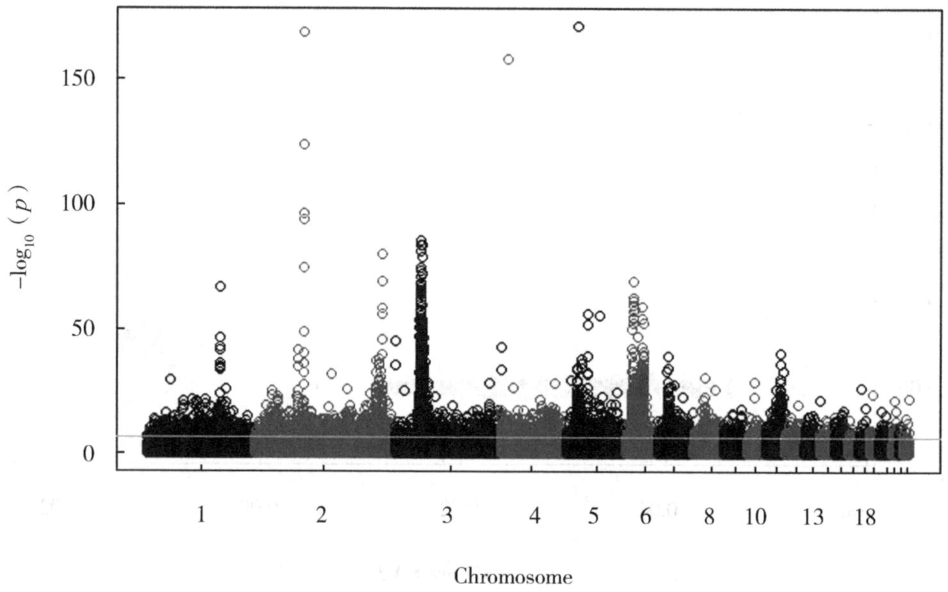

Histogram of NLUK_e $ P

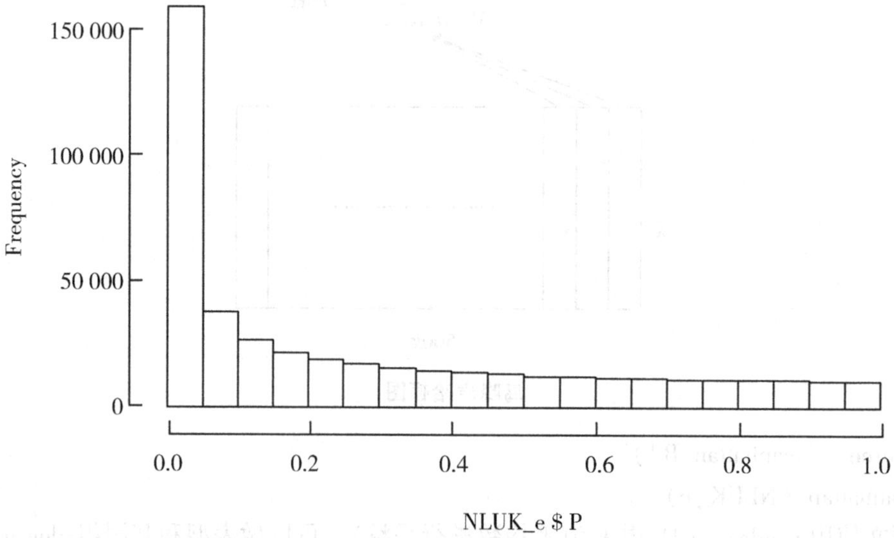

ORCID：文章作者全球唯一标示。

qqplot（rchisq（nrow（NLUK_e），1），qchisq（NLUK_e $ P，1，lower. tail = F））

abline（a=0，b=1，col="red"）

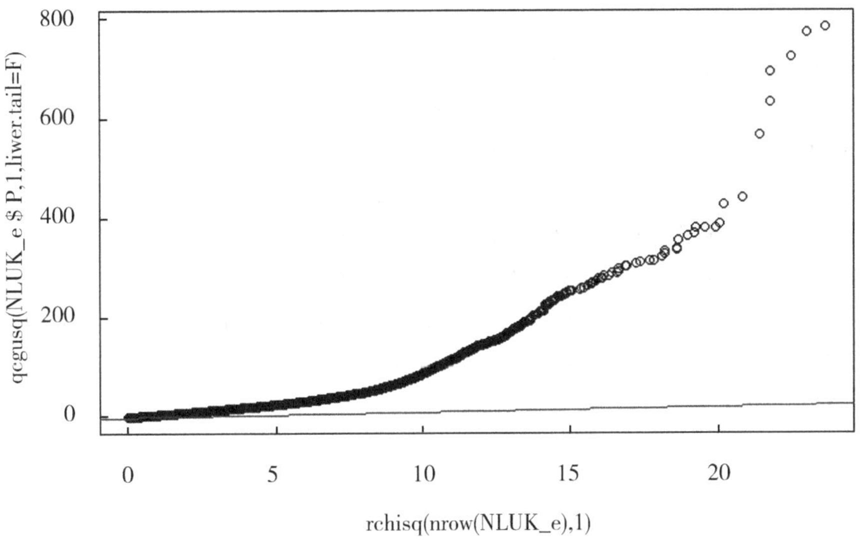

查看鸟类喙部每组数据。

NLUK_pc=read.table（NLUK_eve，as.is=T）

table（NLUK_pc $ V1）

Bennekomse_Bos　Buunderkamp　Hoge_Veluwe　Oosterhout　Roekelse_Bos

Warnsborn

56　195　695　254

47　267

Westerheide　Wytham_UK

552　949

使用 R “grep” 语句 grep（"UK"，NL_eve $ V1）查看“UK”组数据。

[1] 2066 2067 2068 2069 2070…… 2079 2080 2081 2082 2083

[18] 2084 2085 2086 2087 2088 ……2095 2096 2097 2098 2099 2100

[35] 2101 2102 2103 2104 2105……2111 2112 2113 2114 2115 2116 2117

……

其中为了节约篇幅，以省略号代替部分数据。

使用 tail（NL_eve）查看数据集尾部数据。

V1　V2　V3　V4 col

3010 Wytham_UK X239901-0.01754160　0.000561608 red

3011 Wytham_UK Y033816-0.01256180-0.001183770 red

3012 Wytham_UK Y033824-0.00622796　0.000452845 red

3013 Wytham_UK Y033835-0.02459110　0.002090600 red

3014 Wytham_UK Y034702-0.02407400　0.001217240 red

3015 Wytham_UK Y034724-0.02319230-0.000788324 red

使用 head（NL_eve）查看数据集头部数据。

V1 V2 V3 V4 col

1 Westerheide NL412 0.00847204-0.000653303 grey

2 Westerheide NL1143 0.00791292-0.002793730 grey

3 Buunderkamp NL2728 0.01110020-0.004100560 grey

4 Buunderkamp NL1506 0.01035070-0.005872320 grey

5 Buunderkamp NL2793 0.01401530-0.003759290 grey

6 Buunderkamp NL1273 0.01134360-0.003704500 grey

由 gc = qchisq（median（NLUK_e $ P，na.rm = T）1，lower.tail = F）/qchisq（0.5，1，lower.tail=F）和 text（5，100，labels=c（gc））计算 QQ 图中位点与 0.5 的差异，得 4.377201。

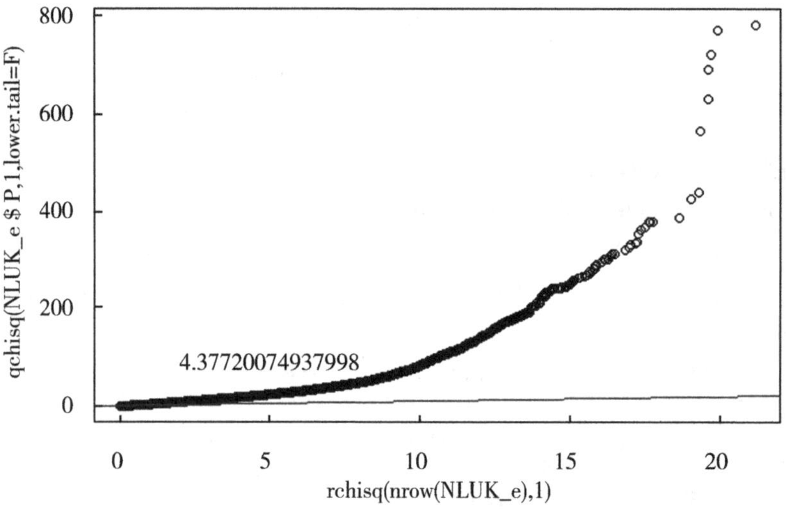

附注：

1. 实验设计示例：样本量 200 绵羊，可以 GBS 测序，做分化研究。

2. 回文结构对数据的影响。

3. 需要样品同一个参考群体，否则可能出现回文结构，正反义链来源不知道，样本在不同公司做会出现这种情况，影响结果。

第五节　统计遗传学基因组数据格式举例

好像数据会有系统兼容问题，我在 mac 下产生的数据在 win 下显示会有点问题，我就把数据贴在这个网页了。

https：//github.com/gc5k/Notes/tree/cgb1/StG/dat_format

这套例子文件三个文件［test.ped，test.map，test.phe］包含 10 个个体，5 个 SNP

位点.

第一个是 test. ped

前 5 列是必须的。

第 1 列 家系编号：可以是数字或者字母或者数字跟字母的结合，但是不许有空格。

第 2 列 个体编号：可以是数字或者字母，但是不许有空格。

第 3 列 父亲编号：如果是单独个体，则父亲编号为 0。

第 4 列 母亲编号：如果是单独个体，则母亲编号为 0。

第 5 列 性别：1. 男性；2. 女性。

第 6 列 表型：可以是具体的数值，比如身高；如果是缺失数据，请用“-9”表示。

第 6 列之后 每两列表示一个 snp 位点。

以第一个个体为例，其前 6 列表示个性的家系信息，5 个位点的基因型则为：

sample_0 1 0 0 1 1. 611972344312321 A C A C A A C C A C

位点 1 "A C"

位点 2 "A C"

○○○

位点 5 "A C"

test. ped

```
sample_0 1 0 0 1 1. 611972344312321 A C   A C   A A   C C   A C
sample_1 1 0 0 1-0. 5447122356111913 A C   A C   C C   A C   A C
sample_2 1 0 0 1 2. 344334612708587 A C   A C   A C   A A   A C
sample_3 1 0 0 1-2. 2101178936011094 A C   A C   A C   A C   A C
sample_4 1 0 0 1 2. 011625319681873 A A   A C   A A   A A   C C
sample_5 1 0 0 1 2. 4126950005117136 A A   A A   C C   A C   A C
sample_6 1 0 0 1-1. 2896342661405766 A A   A A   A C   A C   A A
sample_7 1 0 0 1 2. 1356453568003584 C C   A C   A C   C C   C C
sample_8 1 0 0 1 0. 1692070056938084 A C   A C   A C   A C   A C
sample_9 1 0 0 1 3. 969493994782459 A C   A A   A A   A A   A C
```

第二个文件为 map

记录了 5 个基因的信息

test. map

```
1 rs1 0. 2 100
1 rs2 0. 4 200
1 rs3 0. 6 300
1 rs4 0. 8 400
1 rs0 0. 0 0
```

第 1 列是 chromosome 信息：这里都是 1 号染色体。

第 2 列是 snp 的名字：第一个位点是 rs1，第二个是 rs2...

第 3 列是遗传距离：这里是历史遗留，用处一般不大，可以填。

第 4 列是 snp 在基因组上的位点，比如 rs1 在一号染色体的第 100 个位点。
这里 5 个位点，每一个位点分别对应了 ped 文件的相应 snp 位点信息。
第三个文件是表型信息。
前两列跟 ped 文件前两列一致：分别是家系 id 和个体 id。
第三列开始则是表型信息。

test. phe

```
sample_0 1 1. 611972344312321
sample_1 1-0. 5447122356111913
sample_2 1 2. 344334612708587
sample_3 1-2. 2101178936011094
sample_4 1 2. 011625319681873
sample_5 1 2. 4126950005117136
sample_6 1-1. 2896342661405766
sample_7 1 2. 1356453568003584
sample_8 1 0. 1692070056938084
sample_9 1 3. 969493994782459
```

第六节　Missing heritability

标记使用后，解释的遗传力比以前还要少。把基因组当做一个整体计算遗传力准确，也可以拆分到不同染色体，尺度越大的染色体分担的遗传力越多。技术上医学先进，idea 上动植物先进。现在，用传统的技术和最新技术做的结果差别不大。

GWAS

```
#change to your path
plink=' D: /2018hangzhougeneticslecture/day3/arabgwas/plink'
source ("manhattan. R")
################
# Day 1PM Arab
################
FN="arab"
pheF="arab. phe"
covF="arab. eigenvec"
out0="arab"
####################
#arab gwas
####################
#gwas=paste (plink,"--linear--bfile ", FN, "--pheno ", pheF,"--mpheno ",
2,"--out ", out0)
```

```
gwas=paste (plink,"--linear--bfile ", FN,    "--pheno ", pheF,"--mpheno ",
2,   "--covar ", covF,"--covar-number 1, 3-5","--out ", out0)
system (gwas)
gwas_e0=read. table (paste0 (out0,". assoc. linear"), as. is=T, header=T)
manhattan (gwas_e0, pch=16, cex=0. 5, bty=' l' , col=c ("gold","blue") )
```

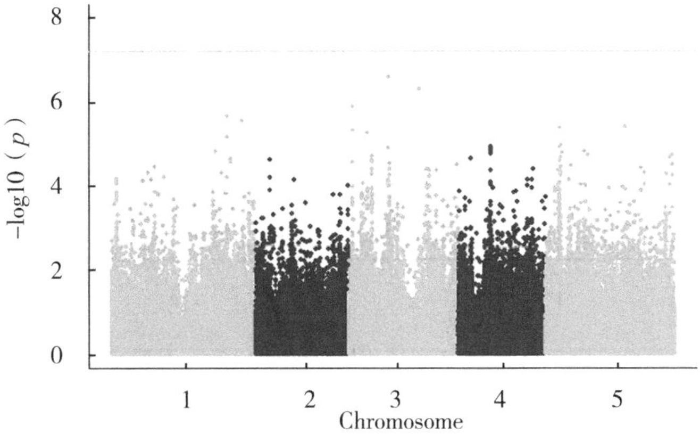


```
manhattan (gwas_ e0, pch = 16, cex = 0. 5, bty =' l' , col = c ( " gold"," blue",
"red") )
```

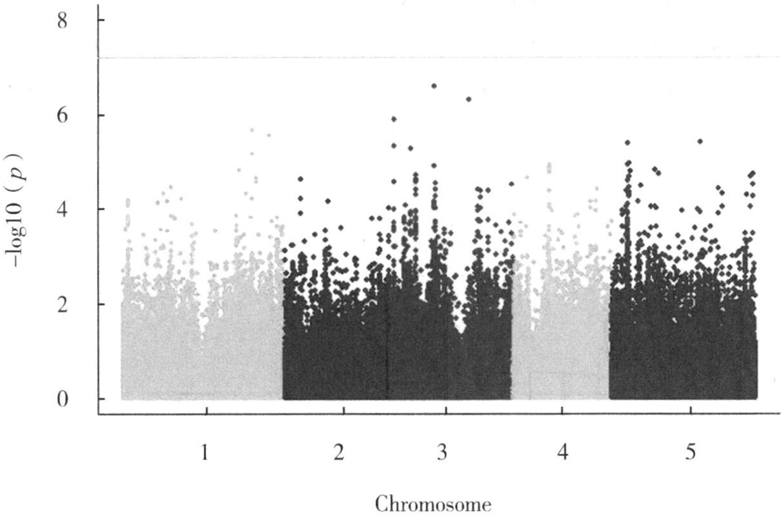

将以上 gwas = paste (plink," --linear --bfile ", FN,   " --pheno ", pheF," --mpheno ", 2,"--out ", out0) 的注释符号“#”去掉，不使用协变量矫正模型；将“gwas=paste (plink,"--linear--bfile ", FN,   "--pheno ", pheF,"--mpheno ", 2, "--covar ", covF," --covar-number 1, 3-5"," --out ", out0)”前加注释符号“#”。

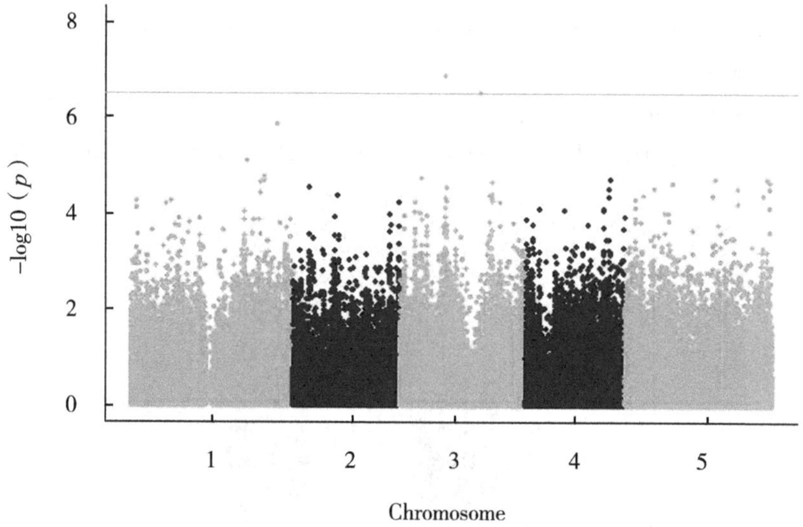


```
-log10 (0.05/nrow (gwas_e0) )    #确定阈值
idxP=which (-log10 (gwas_e0 $ P) > 6.496221)
gwas_e0 [idxP,]
CHR           SNP       BP A1 TEST NMISS    BETA   STAT          P
71650    3  3_8393207   8393207   G   ADD    295-0.5047-5.403 1.357e-07
78951    3  3_14970190 14970190   A   ADD    295-0.6445-5.234 3.162e-07
```

如“3_8393207”表示3号染色体上8393207位置SNP，不同物种编码可能不同。

```
hist (gwas_e0 $ P)
```

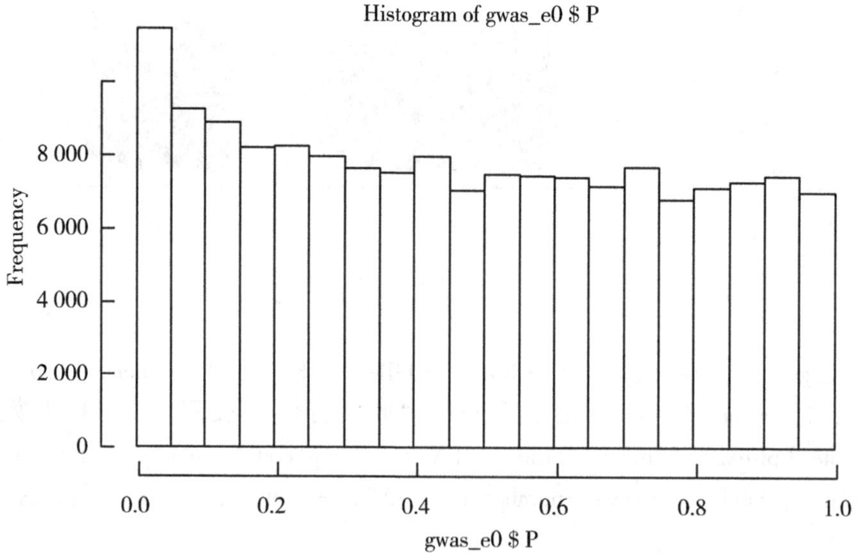

希望 P 值分布接近均匀分布。美国统计学会固定 P 值为 p-value。好的英文文章，像古代韩愈文章，将以上过程放在一张图上。

```
out0 = "arab"
out1 = "arab_alt"
#####################
#arab gwas
#####################
gwas=paste (plink,"--linear--bfile ", FN,  "--pheno ", pheF,"--mpheno ", 2,"--out ", out0)
gwas1=paste (plink,"--linear--bfile ", FN,  "--pheno ", pheF,"--mpheno ", 2,"--covar ", covF,"--covar-number 1, 3-5","--out ", out1)
system (gwas)
system (gwas1)
gwas_e0=read. table (paste0 (out0,". assoc. linear"), as. is=T, header=T)
gwas_e1=read. table (paste0 (out1,". assoc. linear"), as. is=T, header=T)
layout (matrix (1 : 4, 2, 2) )
manhattan (gwas_e0, pch = 16, cex = 0.5, bty =' l', col = c ( " gold"," blue", "red") )
manhattan (gwas_e1, pch = 16, cex = 0.5, bty =' l', col = c ( " gold"," blue", "red") )
```

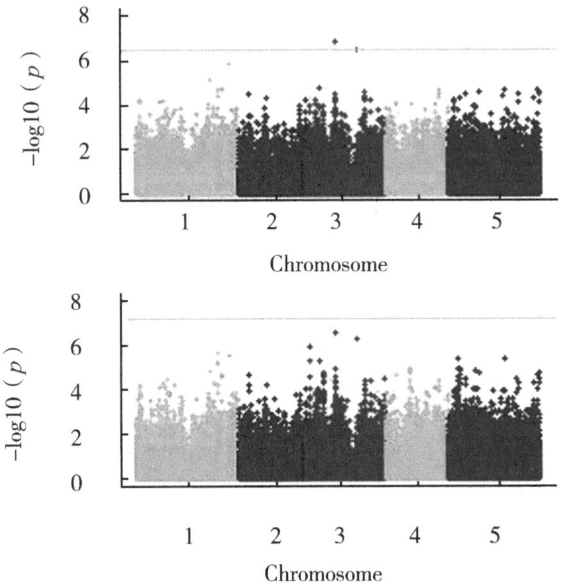

```
layout (matrix (c (1, 2, 3, 3), 2, 2, byrow=F) )
#fig1
qqplot (pch=16, cex=0.5, bty="l", xlab=expression (paste ("Theoretical ", chi[1]^2) ), ylab = expression (paste (" Observed ", chi[1]^2) ), rchisq (nrow(gwas_e0), 1), qchisq (gwas_e0 $ P, 1, lower.tail=F) )
abline (a=0, b=1, col="red", lty=2)
gc = qchisq (median (gwas_e0 $ P), 1, lower.tail = F) /qchisq (0.5, 1, lower.tail=F)
text (5, 20, labels=format (gc, digits=4) )
#fig2
hist (gwas_e0 $ P, xlab="p-value", main="p-value distribution")
manhattan (gwas_e0, col=c ("red","blue"), bty="l", pch=16, cex=0.5)
```

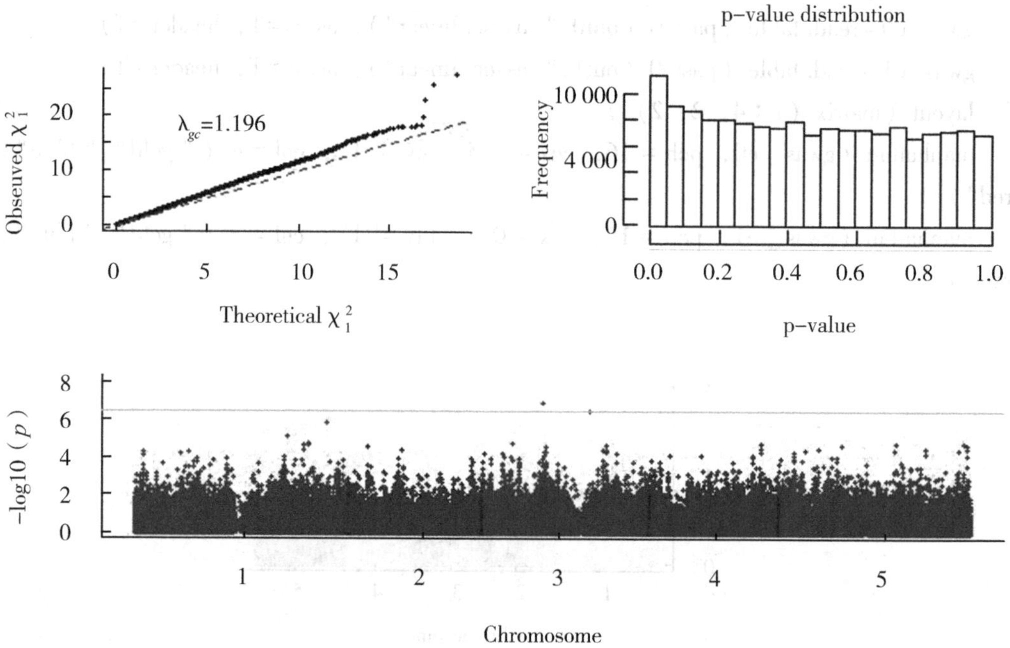


```
layout (matrix (c (1, 2, 3, 3), 2, 2, byrow=F) )
#fig1
qqplot (pch=16, cex=0.5, bty="l", xlab=expression (paste ("Theoretical ", chi[1]^2) ), ylab = expression (paste (" Observed ", chi[1]^2) ), rchisq (nrow(gwas_e0), 1), qchisq (gwas_e0 $ P, 1, lower.tail=F) )
abline (a=0, b=1, col="red", lty=2)
gc = qchisq (median (gwas_e0 $ P), 1, lower.tail = F) /qchisq (0.5, 1, lower.tail=F)
```

```
text (5, 20, labels=expression (paste (lambda [gc]," =", 1.196) ) )
#fig2
hist (gwas_e0 $ P, xlab="p-value", main="p-value distribution")
manhattan (gwas_e0, col=c ("red","blue"), bty="l", pch=16, cex=0.5)
```

将上图不断美化。

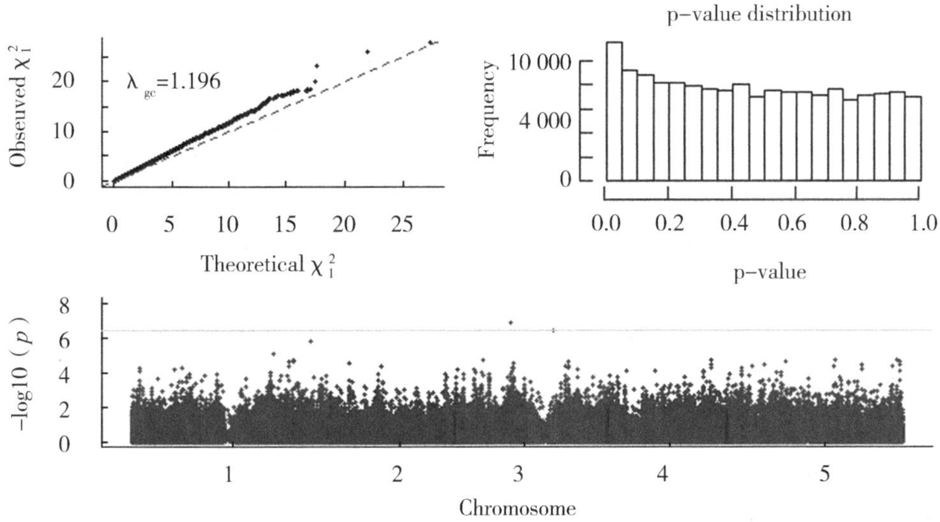

调整子图位置：

```
layout (matrix (c (1, 3, 2, 3), 2, 2, byrow=F) )
#fig1
qqplot (pch=16, cex=0.5, bty="l", xlab=expression (paste ("Theoretical ", chi
[1] ^2) ), ylab = expression (paste (" Observed ", chi [1] ^2) ), rchisq (nrow
(gwas_e0), 1), qchisq (gwas_e0 $ P, 1, lower.tail=F) )
abline (a=0, b=1, col="red", lty=2)
gc = qchisq (median (gwas_e0 $ P), 1, lower.tail = F) /qchisq (0.5, 1,
lower.tail=F)
text (5, 20, labels=expression (paste (lambda [gc]," =", 1.196) ) )
#fig2
hist (gwas_e0 $ P, xlab="p-value", main="p-value distribution")
manhattan (gwas_e0, col=c ("red","blue"), bty="l", pch=16, cex=0.5)
```

根据随机重排模拟没有任何显著效应位点的 GWAS，注意模拟数据只有一个表型值，因此修改"--mpheno "相为“1”。可以看到 p 值分布近似于均匀分布。

```
pheDat=read.table (pheF, as.is=T)
n=nrow (pheDat)
pheDat $ V45=pheDat $ V3 [sample (n, n) ]
```

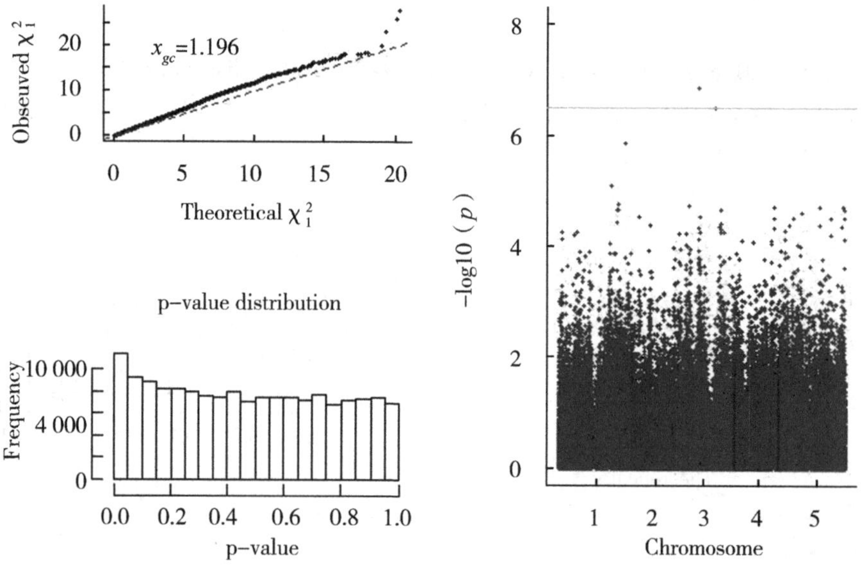

write. table (pheDat [, c (1, 2, 45)]," arab. phe. perm" , row. names = FALSE, col. names=FALSE, quote=FALSE)

pheF1 = " arab. phe. perm"

gwas_perm = paste (plink ," --linear--bfile " , FN, " --pheno " , pheF1 ," --mpheno " , 1 ," --out " , out0)

system (gwas_perm)

gwas_perm=read. table (paste0 (out0 ," . assoc. linear") , as. is=T, header=T)

layout (matrix (1 : 2, 1, 2))

manhattan (gwas_perm, pch=16, cex=0. 5, bty=' l' , col=c ("gold" ,"blue"))

hist (gwas_perm $ P)

P 值斜率理论为 1，实际在 1. 1 左右正常，大于 1. 1，说明有一些内在规律在里边。-log10p 随着 $\sqrt{n}$ 增大增大，因 $t = \frac{b}{\sigma_b} = \frac{b}{\sqrt{n}\sigma_e}$。

$R^2 = \frac{(h^2)^2}{n + \frac{n}{m}}$（非精确公示），如遗传力为 0. 2，有 100 个位点，则每个解释 0. 002，根据以上公式，则几乎不可能找到单个显著性位点。

统计遗传学数据建立：

用 Plink 生成数据分析 42 种性状代码，产生 42 张如下图，由于篇幅有限，仅拿出一张图，示意如下。

#change to your path

#plink =' /Users/gc5k/bin/plink_ mac/plink '

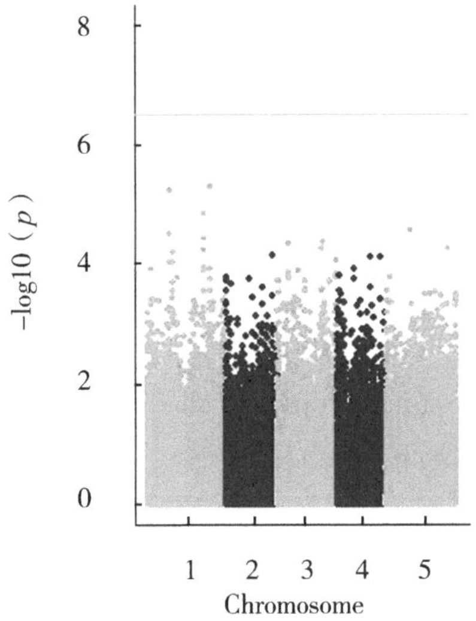

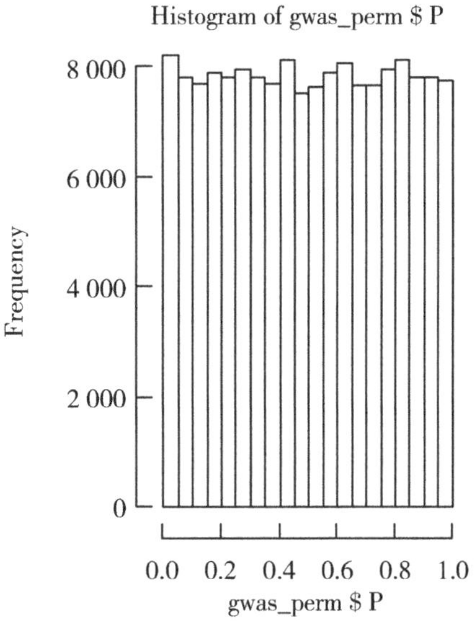


```
plink =' D：/2018hangzhougeneticslecture/day3/arabgwas/plink'
source （"manhattan. R"）
################
# Day 1PM Arab
################
FN = "arab"
pheF = "arab. phe"
covF = "arab. eigenvec"
####################
#arab gwas
####################
for （i in 1：42)
{
  out0=paste0 （"arab. pheno-", i)
  gwas=paste （plink," --linear--bfile ", FN,   " --pheno ", pheF," --mpheno
", i," --out ", out0)
  system （gwas)
  gwas_e0=read. table （paste0 （out0,". assoc. linear"）, as. is=T, header=T)
  pdf （paste0 （"gwas. pheno-", i,". pdf"）)
  layout （matrix （c （1, 2, 3, 3）, 2, 2, byrow=F） )
  #fig1
  qqplot （main = paste （"QQ plot for phenotype", i）, pch = 16, cex = 0. 5, bty =
```

```
"l", xlab=expression (paste ("Theoretical ", chi [1] ^2) ), ylab=expression (paste ("Observed ", chi [1] ^2) ), rchisq (nrow (gwas_e0), 1), qchisq (gwas_e0 $ P, 1, lower. tail=F) )
    abline (a=0, b=1, col="red", lty=2)
    gc=qchisq (median (gwas_e0 $ P), 1, lower. tail=F) /qchisq (0.5, 1, lower. tail=F)
    text (5, qchisq (1/nrow (gwas_e0), 1, lower. tail=F), labels=paste (" GC is:", format (gc, digits=4) ) )
    #fig2
    hist (gwas_e0 $ P, xlab=expression (paste (italic (p)," value") ), main=expression (paste (italic (p)," value distribution") ) )
    #fig 3
    manhattan (gwas_e0, col=c ("red","blue"), bty="l", pch=16, cex=0.5, title=paste ("Manhattan plot phenotype", i) )
    dev. off ()
}
```

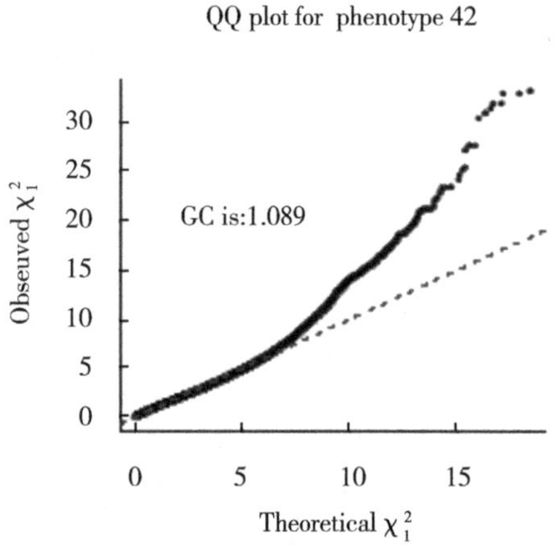

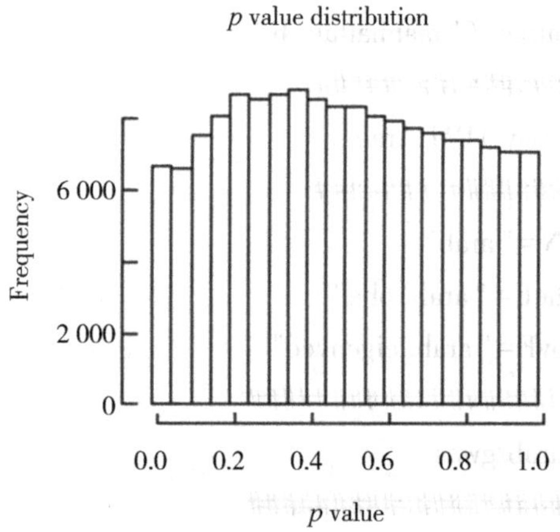

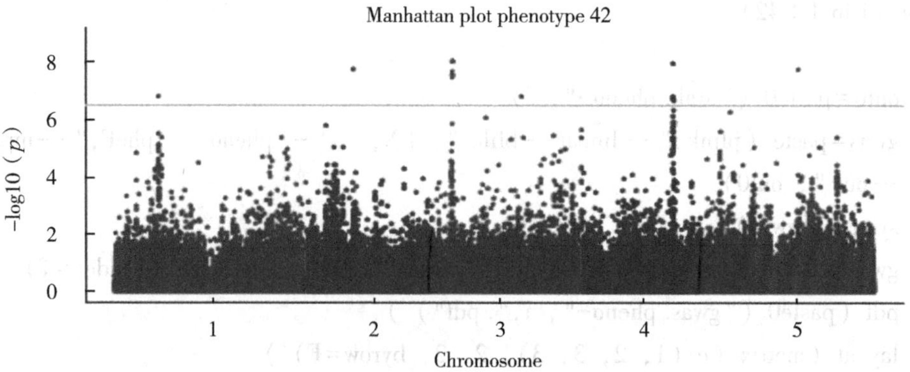

第二章　二代测序数据深度挖掘与展示

一、高通量测序绘图的特点

特点和需求如下。

1. 大数据

难以手工绘制，需要配套数据前处理。

2. 呈现方式多样（规则，不规则）

不同的绘画方法，需要不同的软件，甚至编程绘制。

3. 高水平文章的关键

有规律，特定文章使用特定的图片。

二、基础图形类型

1. 散点图与气泡图
2. 折线图
3. 频率（直方）图和堆叠图
4. 盒形图

三、散点图是典型的二维图

简单但应用最广泛。

合理使用，可以良好呈现数据的规律。

通过添加颜色或辅助线，可以突出某些结论。

常用的美化画法：

（1）给图片的不同区域上不同颜色（不同点或不同区域使用不同的颜色）；

（2）给图片加辅助线。

不同处理组导致的基因差异变化是如何分布的，是否有规律。

不同组学的定量结果是否一致，是否有相关性。

图中，我们可以看出这些基因的差异倍数普遍在普通珊瑚组大于耐高温珊瑚组（在 45° 辅助线的斜率低的一侧）——说明了普通珊瑚应激更大；横坐标：普通珊瑚在处理下的差异倍数；纵坐标：耐高温珊瑚在处理下的差异倍数。

这个图的处理过程如下。

（1）找出普通珊瑚组特异差异表达的基因（维恩图红线部分）；

（2）将这些基因在两组样本的差异表达倍数的信息，提取出来；

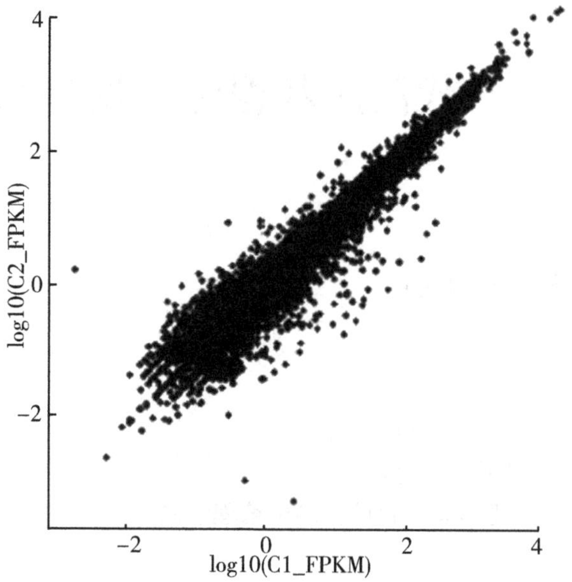

两组样本重复性展现

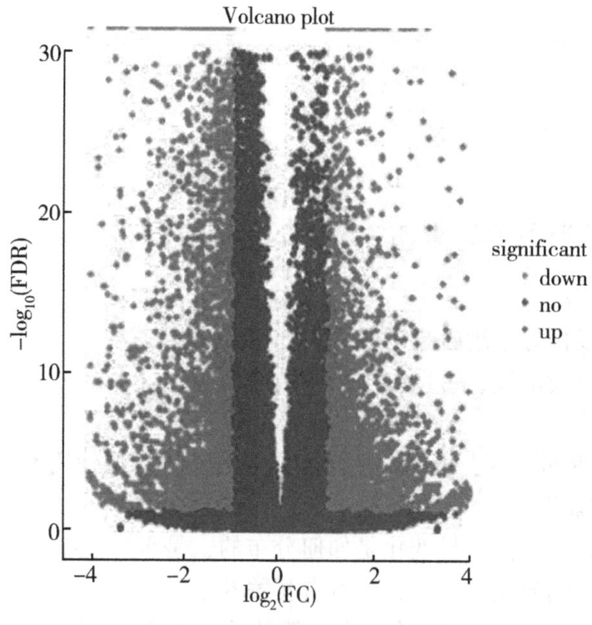

样本间差异比较：火山图

（3）画散点图。

前两步涉及表格数据的处理，最后一步使用 R 画图。在后续的练习中，将有类似的练习来期望得到与处理相关的生物学结论。

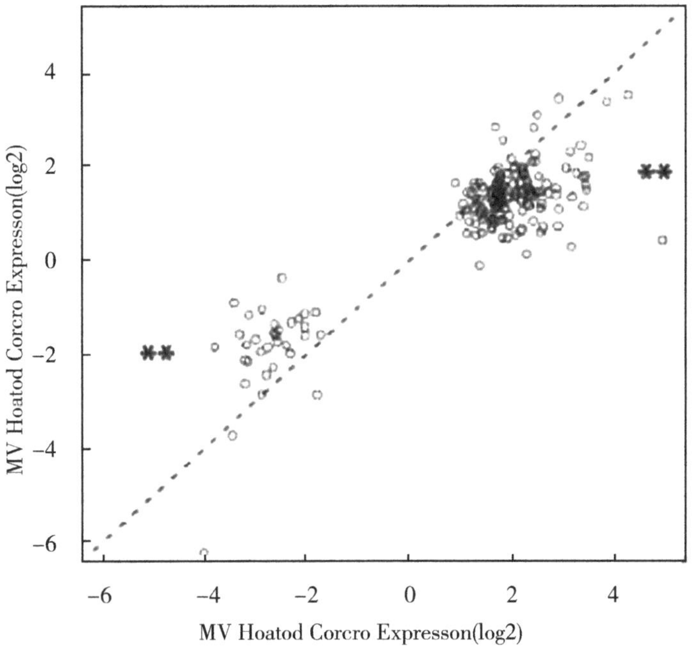

不同处理的数据比较

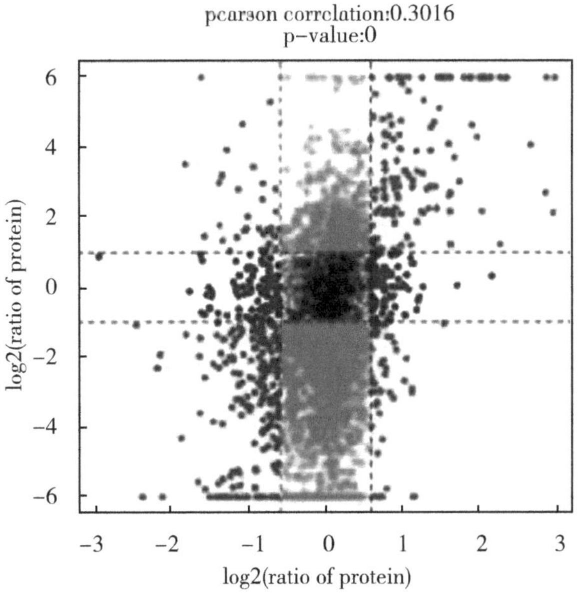

不同处理的数据比较（转录组-蛋白组关联）

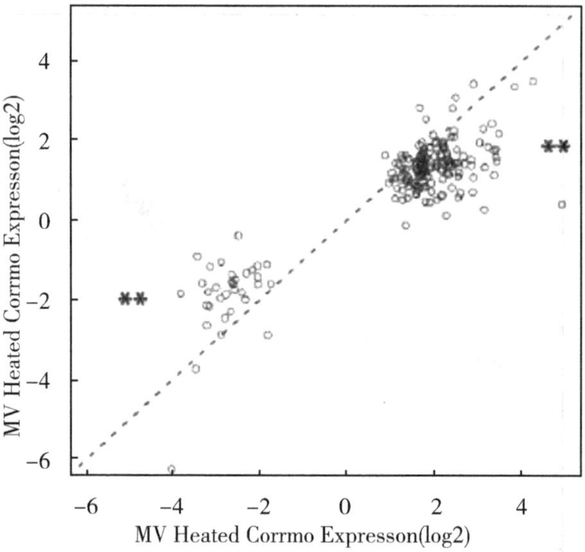

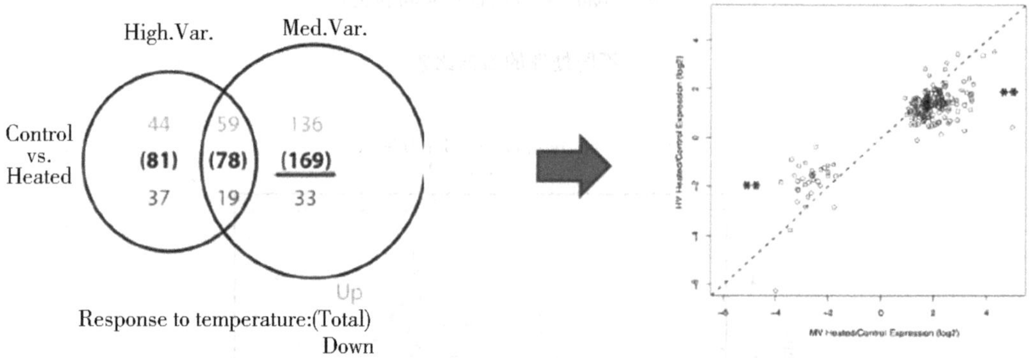

四、折线图

折线图常用于呈现数据在多个连续时间点的变化。

Excel 也可以用于折线图绘制，但 Excel 难以实现：

(1) 批量绘制大量折线图；

(2) 批量给不同折线上不同颜色，或批量修改图片中细节。

例如，上图 k 均值法画图后，对不同类型的基因画表达模式示意图，这个图的特点如下。

①18 类基因对应 18 张小图，需要批量操作；

②每一个基因的表达变化绘制为灰色线，每一类的均值绘制为彩色的实线，即需要给不同线条上不同颜色。

以上的操作都适合编程批量定制化，适宜使用 R 语言包分析。

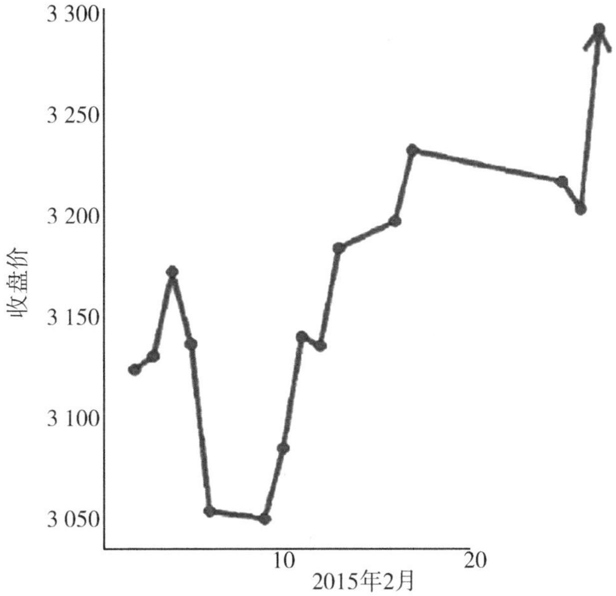

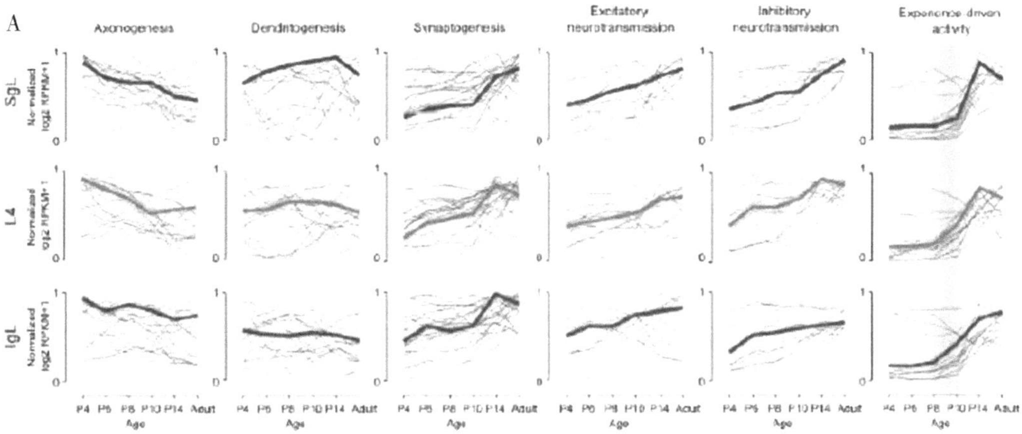

五、盒形图

盒形图一般用于呈现以下信息：

（1）一组值的变异大小（IQR 和本体区间）；

（2）不同组值的整体大小比较（中位数）；

（3）连续观测数值的变异趋势。

如下页图来自《Science》的小麦种子发育过程转录组调控特点的文章，每行代表一簇基因在 7 个不同发育阶段的变化模式。从中位数和分位数就可以看出这些基因的变化模式。

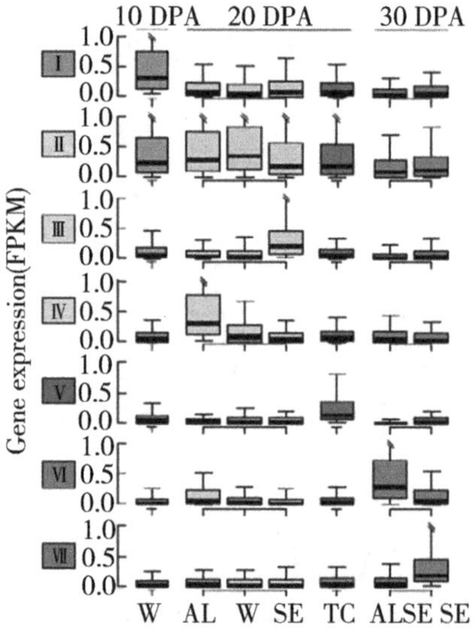

六、PCA 的几何解释

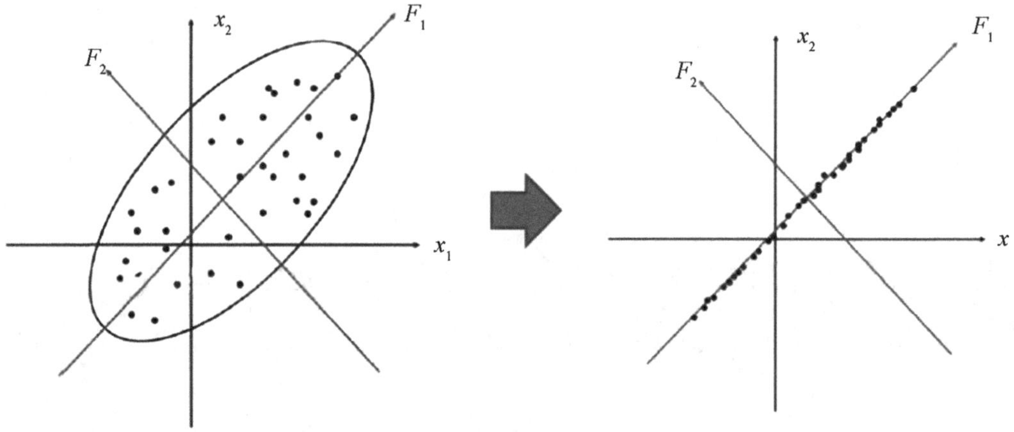

找出主要维度 **在主要维度上映射（降维）**

PCA 方法的本质

数值都差不多，且变量间相关，如何挑选？

PC1+PC2+PC3＝96%

通过矩阵转换，浓缩信息：

（1）分散的信息→集中的信息（数量不变，但浓缩了）；

（2）少量变量即可以代表整体信息。

样本关系是否符合预期

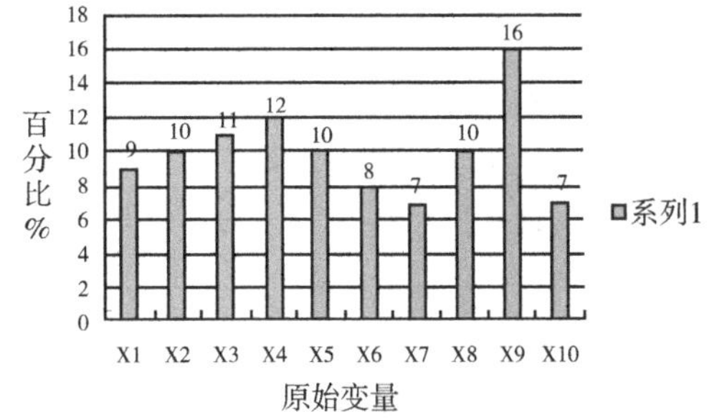

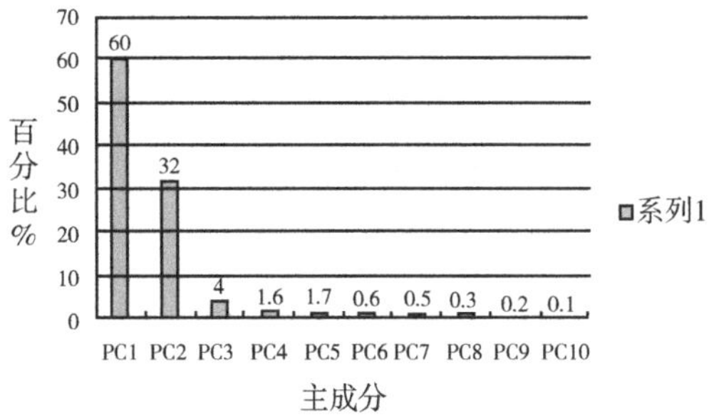

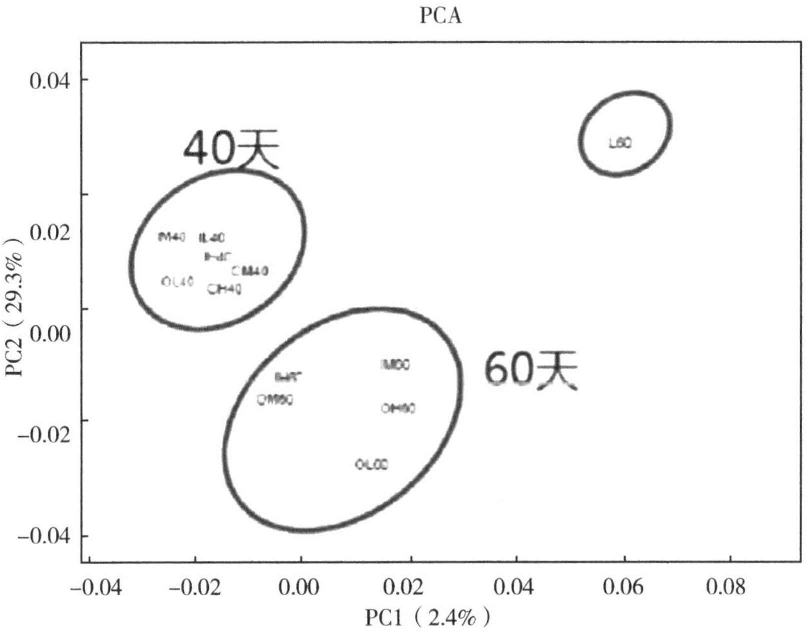

请注意样本聚类关系（与预期是否一致），异常样本（离群样本）。

七、热图分析——展示+聚类

颜色代表表达量高低，直观展示某类基因的整体表达模式特点。
是否聚类，还是与绘图目标有关：
（1）样本顺序或基因分类确定，仅用于表达模式呈现→不聚类；
（2）利用基因表达量实现样本或基因的分类→聚类。
示例
热图最常涉及的图片优化内容：
（1）数据归一化策略；
（2）聚类策略；

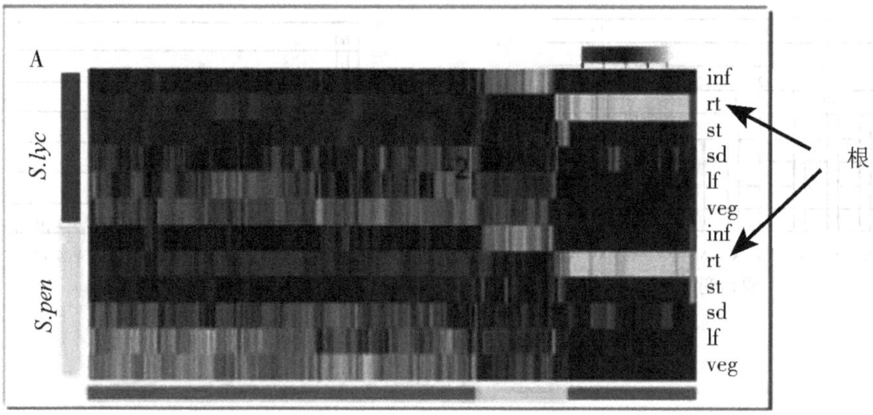

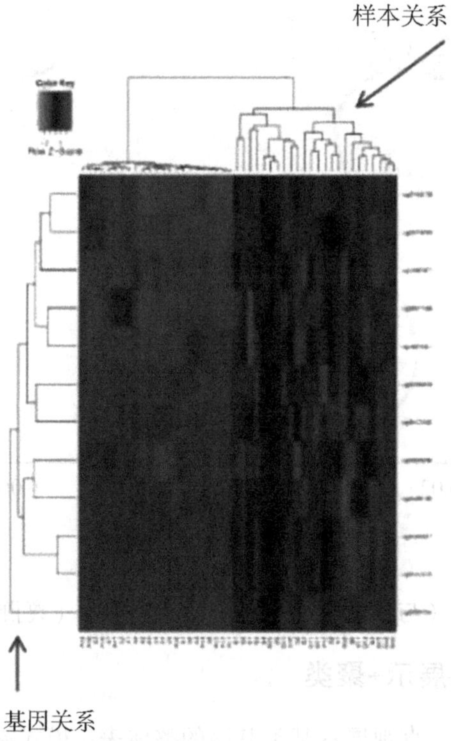

（3）加样品标签。

八、地图

地图在生物学、地质学等相关的文献中经常出现。生物学样本经常涉及在不同地域取样，因此地图是最直观的展示样本特性（地域分布、在每个地区的群体大小等）的图片。

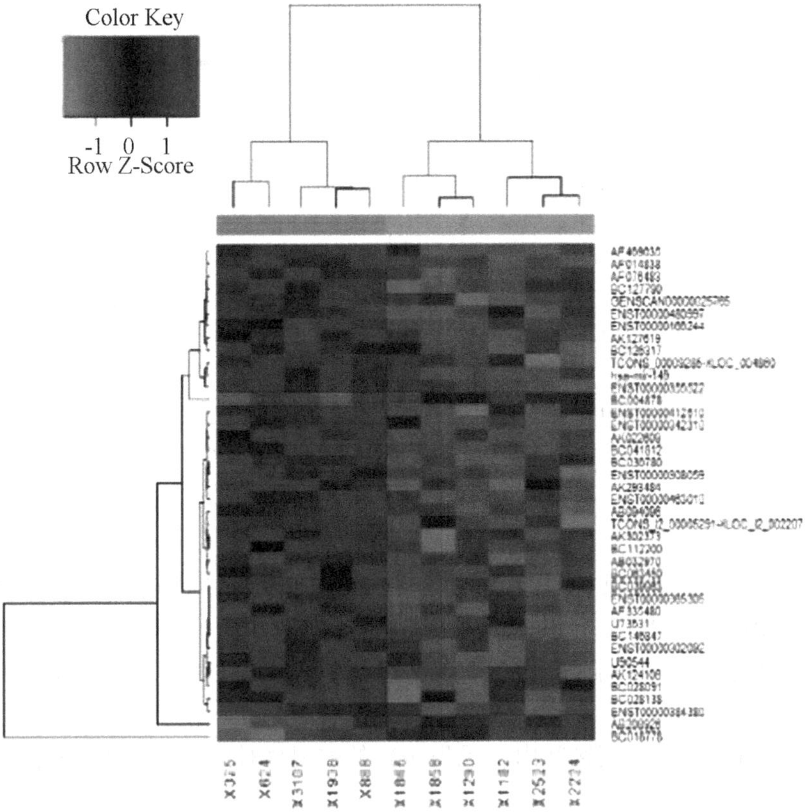

九、生存分析图

什么是生存？生存的意义很广泛，可以指人或动物的存活（相对于死亡），可以是患者的病情正处于缓解状态（相对于再次复发或恶化），还可以是某个系统或产品正常工作（相对于失效或故障），甚至可以是客户的流失与否等。

图例：两种治疗策略的生存函数比较。

红色：强烈的干预治疗；

黑色：相对保守的治疗；

X 轴：时间；

Y 轴：生存概率。

生存时间：广义的生存时间指从某个起始事件开始，到某个终点事件的发生所经历的时间，也称为失效时间（failure time）。根据研究对象的结局，生存时间数据可分为如下两种类型。

完全数据（complete data）：观察对象在观察期内出现响应（终点事件），这时记录到的时间信息是完整的。

截尾数据（截尾值、删失数据，censored data）：尚未观察到研究对象出现响应

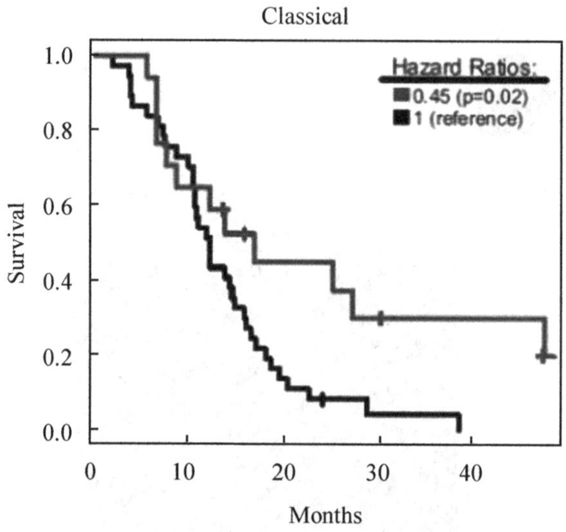

（终点事件）时，即由于某种原因停止了随访，这时记录的时间信息是不完整的，常在数据的右上角以符号“+”标识。

死亡概率 q：在某时间区间内的被观察对象在该时间区间内（无失访）死亡的概率估计。

生存概率 p：在某时间区间内（无失访）的被观察对象在该时间区间内生存的概率估计。

生存函数图

在任意一个点，可以查到这一组的生存概率（对应的就是死亡概率）。由于观测期间，某一组内有个体持续死亡（或其他条件发生变化），所以存活率持续下降。一系列个体的生存时间（或者说死亡时间），就换算成了这条折线。

“ +”标识出现的位置，就是截尾数据出现的位置（某个患者突然失去联系、要求退出实验等）。

生存分析的方法

生存分析的方法：使用一定的函数模型，利用有限的样本（还包含缺失数据），估计每一组在任意一个时间点的存活率，从而绘制曲线。一般有 3 种模型，但这里暂不展开介绍。

（1）Kaplan-meier 过程：这是一种非参数法，主要用于小样本，适用于能够准确记录事件和删失发生时点的数据。

（2）Life Tables 过程：也叫寿命表法，适用于样本量大，且不太可能准确记载每个观察对象的死亡或删失发生时间的数据。

（3）Cox 回归模型分析法：用于描述多个变量对生存时间的影响。

生存函数的组间比较

不同组在全局水平的存活率是否有差异，本质上是组间的差异分析。

例如 Kaplan-meier 过程一般有三种组间比较的统计方法：Log Rank、Breslow 和 Tarone-Ware 3 种检验方法。

意义：例如两组治疗策略（处理方式）是否有效果的区别，病人是否普遍存活时间更长了。

十、点图

ggplot2 核心思想就是图层。

ggplot（data=data，aes（log10（A1），log10（A2）））+ #预处理数据

geom_abline（intercept=0，slope=1，color="blue"）+ # 45°辅助线

geom_point（aes（color="red"），size=2）+ #描散点图的点

xlim（-2，4）+ ylim（-2，4）+#限定 x 轴和 y 轴范围

geom_text（data = NULL，x = 0，y = 4，label = paste（" Correlation = "，correl，sep =""））

#写上相关系数计算的结果

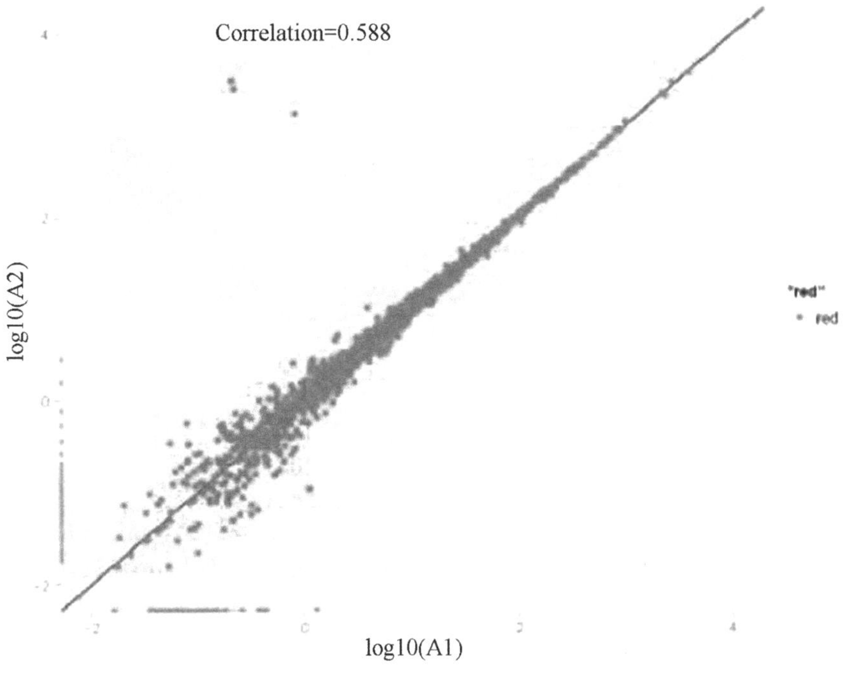

（1）一张图由若干图层构成；

（2）一个图层使用一小句表达式来表示，然后通过加号将一个个图层累加在一起。

总之：数学表达式组合→图层组合。

如何使用自己的数据

ggplot2 输入数据：数据框

读表格：read. table（）

测试数据：all. fpkm

#改变工作路径到数据存放的路径

#读入数据

fpkm=read. table （"all. fpkm"，header=T，row. names=1）

#查看数据有多少行多少列

dim （fpkm）

#查看数据的前 10 行

head （fpkm，n=10）

mp=ggplot （fpkm，aes （C1_FPKM，C2_FPKM））

mp + geom_point （）

#取 log10 后重新作图

mp=ggplot （fpkm，aes （log10 （C1_FPKM），log10 （C2_FPKM）））

mp + geom_point （）

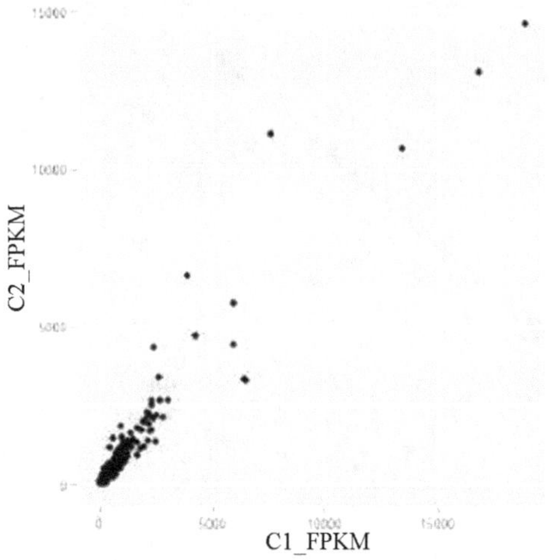

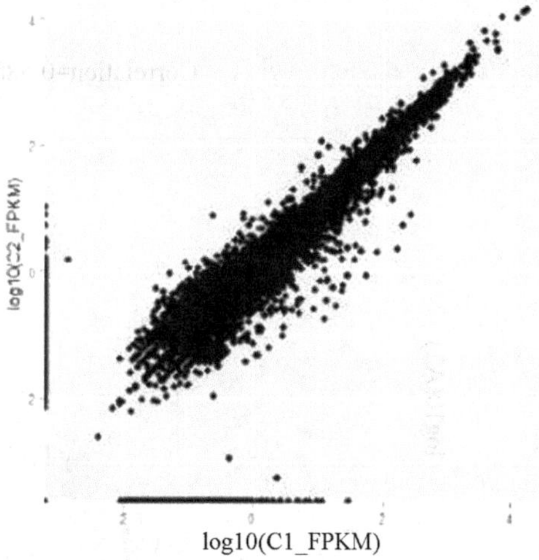

添加直线

slope 设置斜率，intercept 设置截距，color 设置线条颜色，size 设置线条粗细

y=ax + b

a=slope，b=intercept

mp + geom_abline （slope=1，intercept=0，color="red"，size=2） + geom_point （）

十一、散点图之火山图

#数据：R0-vs-R3. isoforms. filter. tsv

data=read. table （"R0-vs-R3. isoforms. filter. tsv"，header=T，row. names=1）

r03=ggplot （data，aes （log2FC，-1*log10 （FDR）））

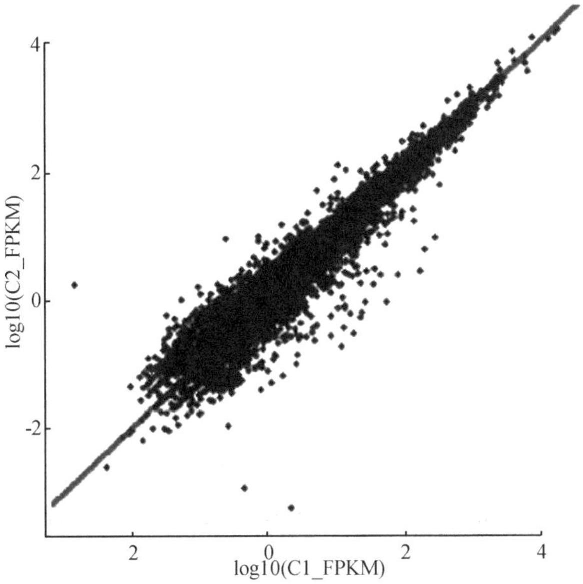

r03 + geom_ point （）

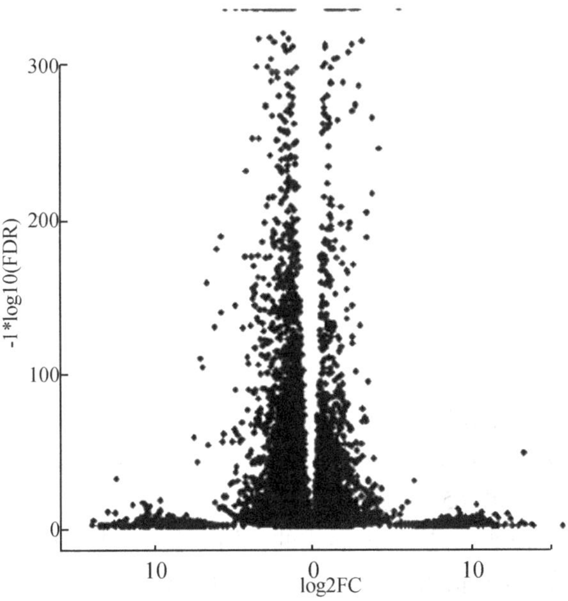

如何改变点的颜色

r03 + geom_ point （color = " red" ）

r03 + geom_ point （aes （color = " red" ） ）

r03 + geom_ point （aes （color = significant） ） #按照 “ significant”

这一列定义点的颜色

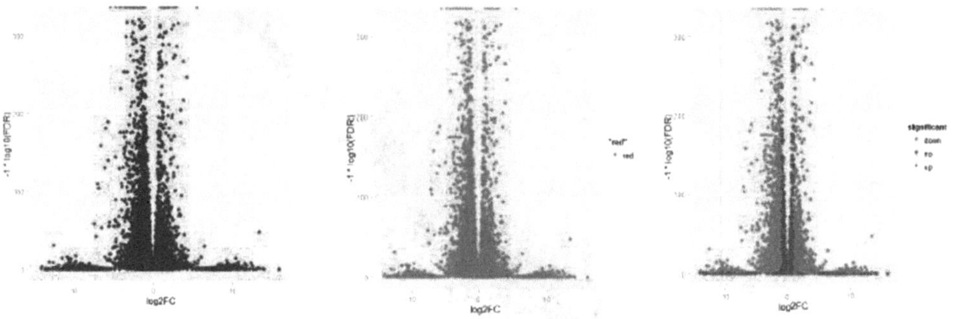

设置坐标轴范围和标题

xlim ( ), ylim ( ) 函数, labs (title= “..”, x= “..”, y= “..”) 函数

r03xy=r03 + geom_ point (aes (color=significant)) + xlim (-4, 4) + ylim (0, 30)

r03xy + labs (title="Volcano plot", x="log2 (FC)")

r03xy + labs (title="Volcano plot", x=expression (log [2] (FC)), y=expression (-log [10] (FDR)))

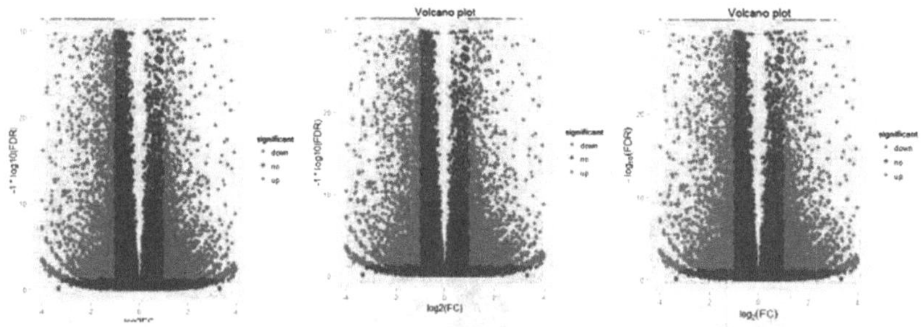

颜色

R 中有 3 种方式可以表示颜色。

(1) 颜色名字。关键词：red、green、blue、… (colors 函数)。

命令：colors ( ) 显示出 657 种颜色。

(2) 颜色编码。每种颜色是 RGB 形式的，用 6 位 16 进制的字符串表示，前面加 “#” 号! 如红色对应的 RGB 值为 “255, 0, 0”，用 16 进制表示就是 “FF0000”，在 R 中可以用 “#FF0000” (十六进制) 表示红色。RGB：rgb ( ) 函数。

(3) 调色板中的索引。R 中用 palette ( ) 表示调色板，默认的颜色有下面的几种。

```
>palette ()
[1] "black" "red" "green3" "blue" "cyan" "magenta" "yellow"
[8] "gray"
"red" =rgb (255, 0, 0, max=255) = "#FF0000"
```

自定义颜色

r03xyp=r03xy + labs（title="Volcano plot", x=expression（log［2］（FC））,
y=expression（-log［10］（FDR）））

r03xyp + scale_color_manual（values=c（"green","black","red"））

volcano=r03xyp + scale_color_manual（values = c（"#00ba38","#619cff","#f8766d"））

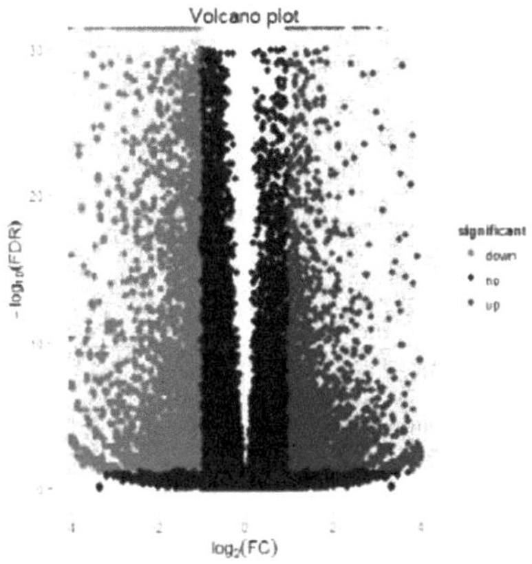

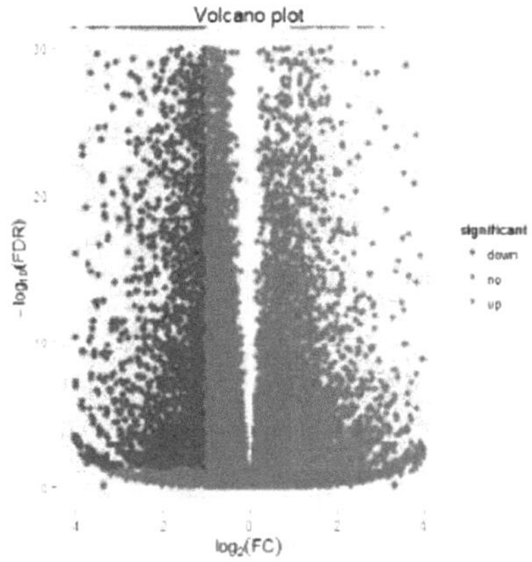

添加阈值线

geom_hline（）添加水平线

geom_vline（）添加垂直线

volcano+geom_hline（yintercept=1.3）+geom_
vline（xintercept=c（-1，1））

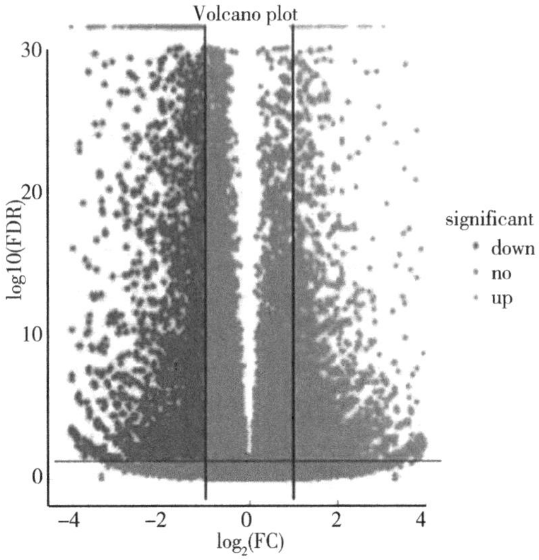

改变线条类型

#linetype 参数

#0=blank, 1=solid, 2=dashed, 3=dotted, 4=dotdash, 5=longdash, 6=twodash

volcano+ geom_ hline (yintercept = 1.3, linetype = 4) +geom_ vline (xintercept = c (-1, 1), linetype=4)

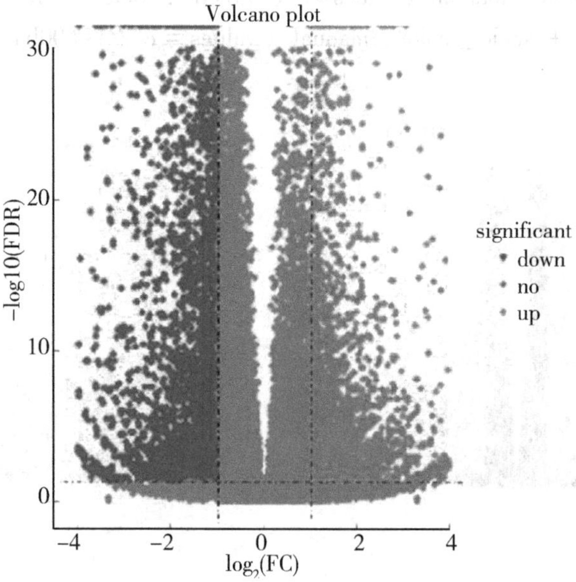

如何改变点的形状

p=ggplot (mtcars, aes (wt, mpg))

p + geom_point (shape=17, size=4)

p + geom_point (aes (shape=factor (cyl)), size=4)

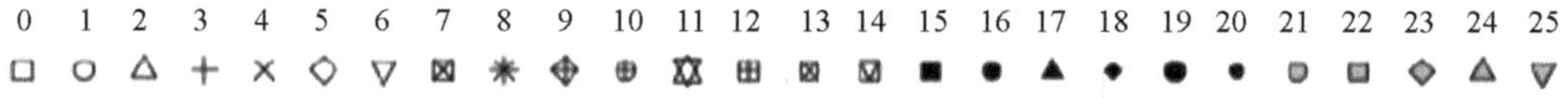

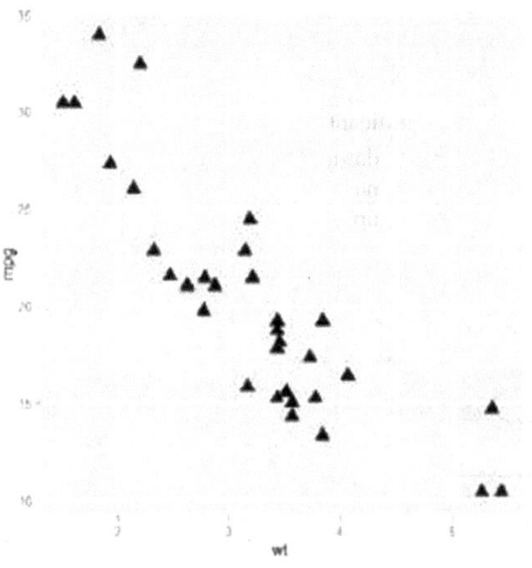

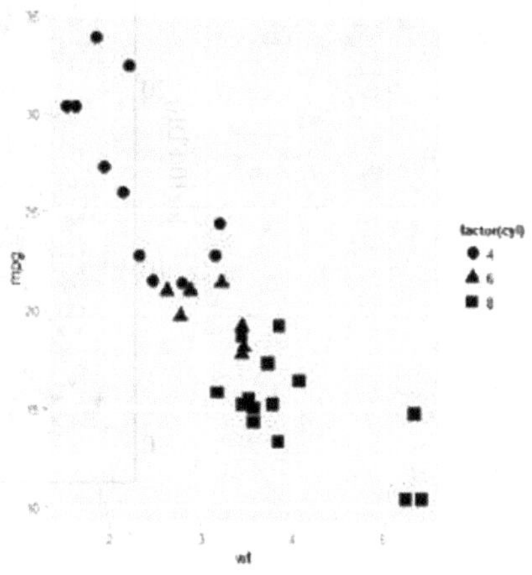

十二、气泡图

数据：R0-vs-R3. path. richFactor. head20. tsv

#读数据

pathway = read. table （" R0-vsR3. path. richFactor. head20. tsv"， header = T， sep = " \t"）

#初始化数据

pp = ggplot （pathway， aes （richFactor， Pathway））

#画图

pp + geom_point （）

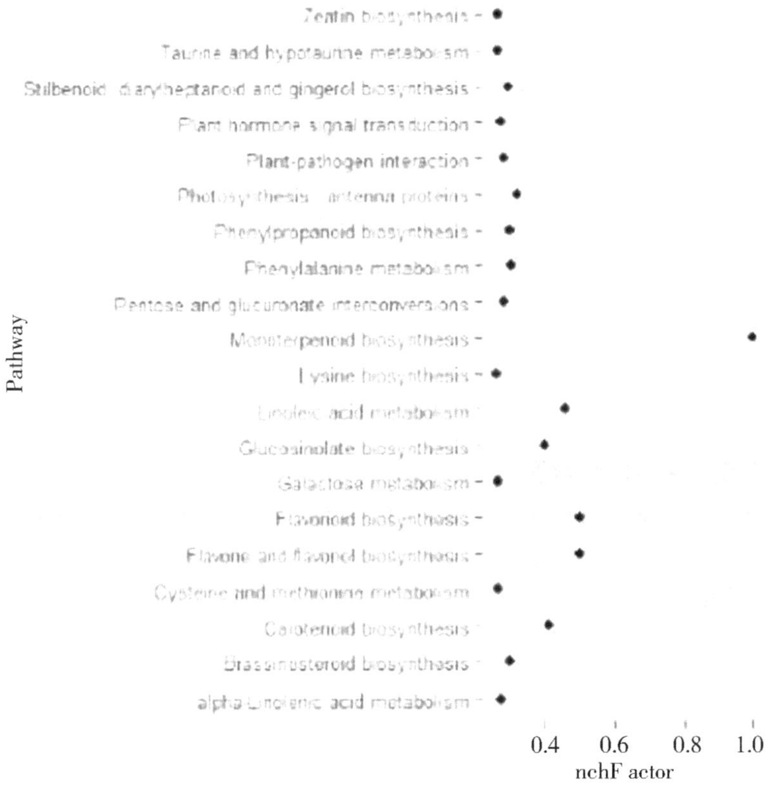

Pathway	R0vsR3	All_Unigene	Pvalue	Qvalue	Pathway.ID
Plant hormone signal transduction	70	254	3.94000e-09	4.33e-07	ko04075
Phenylpropanoid biosynthesis	49	163	5.07000e-08	2.79e-06	ko00940
Plant-pathogen interaction	45	159	1.21000e-06	4.20e-05	ko04626
Phenylalanine metabolism	38	126	1.53000e-06	4.20e-05	ko00360
Flavonoid biosynthesis	11	22	5.86000e-05	1.29e-03	ko00941
Biosynthesis of secondary metabolites	186	1061	1.33523e-04	2.45e-03	ko01110

#气泡图（三维数据）

#size 可以是一个值，也可以是数据中的一列

pp+ geom_point（aes（size=R0vsR3））

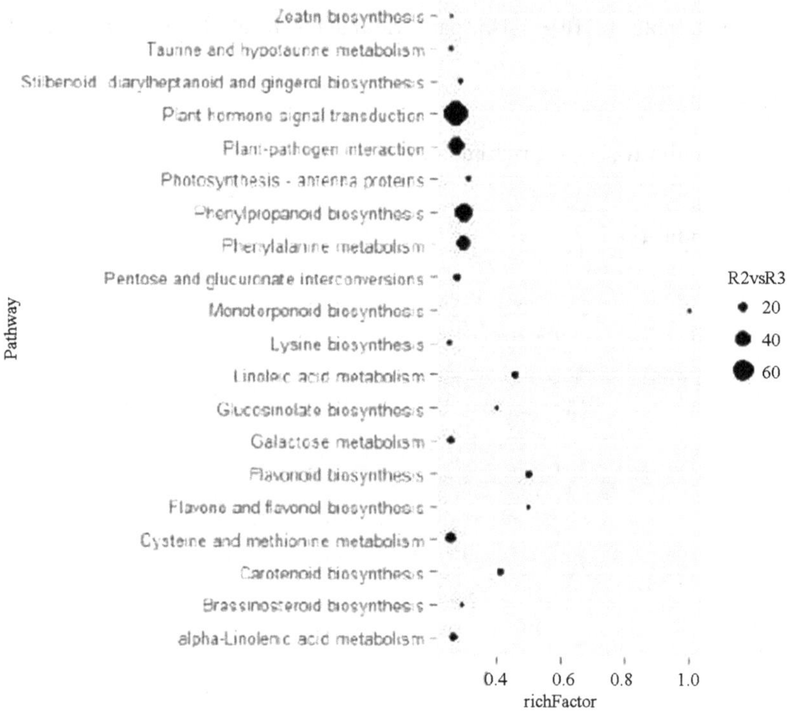

添加颜色变化——四维数据

pbubble=pp + geom_point（aes（size=R0vsR3，color=-1 * log10（Qvalue）））

pbubble + scale_colour_gradient（low="green"，high="red"）

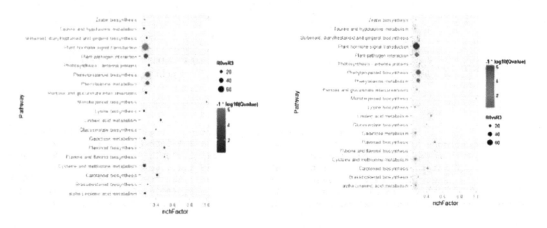

#颜色梯度表示

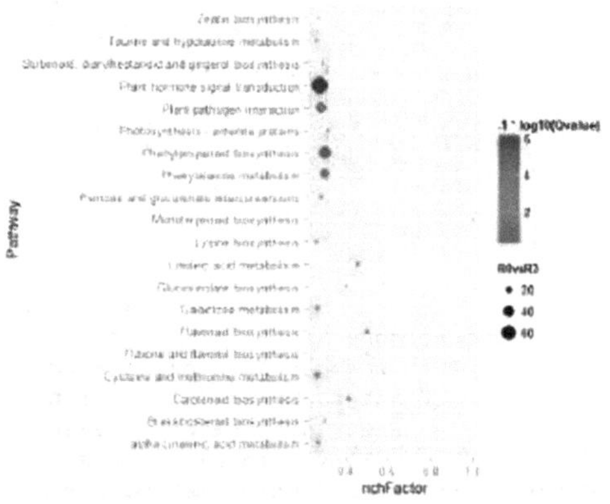

十三、pathway 富集展示图

expression 函数改变样式，[ ] 是用来添加下标，^是用来添加上标

pr=pbubble + scale_colour_gradient（low="green"，high="red"）+

labs（color=expression（-log［10］（Qvalue）），size="Gene number"，x="Rich factor"，

y="Pathway name"，title="Top20 of pathway enrichment"）

pr + theme_bw（）

默认固定主题 theme_gray theme_bw（）使用淡灰色背景和白色网格线（）为传统的白色背景和深灰色的网格线。

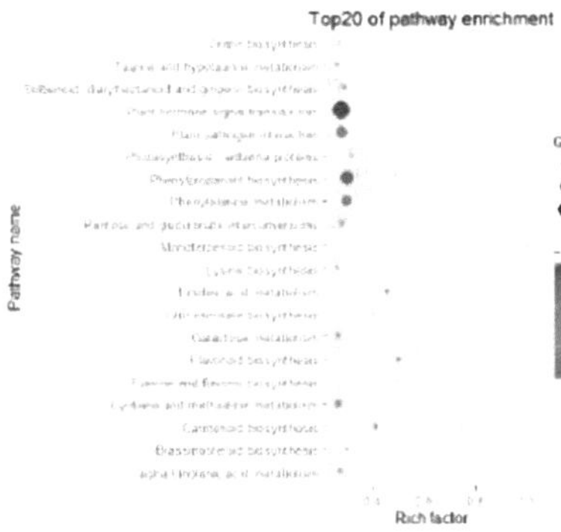

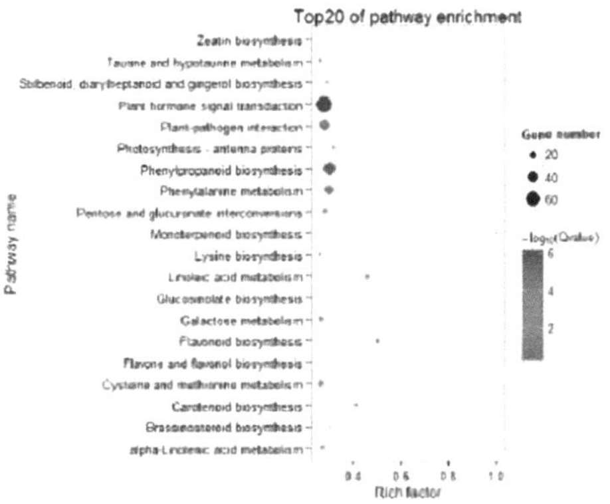

保存图片

ggsave（）函数

#支持多种图片格式：png，pdf，svg 等

ggsave（"pathway_enrichment. png"）

ggsave（"pathway_enrichment_gray. png"，pr）

ggsave（"volcano4. png"，volcano，width=4，height=4）

ggsave（"volcano8. png"，volcano，width=8，height=8）

散点图小结

颜色：color/colour（可渐变）

形状：shape

大小：size（可渐变）

透明度：alpha（练习）

改变坐标轴的范围：xlim（）和 ylim（）函数

改变标题，坐标轴标题和 legend 标题：labs（）函数

保存图片：ggsave（）函数

十四、WGCNA 分析

WGCNA 其译为加权基因共表达网络分析。该分析方法旨在寻找协同表达的基因模块（module），并探索基因网络与关注的表型之间的关联关系，以及网络中的核心基因。适用于复杂的数据模式，推荐 5 组（或者 15 个样品）以上的数据。一般可应用的研究方向有：不同器官或组织类型发育调控、同一组织不同发育调控、非生物胁迫不同时间点应答、病原菌侵染后不同时间点应答。

基本原理

从方法上来讲，WGCNA 分为表达量聚类分析和表型关联两部分，主要包括基因之间相关系数计算、基因模块的确定、共表达网络、模块与性状关联 4 个步骤。

第一步计算任意两个基因之间的相关系数（Person Coefficient）。为了衡量两个基因是否具有相似表达模式，一般需要设置阈值来筛选，高于阈值的则认为是相似的。但是这样如果将阈值设为 0. 8，那么很难说明 0. 8 和 0. 79 两个是有显著差别的。

因此，WGCNA 分析时采用相关系数加权值，即对基因相关系数取 N 次幂，使网络中的基因之间连接服从无尺度网络分布（scale-free networks），这种算法更具生物学意义。

第二步通过基因之间的相关系数构建分层聚类树，聚类树的不同分支代表不同的基因模块，不同颜色代表不同的模块。基于基因的加权相关系数，将基因按照表达模式进行分类，将模式相似的基因归为一个模块。这样就可以将几万个基因通过基因表达模式被分成了几十个模块，是一个提取归纳信息的过程。

无尺度网络分布：其典型特征是在网络中的大部分节点只和很少节点连接，而有极少的节点与非常多的节点连接。

WGCNA 术语

权重（weighted）：基因之间不仅仅是相关与否，还记录着它们的相关性数值，数值就是基因之间联系的权重（相关性）。

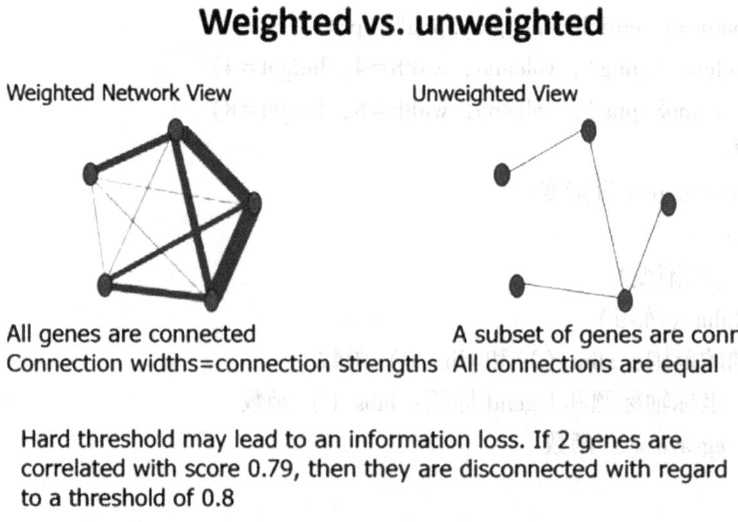

Weighted vs. unweighted
Weighted Network View
Unweighted View
All genes are connected
Connection widths=connection strengths
A subset of genes are connected
All connections are equal
Hard threshold may lead to an information loss. If 2 genes are correlated with score 0.79, then they are disconnected with regard to a threshold of 0.8

模块（module）：表达模式相似的基因分为一类，这样的一类基因称为模块；

Eigengene（eigen-+ gene）：基因和样本构成的矩阵；

邻近矩阵：是图的一种存储形式，用一个一维数组存放图中所有顶点数据；用一个二维数组存放顶点间关系（边或弧）的数据，这个二维数组称为邻接矩阵；在 WGCNA 分析里面指的是基因与基因之间的相关性系数矩阵。如果用了阈值来判断基因相关与否，那么这个邻近矩阵就是 0/1 矩阵，只记录基因相关与否。但是 WGCNA 没有用阈值来卡基因的相关性，而是记录了所有基因之间的相关性。

Topological Overlap Matrix（TOM）：拓扑覆盖矩阵 WGCNA 认为基因之间简单的相关性不足以计算共表达，所以它利用上面的邻近矩阵，又计算了一个新的邻近矩阵。一般来说，TOM 就是 WGCNA 分析的最终结果，后续的只是对 TOM 的下游注释。

下游分析

得到模块之后的分析有：

1. 模块的功能富集
2. 模块与性状之间的相关性
3. 模块与样本间的相关系数

挖掘模块的关键信息：

1. 找到模块的核心基因
2. 利用关系预测基因功能

分析前需要安装的包

```
install. packages（"reshape2"）
source（"https：//bioconductor. org/biocLite. R"）
biocLite（"GEOquery"）
biocLite（"GO. db"）
biocLite（"impute"）
biocLite（"preprocessCore"）
install. packages（"WGCNA"）
library（WGCNA）
library（reshape2）
library（GEOquery）
```

STEP1：输入数据的准备

```
datTraits=read. table（'traits. txt'，head=T）
fpkm=read. table（'express. txt'，head=T）
head（datTraits）
head（fpkm）
save（fpkm，datTraits，file='GSE48213-wgcna-input-new. RData'）
```

datTraits（乳腺癌分类）

				gsm cellline		subtype
cell	line:	184A1	GSM1172844		184A1	Non-malignant
cell	line:	184B5	GSM1172845		184B5	Non-malignant
cell	line:	21MT1	GSM1172846		21MT1	Basal
cell	line:	21MT2	GSM1172847		21MT2	Basal
cell	line:	21NT	GSM1172848		21NT	Basal
cell	line:	21PT	GSM1172849		21PT	Basal

基因表达量信息（fpkm）

	GSM1172844	GSM1172845	GSM1172846	GSM1172847	GSM1172848	GSM1172849	GSM1172850	GSM1172851
ENSG00000000003	95.212548	95.6986763	19.9946736	65.6863763	44.0577456	34.31757	178.15883	13.460144
ENSG00000000005	0.000000	0.0000000	0.0000000	0.1492021	0.0000000	0.00000	0.00000	0.000000
ENSG00000000419	453.208307	243.6480387	142.0581753	200.4131493	193.1543893	151.57291	220.75349	147.468928
ENSG00000000457	18.104390	26.5666075	16.1277638	12.0873135	18.4480093	15.78353	89.67268	34.460514
ENSG00000000460	48.166224	24.5842890	24.2845922	36.5169168	32.5867632	28.52255	140.54343	16.771403
ENSG00000000938	3.060651	0.3158946	0.3145795	0.0000000	0.1328697	0.00000	0.00000	0.232812

这里主要是表达矩阵，如果是芯片数据，那么常规的归一化矩阵即可，如果是转录组数据，最好是 RPKM 值或者其他归一化好的表达量。然后就是临床信息或者其他表型，总之就是样本的属性。为了保证后续脚本的统一性，表达矩阵统一用 datExpr 标识，临床信息统一用 datTraits 标识。

RNAseq_voom <-fpkm ##因为 WGCNA 针对的是基因进行聚类，而一般我们的聚类是针对样本用 hclust 即可，所以这个时候需要转置。

WGCNA_matrix = t（RNAseq_voom [order（apply（RNAseq_voom，1，mad），decreasing = T）[1 : 5000],]）#中值绝对偏差，反应数据间差异

datExpr0 <-WGCNA_matrix ## top 5000 mad genes

datExpr <-datExpr0 ##下面主要是为了防止临床表型与样本名字对不上

sampleNames = rownames（datExpr）

traitRows = match（sampleNames，datTraits $ gsm）

rownames（datTraits）= datTraits [traitRows，1]

apply（b，1，sum）

上面的指令代表对矩阵 b 进行行计算，分别对每一行进行求和。函数涉及了 3 个参数：第一个参数是指要参与计算的矩阵；第二个参数是指按行计算还是按列计算，1 表示按行计算，2 表示按列计算；第三个参数是指具体的运算参数。

head（datTraits）## 56 个细胞系的分类信息，表型：

		gsm celline	subtype
GSM1172844	GSM1172844	184A1	Non-malignant
GSM1172845	GSM1172845	184B5	Non-malignant
GSM1172846	GSM1172846	21MT1	Basal
GSM1172847	GSM1172847	21MT2	Basal
GSM1172848	GSM1172848	21MT	Basal
GSM1172849	GSM1172849	21PT	Basal

"Basal""Claudin-low"
"Luminal""Non-malignant"
"unknown"

fpkm [1:4, 1:4] ## 56 个细胞系的 36953 个基因的表达矩阵

	GSM117284	GSM1172845	GSM1172846	GSM1172847
ENSG00000000003	95.21255	95.69868	19.99467	65.6863763
ENSG00000000005	0.00000	0.00000	0.00000	0.1492021
ENSG00000000419	453.20831	243.64804	142.05818	200.4131493
ENSG00000000457	18.10439	26.56661	16.12776	12.0873135

STEP2：确定最佳 BETA 值，选择合适“软阈值（soft thresholding power）” beta

```
powers=c (c (1:10), seq (from=12, to=20, by=2) )
# Call the network topology analysis function
sft=pickSoftThreshold (datExpr, powerVector=powers, verbose=5)
#设置网络构建参数选择范围，计算无尺度分布拓扑矩阵
# Plot the results:
##sizeGrWindow (9, 5)
par (mfrow=c (1, 2) );
cex1=0.9;
# Scale-free topology fit index as a function of the soft-thresholding power
plot (sft $ fitIndices [, 1], -sign (sft $ fitIndices [, 3] ) * sft $ fitIndices [,
2],
xlab="Soft Threshold (power)", ylab="Scale Free Topology Model Fit, signed R^2",
type="n",
```

```
main=paste ("Scale independence") );
text (sft $ fitIndices [, 1], -sign (sft $ fitIndices [, 3] ) * sft $ fitIndices [,
2],
labels=powers, cex=cex1, col="red");
# this line corresponds to using an R^2 cut-off of h
abline (h=0.90, col="red")
# Mean connectivity as a function of the soft-thresholding power
plot (sft $ fitIndices [, 1], sft $ fitIndices [, 5],
xlab="Soft Threshold (power)", ylab="Mean Connectivity", type="n",
main=paste ("Mean connectivity") )
text (sft $ fitIndices [, 1], sft $ fitIndices [, 5], labels=powers, cex=cex1, col
="red")
```

powerVector 可以是一系列数值，从而选择最优值

Verbose：进度信息

知道本步骤目的：pickSoftThreshold 函数及其返回的对象，最佳的 beta 值就是 sft $ powerEstimate。

STEP3：一步法构建共表达矩阵有了表达矩阵和估计好的最佳 beta 值，就可以直接构建共表达矩阵了。

```
net=blockwiseModules (
datExpr,
power=sft $ powerEstimate,
maxBlockSize=6000,
TOMType="unsigned", minModuleSize=30,
reassignThreshold=0, mergeCutHeight=0.25,
numericLabels=TRUE, pamRespectsDendro=FALSE,
saveTOMs=TRUE,
saveTOMFileBase="AS-green-FPKM-TOM",
verbose=3)
table (net $ colors)
```

maxBlockSize 默认为 5000，表示在这个数值内的基因将整体被计算，如果调大需要更多的内存；power 是软阈值；minModuleSize 设定每个 module 的对小容量（即节点数），可以调大；numericLabels 默认为 FALSE 返回颜色，设定为 TRUE 则返回数字；mergeCutHeight 是在计算完所有 modules 后，将特征量高度相似的 modules 进行合并，合并的标准就是所有小于 mergeCutHeight 数值，默认为 0.15，可以调大（即减少 module）；pamRespectsDendro 逻辑值，默认为 TRUE，可以设定为 FALSE。

所有的核心就在这一步，把输入的表达矩阵的几千个基因组归类成了几十个模块。大体思路：计算基因间的邻接性，根据邻接性计算基因间的相似性，然后推出基因间的相异性系数，并据此得到基因间的系统聚类树。然后按照混合动态剪切树的标准，设置

每个基因模块最少的基因数目为 30。

根据动态剪切法确定基因模块后，再次分析，依次计算每个模块的特征向量值，然后对模块进行聚类分析，将距离较近的模块合并为新的模块。

STEP4：模块可视化这里用不同的颜色来代表那些所有的模块，其中灰色默认是无法归类于任何模块的那些基因，如果灰色模块里面的基因太多，那么前期对表达矩阵挑选基因的步骤可能就不太合适。

```
# Convert labels to colors for plotting
mergedColors = labels2colors (net $ colors)
table (mergedColors)
# Plot the dendrogram and the module colors underneath
plotDendroAndColors (net $ dendrograms [ [1] ], mergedColors [net $ blockGenes
[ [1] ] ],
"Module colors",
dendroLabels = FALSE, hang = 0.03,
addGuide = TRUE, guideHang = 0.05)
## assign all of the gene to their corresponding module
## hclust for the genes.
```

上一步返回结果是一个列表，第一个 colors 表示基因被分为不同的 module，0 表示没有任何 module 接受，可以使用 table () 函数查看。如果返回的是数字，可以使用 labels2colors () 转换为对应颜色。函数 plotDendroAndColors () 可视化系统发生树。

它接受一个聚类的对象，以及该对象里面包含的所有个体所对应的颜色。

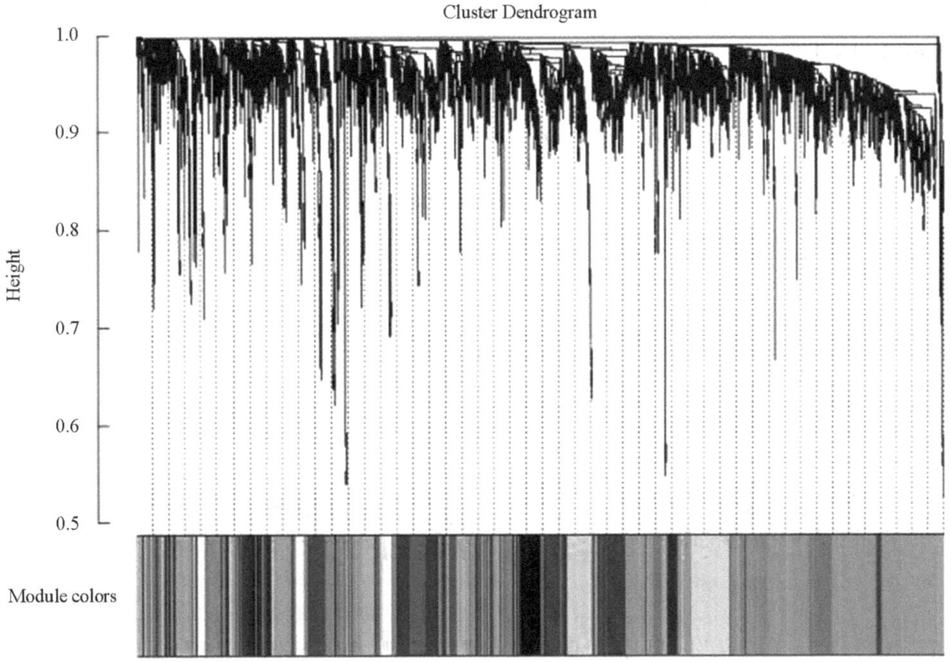

STEP5：模块和性状的关系

```
design=model. matrix （~0+ datTraits $ subtype)
colnames （design） =levels （datTraits $ subtype)
moduleColors <-labels2colors （net $ colors） # Recalculate MEs with color labels
MEs0=moduleEigengenes （datExpr， moduleColors） $ eigengenes
MEs=orderMEs （MEs0）； ##不同颜色的模块 ME 值矩阵（样本 vs 模块)
moduleTraitCor=cor （MEs， design， use="p"）；
moduleTraitPvalue=corPvalueStudent （moduleTraitCor， nSamples)
sizeGrWindow （10， 6)
textMatrix=paste （signif （moduleTraitCor， 2)，" \ n （"，
signif （moduleTraitPvalue， 1)，")"， sep=""）；    # Will display correlations and their p-values
dim （textMatrix） =dim （moduleTraitCor)
par （mar=c （6， 8.5， 3， 3） ）； # Display the correlation values within a heatmap plot
labeledHeatmap （Matrix=moduleTraitCor，
xLabels=names （design)，
yLabels=names （MEs)，
ySymbols=names （MEs)，
colorLabels=FALSE，
colors=greenWhiteRed （50)，
textMatrix=textMatrix，
setStdMargins=FALSE，
cex. text=0. 5，
zlim=c （-1， 1)，
main=paste （"Module-trait relationships"） )
```

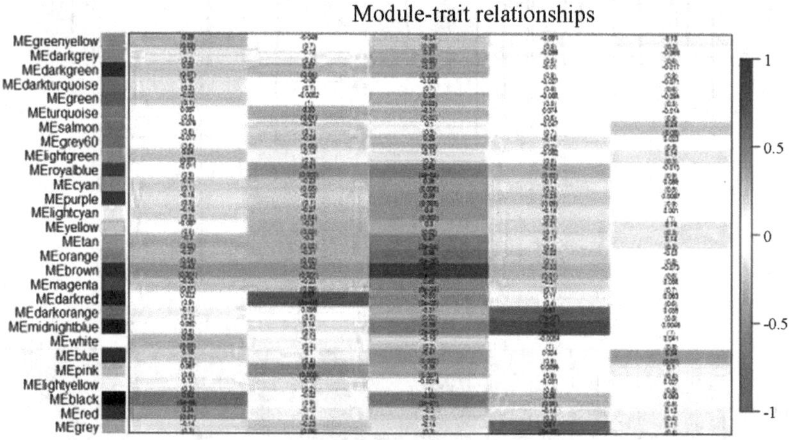

从上图已经可以看到跟乳腺癌分类相关的基因模块了，包括"Basal" "Claudin-low" "Luminal" "Non-malignant" "unknown" 这 5 类所对应的不同模块的基因列表。可以看到每一种乳腺癌都有跟它强烈相关的模块，可以作为它的表达 signature，模块里面的基因可以做下游分析。我们看到 Luminal 表型跟棕色的模块相关性高达 0. 86，而且极其显著的相关，所以值得我们挖掘，这个模块里面的基因是什么？

STEP8：提取指定模块的基因名

```
# Select module
module = " brown" ;
# Select module probes
probes = colnames （datExpr）
##我们例子里面的 probe 就是基因名
inModule = （moduleColors = = module）;
modProbes = probes ［inModule］; #基因列表
```

有了基因信息，下游分析就很简单了。包括 GO/KEGG 等功能数据库的注释。

STEP9：模块的导出

主要模块里面的基因直接的相互作用关系信息可以导出到 cytoscape 。

```
# Recalculate topological overlap
TOM = TOMsimilarityFromExpr （datExpr， power = 6）;
# Select module
module = " brown" ;
# Select module probes
probes = colnames （datExpr） ##我们例子里面的 probe 就是基因名
inModule = （moduleColors = = module）;
modProbes = probes ［inModule］;
##也是提取指定模块的基因名
# Select the corresponding Topological Overlap
modTOM = TOM ［inModule， inModule］;
dimnames （modTOM） = list （modProbes， modProbes）
##模块对应的基因关系矩阵
```

导出互作数据到 cytoscape

```
cyt = exportNetworkToCytoscape （
modTOM,
edgeFile = paste （" CytoscapeInput-edges-" ， paste （module， collapse = " -" ）, ". txt" ,
sep = " " ）,
nodeFile = paste （" CytoscapeInput-nodes-" ， paste （module， collapse = " -" ）, ". txt" ,
sep = " " ）,
weighted = TRUE,
threshold = 0. 02,
```

nodeNames=modProbes,

nodeAttr=moduleColors [inModule]

);

共表达网络构建

基因表达的时空特异性

常见的网络关系

蛋白质网络

代谢网络

信号网络

基因转录调控网络

共表达计算-相关性

```
a=read. table ("coexpression. txt", head=T)
mat=matrix (ncol=4, nrow=sum (1: (ncol (a) -1) ) )
m=1
for (i in 1: (ncol (a) -1) ) {
  for (j in (i+1): ncol (a) ) {
    mat [m, 2] =names (a) [j]
    mat [m, 1] =names (a) [i]
    mat [m, 3] =cor (a [, i], a [, j], method="spearman")
    w=cor. test (a [, i], a [, j], type="spearman")
    mat [m, 4] =w $ p. value
    m=m+1
  }
}
colnames (mat) <-c ("gene1","gene2","correlation_coefficient","pvalue")
write. table ( mat, sep = " \ t"," p - value. xls", col. names = TRUE, row. names = FALSE)
aa=mat [mat [, 4] <0. 05,]
write. table (aa, sep=" \ \ t","p-value_ true. txt", col. names=TRUE, row. names =FALSE)
```

gene1	gene2	correlation_coeff	pvalue
Gene1	Gene2	-0.539393939	0.17312
Gene1	Gene3	-0.36969697	0.304119
Gene1	Gene4	-0.345454545	0.245906
Gene1	Gene5	-0.490909091	0.152728
Gene1	Gene6	-0.296969697	0.406638
Gene1	Gene7	0.515151515	0.163733
Gene1	Gene8	0.212121212	0.591316
Gene1	Gene9	-0.03030303	0.862902
Gene1	Gene10	-0.296969697	0.368156
Gene1	Gene11	0.43030303	0.245107

基因转录调控数据库

TRANSFAC 数据库

http：//www. gene-regulation. com/pub/databases. html

TRANSFAC 数据库是关于转录因子、它们在基因组上的结合位点的数据库。

TRRD 数据库

(http：//wwwmgs. bionet. nsc. ru/mgs/gnw/trrd/)

RegulonDB 数据库

(http：//regulondb. ccg. unam. mx/)

SCPD 数据库

(http：//rulai. cshl. edu/SCPD/)

JASPAR 数据库

(http：//jaspar. genereg. net)

DBD 数据库

(http：//www. transcriptionfactor. org)

有向网络与无向网络

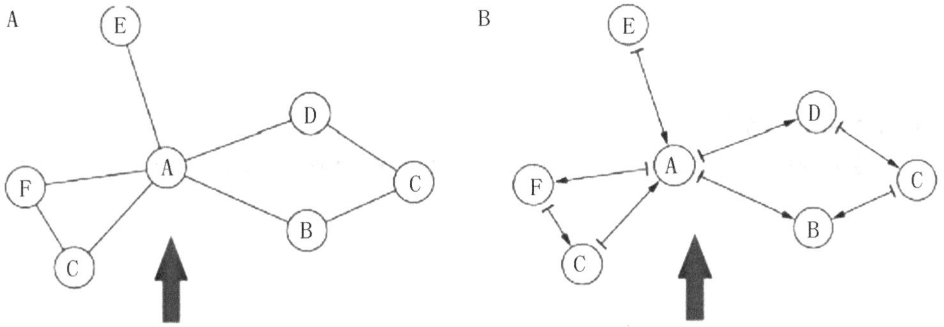

无向网络　　　　有向网络

加权网络与等权网络

如果网络中的每条边都被赋予相应的数字，这个网络就称为加权网络，所赋予的数字称为边的权重。如果网络中各边之间没有区别，可以认为各边的权重相等，称为等权网络或无权网络。

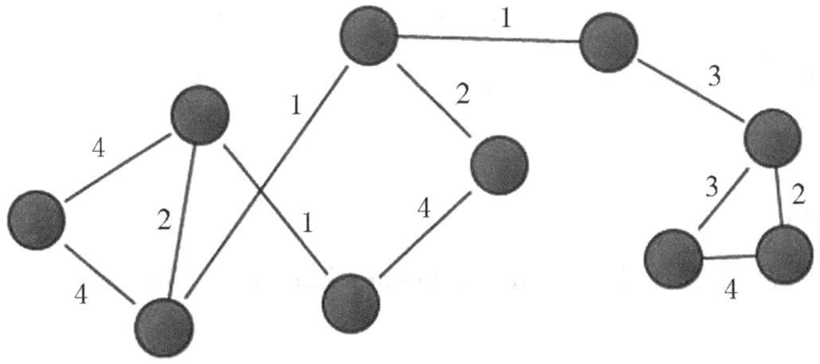

二分网络

如果网络中的节点可分为两个互不相交的集合，而所有的边都建立在来自不同集合的节点之间，则称这样的网络为二分网络。

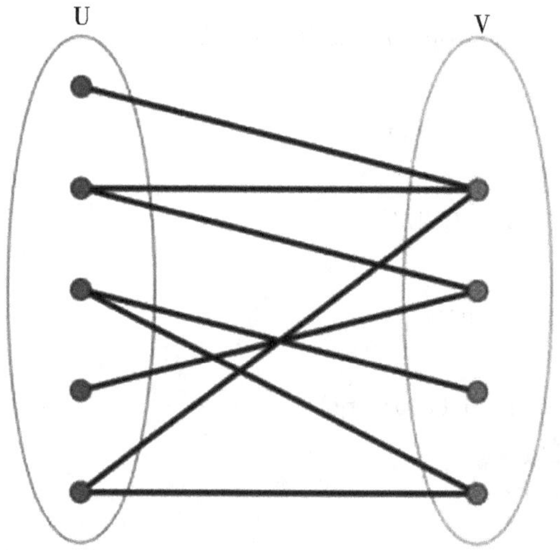

基因转录调控网络

基因转录调控网络是以转录因子和受调控基因作为节点，以调控关系作为边的有向网络。

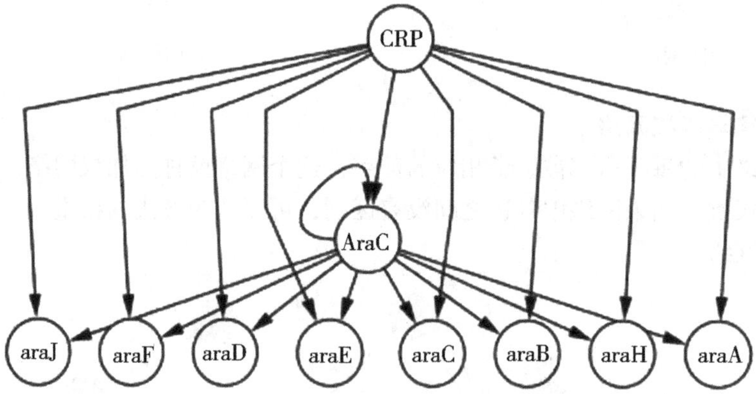

基因调控网络

染色质免疫沉淀技术（chromatin Immunoprecipitation，ChIP）

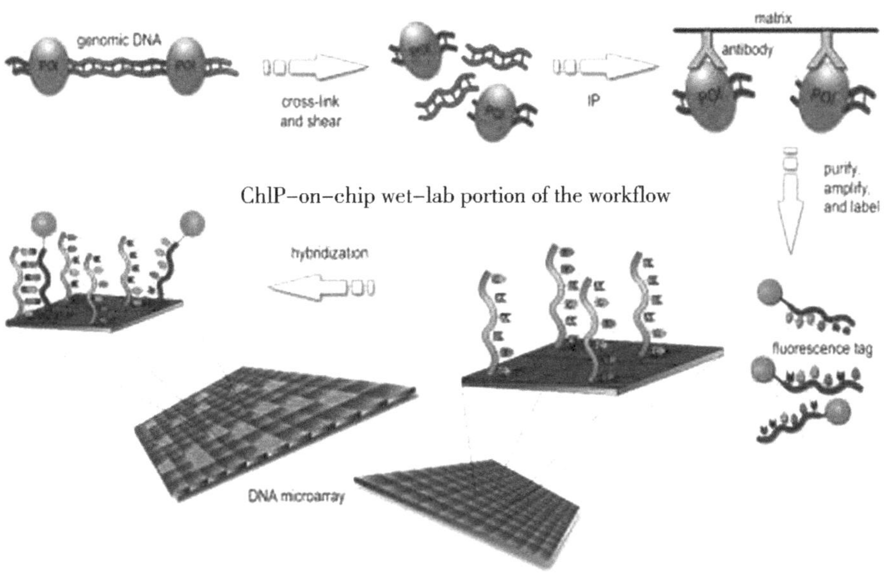

基于实验的基因互作关系

1. 免疫共沉淀技术（co–immunoprecipitation）

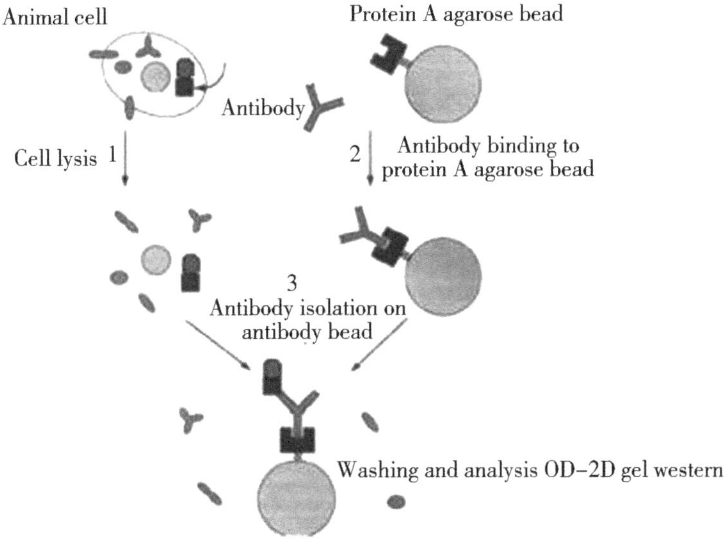

2. 酵母双杂交（yeasttwo hybrid，Y2H）

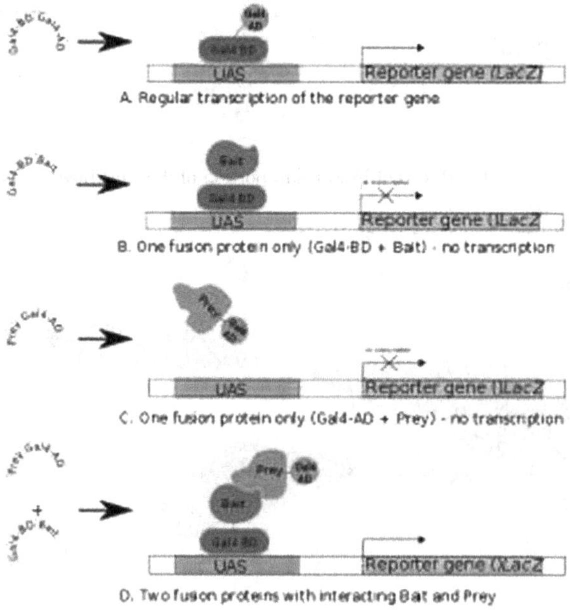

练　　习

一、绘制 MAplot 图

1. 利用数据“R0-vs-R3. isoforms. filter. tsv”，绘制两个样本表达量的 MAplot 图

2. 要求

（1）横坐标为 A，纵坐标为 M。

（2）用红色表示上调的基因，用绿色表示下调的基因，用黑色表示表达没有明显变化的基因。

（3）将图片保存到文件“R0-vs-R3. MAplot. png”中。

3. R 脚本

```
#---------------------------------------
# name：maplot. r
# func：绘制 MAplot 图
# version：1. 0
#---------------------------------------
#导入 ggplot2 包
library（ggplot2）
#设置好工作目录（到数据所在目录）
#读取输入数据  "R0-vs-R3. isoforms. filter. tsv"
```

data=read. table ("R0-vs-R3. isoforms. filter. tsv", header=T, row. names=1)
#计算 M 值和 A 值，并将 M 作为 y 轴，A 作为 x 轴
aes=aes (x= (log2 (R0_fpkm) +log2 (R3_fpkm)) /2, y=log2 (R0_fpkm) -log2 (R3_fpkm))
#绘制 MAplot
ggplot (data=data, aes) + geom_point (aes (color=significant))
#添加辅助线
ggplot (data = data, aes) + geom_hline (yintercept = 0, linetype = 4, color = "blue") +
geom_point (aes (color=significant))
#改变点的大小
maplot=ggplot (data=data, aes) + geom_hline (yintercept=0, linetype=4, color="blue") +
geom_point (aes (color=significant), size=1)
#设置自定义染色
maplot + scale_color_manual (values=c ("green","black","red"))
#设置标题
maplot + scale_color_manual (values=c ("green","black","red")) +
labs (title="MAplot of R0-vs-R3", x="A", y="M")
#保存 MAplot
ggsave ("R0-vs-R3. MAplot. png", width=8, height=6)

4. 结果

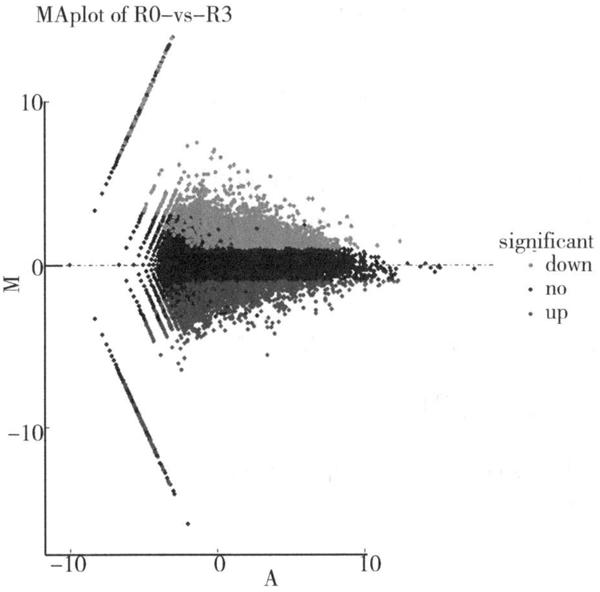

二、气泡图

1. 根据数据“R0-vs-R3. path. qvalue. head20. tsv”绘制 pathway 富集分析的气泡图

注：richFactor = R0vsR3/All_ Unigene

2. 要求

(1) 横坐标是 richFactor，纵坐标是 pathway name，用点的大小展示注释上差异基因的个数，用点的透明度来体现 qvalue 值（-log10qvalue）。

(2) 按照例图设置好标题、坐标轴标题、图例标题。

(3) 将结果保存到文件“R0-vs-R3. path. qvalue. head20. pdf ”。

3. R 脚本

```
#----------------------------------------
# name：pathway_ bubble. r
# func：绘制富集 pathway 气泡图
# version：1. 0
#----------------------------------------
#导入 ggplot2 包
library（ggplot2）
#设置好工作目录（到数据所在目录）
#读取输入数据 "R0-vs-R3. isoforms. filter. tsv"
pathway = read. table（" R0 - vs - R3. path. qvalue. head20. tsv"， header = T， sep = " \t"）
#绘制气泡图
aes = aes（x = R0vsR3/All _ Unigene， y = Pathway， size = R0vsR3， alpha = - log10（Qvalue））
ggplot（data=pathway，aes）+ geom_ point（color="red"）
#添加标题
ggplot（data=pathway，aes）+ geom_ point（color="red"）+ labs（color=expression（-log［10］（Qvalue）），size="Gene number"，x="Rich factor"，y="Pathway name"，title="Top20 of pathway enrichment"）
#保存文件
ggsave（"R0-vs-R3. path. qvalue. head20. pdf"）
```

三、折线图与频率直方图

1. 根据数据“all_ profile. xls”绘制折线图与频率直方图

2. 原始数据格式

	Profile	CT0	XC1	XC2	XC3
UNIGENE0042281	2	0	-0.44	-1.03	-0.40
UNIGENE0042280	2	0	-0.38	-1.34	-0.58
UNIGENE0023572	11	0	-0.23	-1.50	-0.53
UNIGENE0007710	11	0	-0.25	-1.39	-0.39
UNIGENE0021728	11	0	-0.23	-1.04	-0.32
UNIGENE0039109	2	0	-0.23	-1.38	-0.77

3. 要求

（1）横坐标是表达时期（CT0，XC1，XC2，XC3），纵坐标是 RPKM。

（2）按照例图设置好标题、坐标轴标题、图例标题。

（3）将折线图结果保存到文件“all. profile. pdf”。

（4）将柱状图结果保存到文件“all. profile. hist. pdf”。

4. R 脚本

```
#----------------------------------------
# name：tend. r
# func：绘制趋势分析折线图和频率直方图
# version：1. 0
#----------------------------------------
#导入 ggplot2 包
library（ggplot2）
#设置好工作目录（到数据所在目录）
#读取输入数据（趋势分析结果，防止出错将最后的注释结果用 Excel 去掉）all_profile. xls
data=read. table（"all_profile. xls"，row. names=1，header=T，sep="\t"）
#去掉第一列 SPOT
data=data［，-1］
#----------------------------------------
#矩阵转换
#----------------------------------------
genes=rownames（data）
samples=colnames（data）
#因为第一列是 Profile 分组信息，这里要从样本列表中剔除
samples=samples［-1］
n=length（genes）
m=length（samples）
sum=m*n
#生成一个 sum*4 的矩阵，4 列分别为
```

```
temp=rep (0, sum*4)
dim (temp) =c (sum, 4)
for (i in 1: n) {
    for (j in 1 : m)
    {
        index=j + (i-1) * m
        temp [index,] =c (genes [i], samples [j], data [i, j+1], data [i, 1] )
    }
}
newdata = data.frame ( Genes = temp [, 1], Samples = temp [, 2], RPKM = as.numeric (temp [, 3] ), Profile=as.numeric (temp [, 4] ) )
#-----------------------------------------
#绘制折线图
aes=aes (x=Samples, y=RPKM, group=Genes, color=Genes)
tend=ggplot (newdata, aes) + geom_line () + facet_wrap ( ~Profile) + theme (legend.position="none")
ggsave ("all.profile.pdf")
#改变坐标轴名称和x轴坐标的角度
```

5. 结果展示

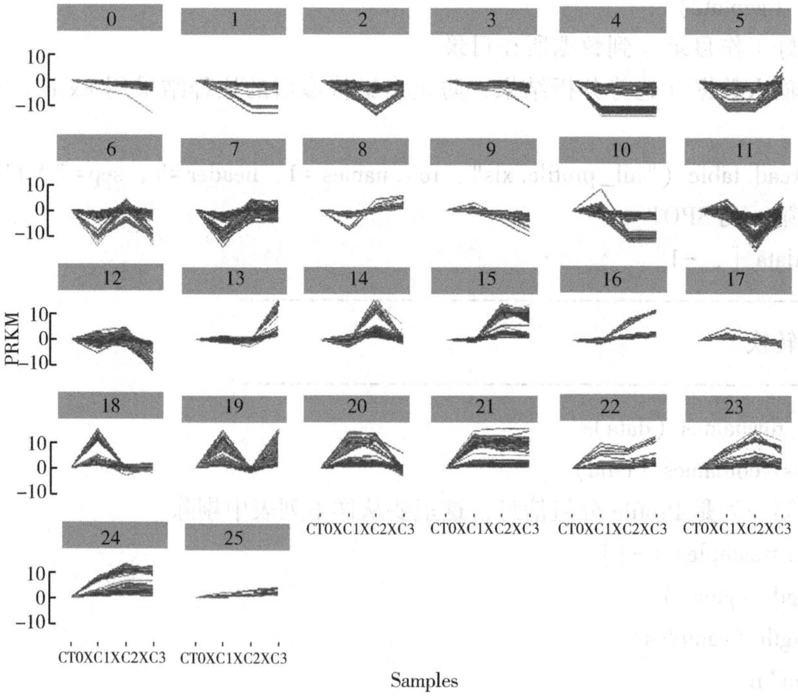

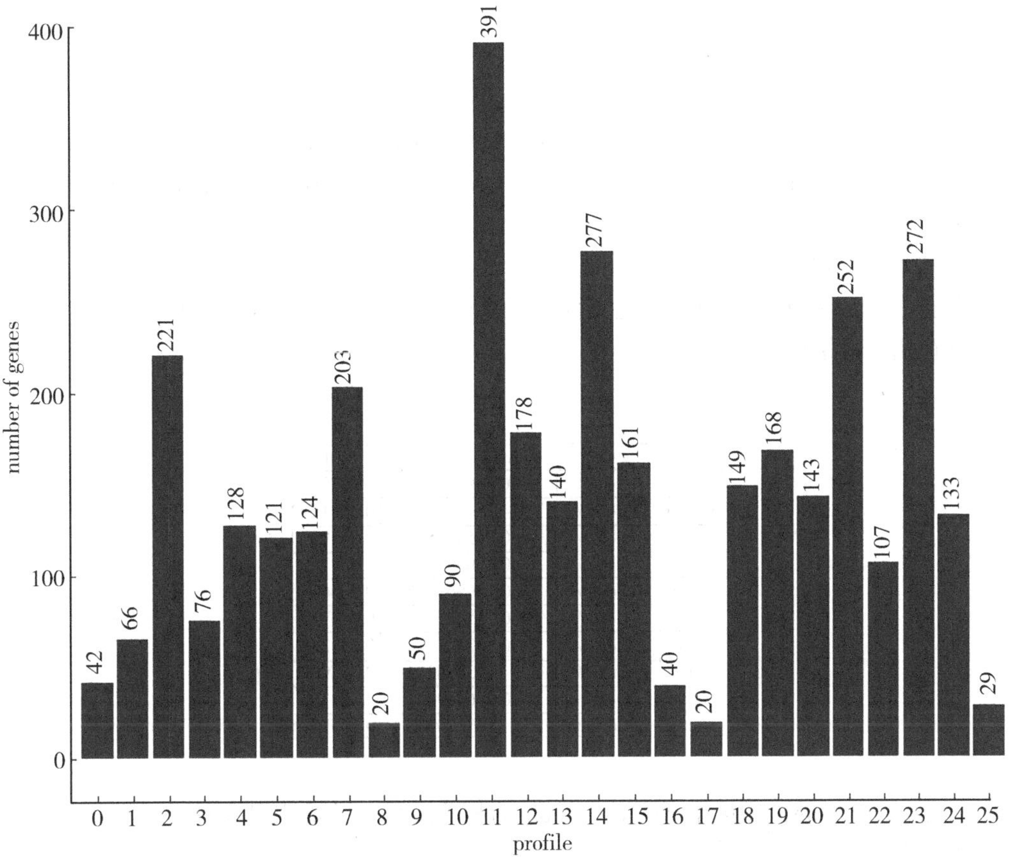

四、共表达网络构建

1. 打开 R 工作环境，并设置工作路径，输入文件：coexpression. txt

2. 计算共表达网络

3. R 脚本

```
a<-read. table ("coexpression. txt", head=T)
library (Hmisc)
mat=matrix (ncol=4, nrow=sum (1: (ncol (a) -1) ) )
m=1
for (i in 1: (ncol (a) -1) ) {
for (j in (i+1): ncol (a) ) {
        mat [m, 2] =names (a) [j]
            mat [m, 1] =names (a) [i]
            mat [m, 3] =cor (a [, i], a [, j], method="spearman")
```

```
w=cor.test (a [, i], a [, j], type="spearman")
                mat [m, 4] =w $ p.value
            m=m+1
   }
}
colnames (mat) <-c ("gene1","gene2","correlation_coefficient","pvalue")
write.table (mat, sep="\t","p-value.txt", col.names=TRUE, row.names=FALSE)
```

4. 查看计算结果

在练习 11——相关性网络构建文件夹下，产生结果文件 p-value. txt。

查看相关性结果：

gene1	gene2	correlation_coeff	pvalue
Gene1	Gene2	-0.539393939	0.17312
Gene1	Gene3	-0.36969697	0.304119
Gene1	Gene4	-0.345454545	0.245906
Gene1	Gene5	-0.490909091	0.152728
Gene1	Gene6	-0.296969697	0.406638
Gene1	Gene7	0.515151515	0.163733
Gene1	Gene8	0.212121212	0.591316
Gene1	Gene9	-0.03030303	0.862902
Gene1	Gene10	-0.296969697	0.368156
Gene1	Gene11	0.43030303	0.245107

5. 过滤 p-value，筛选 p-value < 0. 05 的相关关系，并输出到文件

R 命令

```
aa=mat [mat [, 4] <0.05,]
write.table (aa, sep="\t","p-value_true.txt", col.names=TRUE, row.names=FALSE)
```

在文件夹下，新产生 p-value_ture. txt 文件。

6. Cytoscape 网络关系展示，以及表达分析

软件环境：Windows，Cytoscape，JRE

Cytoscape 安装：

软件下载：http：//www. cytoscape. org/download. html。

Cytoscape 基于 java 平台，需首先安装 java 运行环境 JRE，如果没有安装，可从 http：//www. oracle. com/technetwork/java/javase/downloads/index. html 下载得到。

我们选择 windows 版本的 Cytoscape3. 3. 0，下载安装。

7. 打开 cytoscape

共享
查看
此电脑
Data (D:)
Program Files (x86)
Cytoscape_v3.3.0
名称
修改日期
类型
大小
.install4j 2017/9/17 21:27 文件夹
apps 2017/9/17 21:26 文件夹
framework 2017/9/17 21:30 文件夹
sampleData 2017/9/17 21:27 文件夹
cytoscape.bat 2015/11/17 11:53 Windows 批处理... 4 KB
Cytoscape.exe 2015/11/17 11:54 应用程序 275 KB
cytoscape.sh 2015/11/17 11:53 SH 文件 3 KB
Cytoscape.vmoptions 2017/9/17 21:27 VMOPTIONS 文件 1 KB
gen_vmoptions.bat 2015/11/17 11:53 Windows 批处理... 2 KB
gen_vmoptions.sh 2015/11/17 11:53 SH 文件 2 KB
uninstall.exe 2015/11/17 11:54 应用程序 216 KB

8. 导入网路文件

File→Import→Network→File，

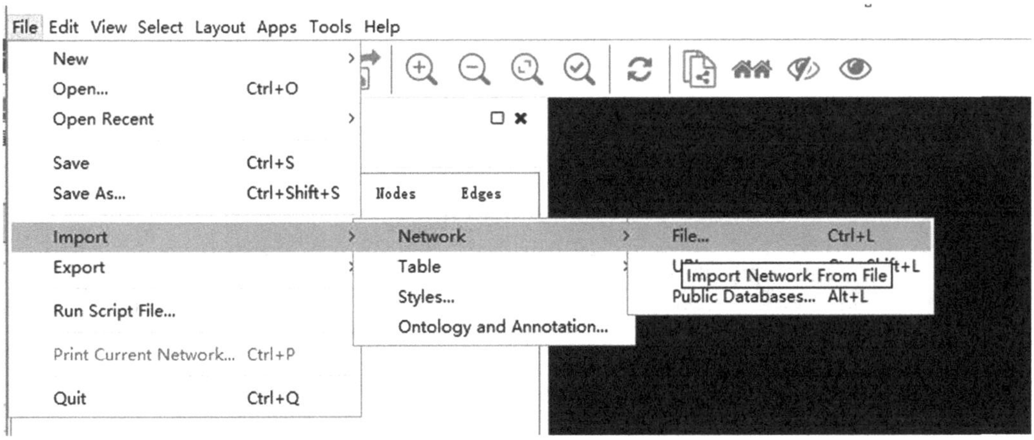
File Edit View Select Layout Apps Tools Help
New
Open... Ctrl+O
Open Recent
Save Ctrl+S
Save As... Ctrl+Shift+S
Import
Export
Run Script File...
Print Current Network... Ctrl+P
Quit Ctrl+Q
Nodes
Edges
Network
Table
Styles...
Ontology and Annotation...
File... Ctrl+L
Import Network From File
Public Databases... Alt+L

选择文件（共表达分析中产生的 p-value_true. txt 文件）：

点击打开，设置导入参数：

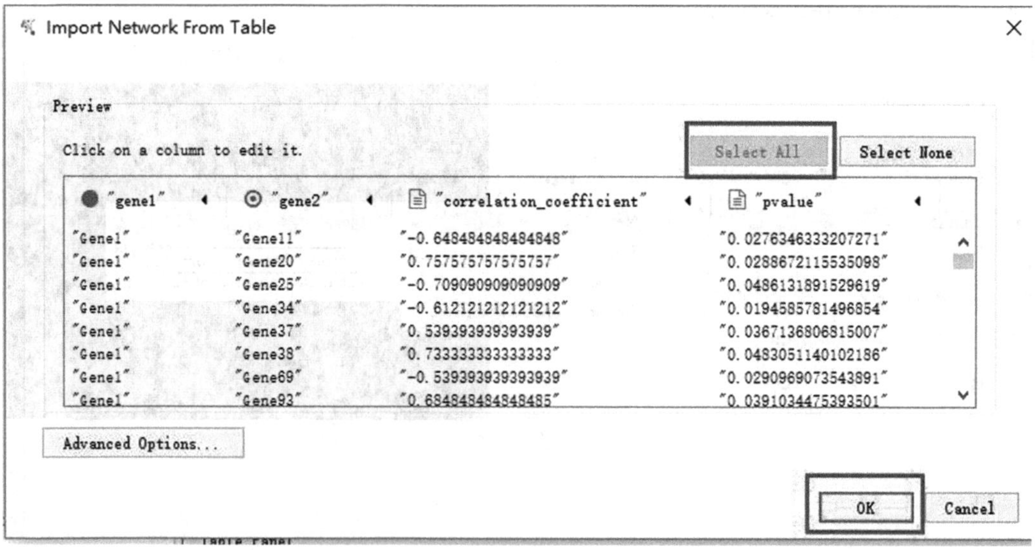

导入完成后，效果如下：

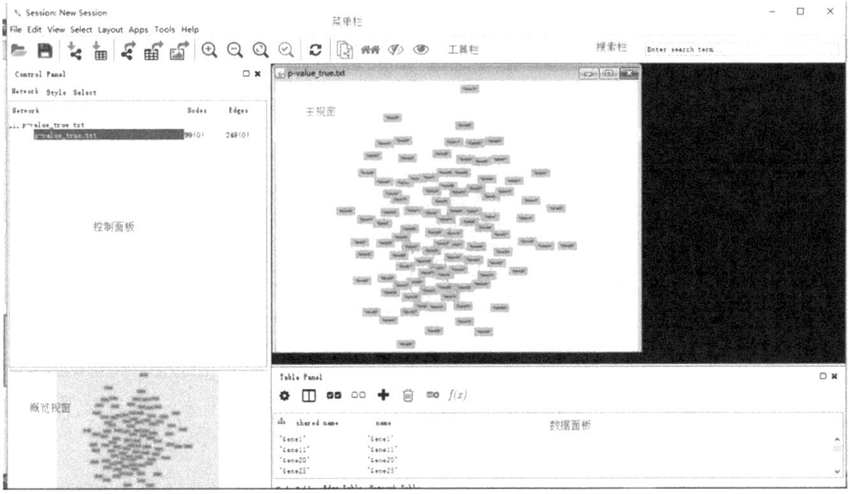

9. 设置网络展示布局

在菜单栏 Layout 中，有各种布局类型，选择合适的展示布局。

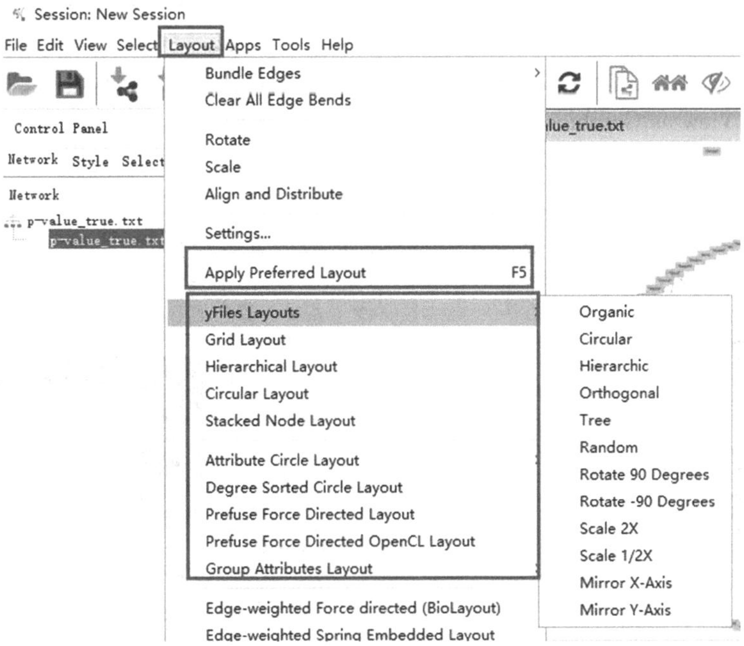

10. 调整网路样式

选择控制面板上方的“Style”，再选择控制面板下方的“Node”“Edge”或者“Network”，设置网路的样式。

比如下图，选择“Style”→ 选择“Node”，对网络的节点进行设置，可设置节点的颜色、形状、大小、节点长宽、节点字体大小、节点标签等内容。

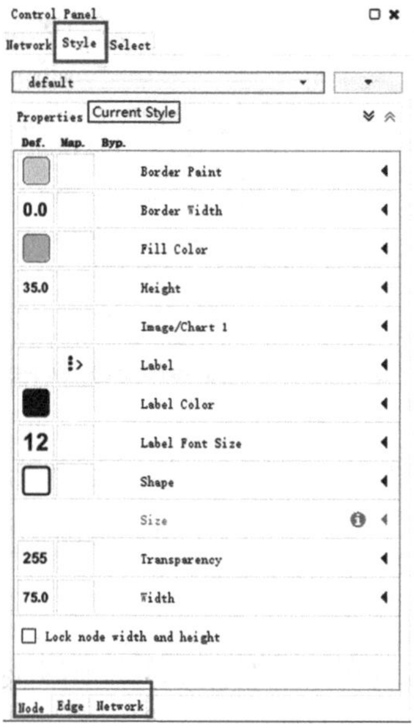

11. 保存网络和图片

如下图，菜单栏 File→ Export，可以保存整个网络关系（Network），也可以保存图片（Network View as Graphics...）。

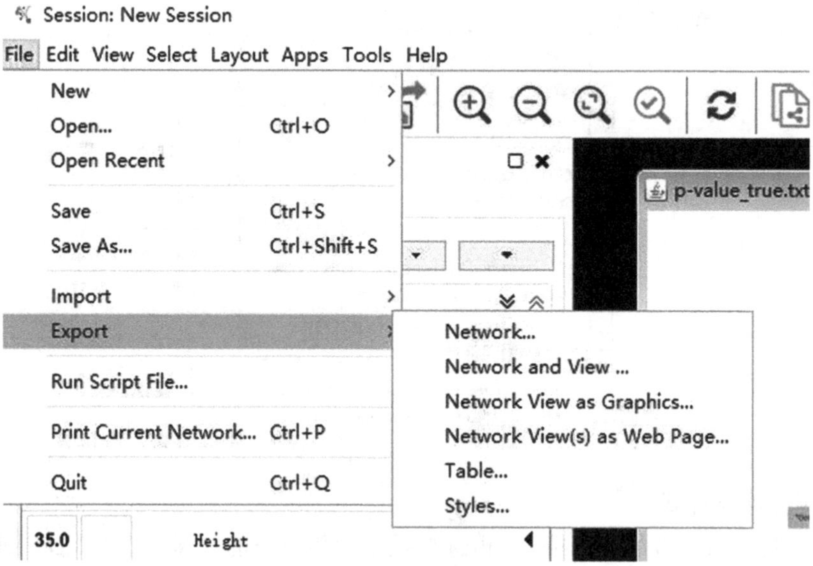

五、WGCNA 网络构建

1. 根据数据“traits. txt”和“express. txt”进行 WGCNA 分析

2. 原始数据格式

	gsm	cellline	subtype
cell line: 184A1	GSM1172844	184A1	Non-malignant
cell line: 184B5	GSM1172845	184B5	Non-malignant
cell line: 21MT1	GSM1172846	21MT1	Basal
cell line: 21MT2	GSM1172847	21MT2	Basal
cell line: 21NT	GSM1172848	21NT	Basal
cell line: 21PT	GSM1172849	21PT	Basal

	GSM1172844	GSM1172845	GSM1172846	GSM1172847	GSM1172848	GSM1172849	GSM1172850	GSM1172851
ENSG00000000003	95.212548	95.6986763	19.9946736	65.6863763	44.0577456	34.31757	178.15883	13.460144
ENSG00000000005	0.000000	0.0000000	0.0000000	0.1492021	0.0000000	0.00000	0.00000	0.000000
ENSG00000000419	453.208307	243.6480387	142.0581753	200.4131493	193.1543893	151.57291	220.75349	147.468928
ENSG00000000457	18.104390	26.5666075	16.1277638	12.0873135	18.448003	15.78353	89.67268	34.460514
ENSG00000000460	48.166224	24.5842890	24.2845922	36.5169168	32.5867632	28.52255	140.54343	16.771403
ENSG00000000938	3.060651	0.3158946	0.3145795	0.0000000	0.1328697	0.00000	0.00000	0.232812

3. 输入数据的准备

datTraits = read. table（' traits. txt'，head = T）

fpkm = read. table（' express. txt'，head = T）

head（datTraits）

head（fpkm）

save（fpkm，datTraits，file =' GSE48213-wgcna-input-new. RData'）

4. 矩阵整理

RNAseq_ voom <-fpkm　##因为 WGCNA 针对的是基因进行聚类，而一般我们的聚类是针对样本用 hclust 即可，所以这个时候需要转置。

WGCNA_ matrix = t（RNAseq_ voom［order（apply（RNAseq_ voom，1，mad），decreasing = T）［1：5000］,］）

datExpr0 <-WGCNA_ matrix ## top 5000 mad genes

datExpr <-datExpr0 ##下面主要是为了防止临床表型与样本名字对不上

sampleNames = rownames（datExpr）

traitRows = match（sampleNames，datTraits $ gsm）

rownames（datTraits）= datTraits［traitRows，1］

5. 确定最佳 beta 值

powers = c（c（1：10），seq（from = 12，to = 20，by = 2））

Call the network topology analysis function

sft = pickSoftThreshold（datExpr，powerVector = powers，verbose = 5）

```
#设置网络构建参数选择范围，计算无尺度分布拓扑矩阵
# Plot the results:
##sizeGrWindow (9, 5)
par (mfrow=c (1, 2) );
cex1=0.9;
# Scale-free topology fit index as a function of the soft-thresholding power
plot (sft $ fitIndices [, 1], -sign (sft $ fitIndices [, 3] )* sft $ fitIndices [,
2],
    xlab="Soft Threshold (power)", ylab="Scale Free Topology Model Fit, signed
R^2", type="n", main=paste ("Scale independence") );
text (sft $ fitIndices [, 1], -sign (sft $ fitIndices [, 3] )* sft $ fitIndices [,
2],     labels=powers, cex=cex1, col="red");
# this line corresponds to using an R^2 cut-off of h
abline (h=0.90, col="red")
# Mean connectivity as a function of the soft-thresholding power
plot (sft $ fitIndices [, 1], sft $ fitIndices [, 5], xlab = "Soft Threshold
(power)", ylab = "Mean Connectivity", type = "n", main = paste ( "Mean connectivi-
ty") )
text (sft $ fitIndices [, 1], sft $ fitIndices [, 5], labels=powers, cex=cex1, col
="red")
```

6. 一步法构建共表达矩阵

```
net=blockwiseModules (
    datExpr,
    power=sft $ powerEstimate,
    maxBlockSize=6000,
    TOMType="unsigned", minModuleSize=30,
    reassignThreshold=0, mergeCutHeight=0.25,
    numericLabels=TRUE, pamRespectsDendro=FALSE,
    saveTOMs=TRUE,
    saveTOMFileBase="AS-green-FPKM-TOM",
    verbose=3)
table (net $ colors)
```

7. 模块可视化

```
# Convert labels to colors for plotting
mergedColors=labels2colors (net $ colors)
table (mergedColors)
# Plot the dendrogram and the module colors underneath
plotDendroAndColors (net $ dendrograms [ [1] ], mergedColors [net $ blockGenes
```

[[1]]],"Module colors", dendroLabels=FALSE, hang=0.03, addGuide=TRUE, guideHang=0.05)

assign all of the gene to their corresponding module

hclust for the genes.

8. 样品聚类

#明确样本数和基因数

nGenes=ncol (datExpr)

nSamples=nrow (datExpr)

#首先针对样本做个系统聚类树

datExpr_tree<-hclust (dist (datExpr), method="average")

par (mar=c (0, 5, 2, 0))

plot (datExpr_tree, main="Sample clustering", sub="", xlab="", cex.lab=2, cex.axis=1, cex.main=1, cex.lab=1)

##如果这个时候样本是有性状，或者临床表型的，可以加进去看看是否聚类合理

#针对前面构造的样品矩阵添加对应颜色

#sample_colors <-numbers2colors (as.numeric (factor (datTraits $ Tumor.Type)),
　　colors=c ("white","blue","red","green"), signed=FALSE)

##这个给样品添加对应颜色的代码需要自行修改以适应自己的数据分析项目。

sample_colors <-numbers2colors (as.numeric (factor (datTraits $ subtype)), colors=c ("white","blue","red","green"), signed=FALSE)

##如果样品有多种分类情况，而且 datTraits 里面都是分类信息，那么可以直接用上面代码，当然，这样给的颜色不明显，意义不大。

#构造 10 个样品的系统聚类树及性状热图

par (mar=c (1, 4, 3, 1), cex=0.8)

plotDendroAndColors (datExpr_tree, sample_colors,
　　groupLabels=colnames (sample),
　　cex.dendroLabels=0.8,
　　marAll=c (1, 4, 3, 1),
　　cex.rowText=0.01,
　　main="Sample dendrogram and trait heatmap")

9. 模块和性状的关系

design=model.matrix (~0+ datTraits $ subtype)

colnames (design) =levels (datTraits $ subtype)

moduleColors <-labels2colors (net $ colors) # Recalculate MEs with color labels

MEs0=moduleEigengenes (datExpr, moduleColors) $ eigengenes

MEs=orderMEs (MEs0); ##不同颜色的模块 ME 值矩阵 (样本 vs 模块)

moduleTraitCor=cor (MEs, design, use="p");

```
moduleTraitPvalue=corPvalueStudent (moduleTraitCor, nSamples)
sizeGrWindow (10, 6) # Will display correlations and their p-values
textMatrix=paste (signif (moduleTraitCor, 2),"\n (", signif (moduleTraitPvalue, 1),")", sep="");
dim (textMatrix) =dim (moduleTraitCor)
par (mar=c (6, 8.5, 3, 3) ); # Display the correlation values within a heatmap plot
labeledHeatmap (Matrix=moduleTraitCor,
    xLabels=names (design),
    yLabels=names (MEs),
    ySymbols=names (MEs),
    colorLabels=FALSE,
    colors=greenWhiteRed (50),
    textMatrix=textMatrix,
    setStdMargins=FALSE,
    cex.text=0.5,
    zlim=c (-1, 1),
    main=paste ("Module-trait relationships")
```

10. 查看每一列对应的样本特征

```
head (design)
```

11. 模块导出

```
# Recalculate topological overlap
TOM=TOMsimilarityFromExpr (datExpr, power=6);
# Select module
module="brown";
# Select module probes
probes=colnames (datExpr) ##我们例子里面的 probe 就是基因名
inModule= (moduleColors==module);
modProbes=probes [inModule];
##也是提取指定模块的基因名
# Select the corresponding Topological Overlap
modTOM=TOM [inModule, inModule];
dimnames (modTOM) =list (modProbes, modProbes)
```

12. 导出到 cytoscape

```
cyt=exportNetworkToCytoscape (
       modTOM,
        edgeFile = paste (" CytoscapeInput - edges -", paste (module, collapse = "-"),".txt", sep=""),
```

```
        nodeFile = paste ( " CytoscapeInput - nodes - ", paste (module, collapse =
"-"),". txt", sep=""),
        weighted=TRUE,
        threshold=0. 02,
        nodeNames=modProbes,
        nodeAttr=moduleColors [inModule]
                                  );
```

六、如何进行差异基因分析

1. 利用数据 gene200. txt 进行差异基因检测，检测方法 t. test

2. 前四列是一种处理的不同重复，后四列是另一种处理的不同重复

```
dat<-read. table ( "gene200. txt", head=T)
head (dta, 4)
colnames (dta)
rowSums (dta [2 : 9] ) =1,]
dat [rowSums (dat [2 : 9] ) <1,]
dtat [rowSums (dat [2 : 9] ) >=1,]
BaseMeanA <-rowMeans (dat [2 : 5] )
BaseMeanB <-rowMeans (dat [6 : 9] )
FoldChange <-round (BaseMeanB/BaseMeanA, digits=3)
log2FoldChange <-round (log (FoldChange, base=2), digits=3)
```

第三章　转录组深度分析

第一节　应用举例

一、时间序列的基因共表达网络构建

软件介绍：STEM，一个短时间序列基因表达数据分析工具，实现了独特的方法来聚类、比较和可视化时间序列基因表达数据。STEM 通过其与基因本体论（Gene Ontology）的整合也支持短时间序列数据的高效且统计上严格的生物解释。

软件下载：http：//www. cs. cmu. edu/～jernst/stem/

软件应用环境：pc 机；Java 1. 4 或者更高的版本。如果 Java 没有安装，请在 http：//www. java. com 下载安装。

具体操作如下。

（1）打开软件下载页面，下载 stem. zip 软件包并解压缩，在 Windows 双击 stem. cmd 文件打开 STEM。

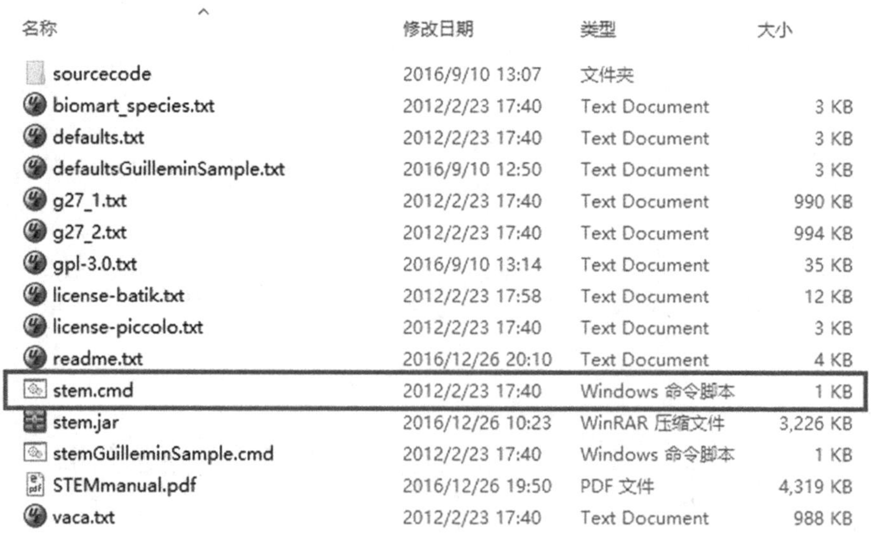

名称 修改日期 类型 大小
sourcecode 2016/9/10 13:07 文件夹
biomart_species.txt 2012/2/23 17:40 Text Document 3 KB
defaults.txt 2012/2/23 17:40 Text Document 3 KB
defaultsGuilleminSample.txt 2016/9/10 12:50 Text Document 3 KB
g27_1.txt 2012/2/23 17:40 Text Document 990 KB
g27_2.txt 2012/2/23 17:40 Text Document 994 KB
gpl-3.0.txt 2016/9/10 13:14 Text Document 35 KB
license-batik.txt 2012/2/23 17:58 Text Document 12 KB
license-piccolo.txt 2012/2/23 17:40 Text Document 3 KB
readme.txt 2016/12/26 20:10 Text Document 4 KB
stem.cmd 2012/2/23 17:40 Windows 命令脚本 1 KB
stem.jar 2016/12/26 10:23 WinRAR 压缩文件 3,226 KB
stemGuilleminSample.cmd 2012/2/23 17:40 Windows 命令脚本 1 KB
STEMmanual.pdf 2016/12/26 19:50 PDF 文件 4,319 KB
vaca.txt 2012/2/23 17:40 Text Document 988 KB

由于 Windows 操作系统环境不同，上述双击打不开软件，可采用命令行方式打开，具体操作如下。

（a）打开 dos 命令行，见下图；

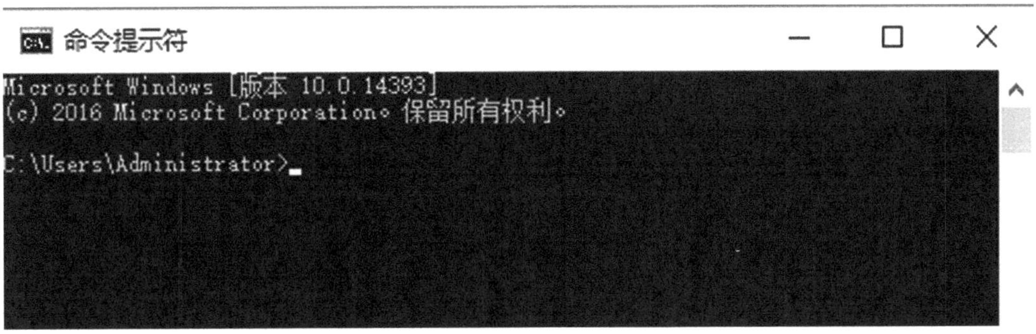

（b）进入 stem 软件的根路径，比如我的软件放在 D：\ stem，那么 dos 命令行如下：

先输入盘符 D：　回车；

再输入 cd stem　回车。

见下图：

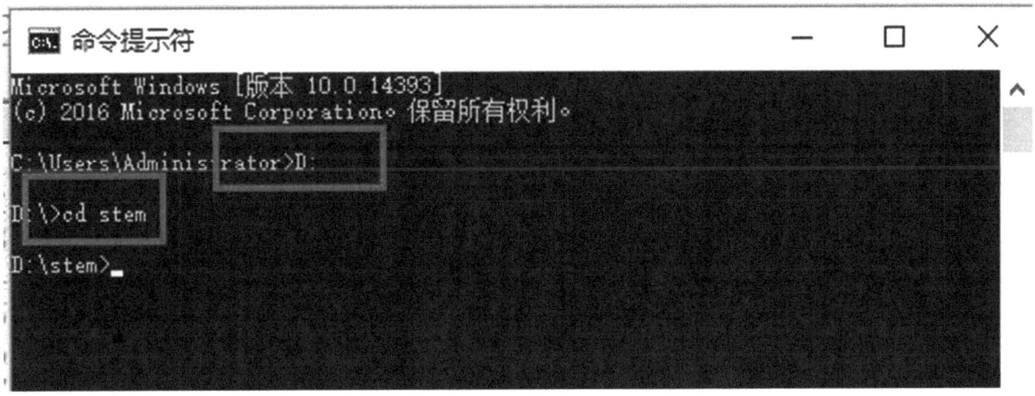

（c）运行 stem，命令行为：

java-mx1024M　-jar stem. jar-d defaults. txt

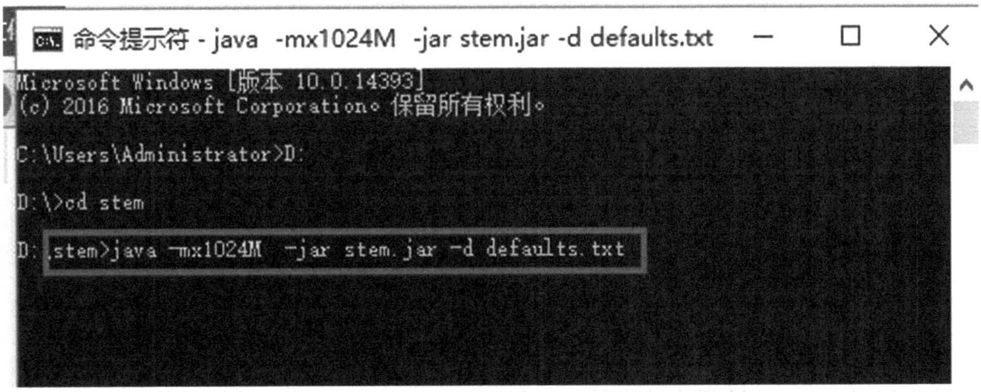

即可打开 STEM。

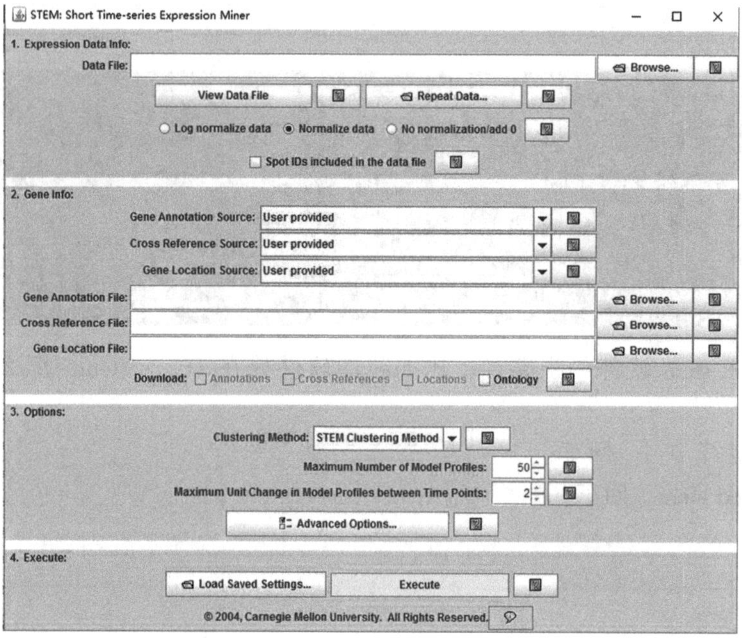
STEM: Short Time-series Expression Miner
1. Expression Data Info:
Data File:
Browse...
View Data File
Repeat Data...
Log normalize data
Normalize data
No normalization/add 0
Spot IDs included in the data file
2. Gene Info:
Gene Annotation Source:
User provided
Cross Reference Source:
User provided
Gene Location Source:
User provided
Gene Annotation File:
Cross Reference File:
Gene Location File:
Download:
Annotations
Cross References
Locations
Ontology
3. Options:
Clustering Method:
STEM Clustering Method
Maximum Number of Model Profiles:
50
Maximum Unit Change in Model Profiles between Time Points:
2
Advanced Options...
4. Execute:
Load Saved Settings...
Execute
© 2004, Carnegie Mellon University. All Rights Reserved.

（2）STEM 处理时间序列数据。

在 stem 文件夹下，自带有 3 个测试数据，可以任意使用它们进行联系，下图框内文件：

sourcecode 2017/9/17 18:27 文件夹
biomart_species.txt 2012/2/23 17:40 Text Document 3 KB
defaults.txt 2012/2/23 17:40 Text Document 3 KB
defaultsGuilleminSample.txt 2016/9/10 12:50 Text Document 3 KB
g27_1.txt 2012/2/23 17:40 Text Document 990 KB
g27_2.txt 2012/2/23 17:40 Text Document 994 KB
gpl-3.0.txt 2016/9/10 13:14 Text Document 35 KB
license-batik.txt 2012/2/23 17:58 Text Document 12 KB
license-piccolo.txt 2012/2/23 17:40 Text Document 3 KB
readme.txt 2016/12/26 20:10 Text Document 4 KB
start.bat 2017/9/17 18:22 Windows 批处理... 1 KB
start.cmd 2017/9/17 18:16 Windows 命令脚本 1 KB
stem.cmd 2012/2/23 17:40 Windows 命令脚本 1 KB
stem.jar 2016/12/26 10:23 WinRAR 压缩文件 3,226 KB
stemGuilleminSample.cmd 2012/2/23 17:40 Windows 命令脚本 1 KB
STEMmanual.pdf 2016/12/26 19:50 PDF 文件 4,319 KB
vaca.txt 2012/2/23 17:40 Text Document 988 KB

首先通过 Browser 选择表达文件，选择 normalize data，其次选择 Spot IDs included in the data file，其他参数默认，最后点击 Exclude：

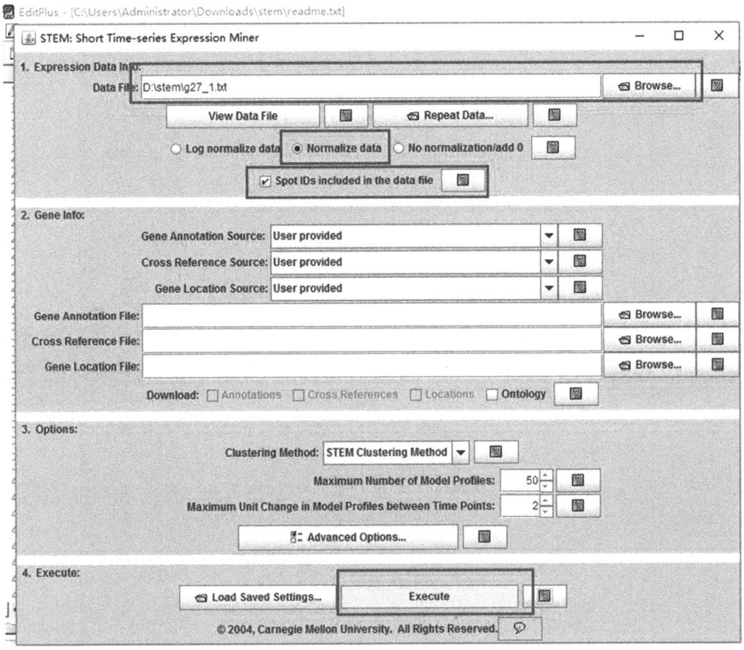

稍等片刻，就会得到聚类结果，下图是结果页面：

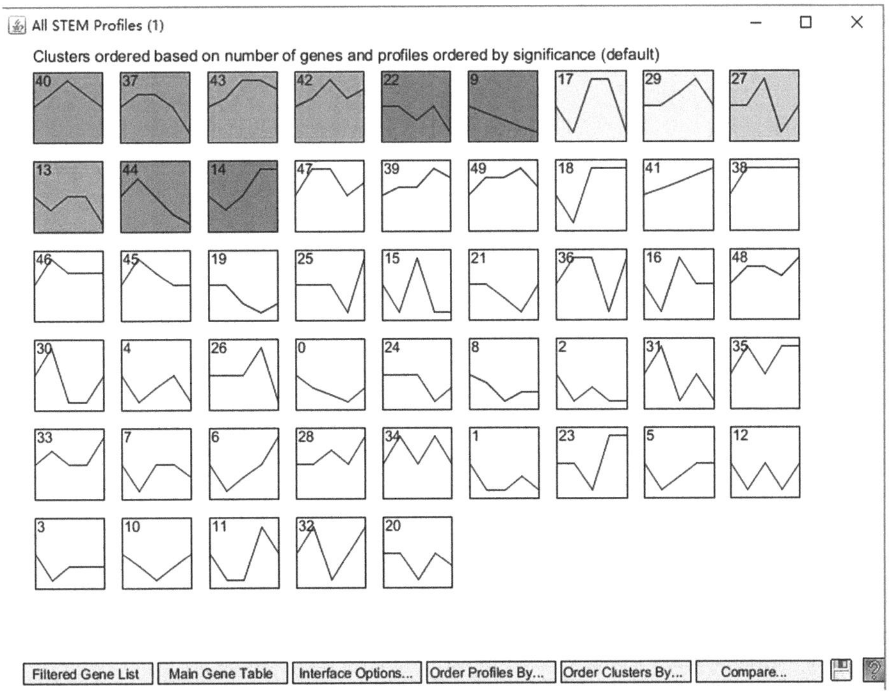

结果解释：

上图中每一个小图形代表一种表达模式，有背景颜色的是具有统计学显著意义的表达模式，点击每个小图形，可以展示该表达模式的详细情况（如下图为第一个模式的图和基因表格）。

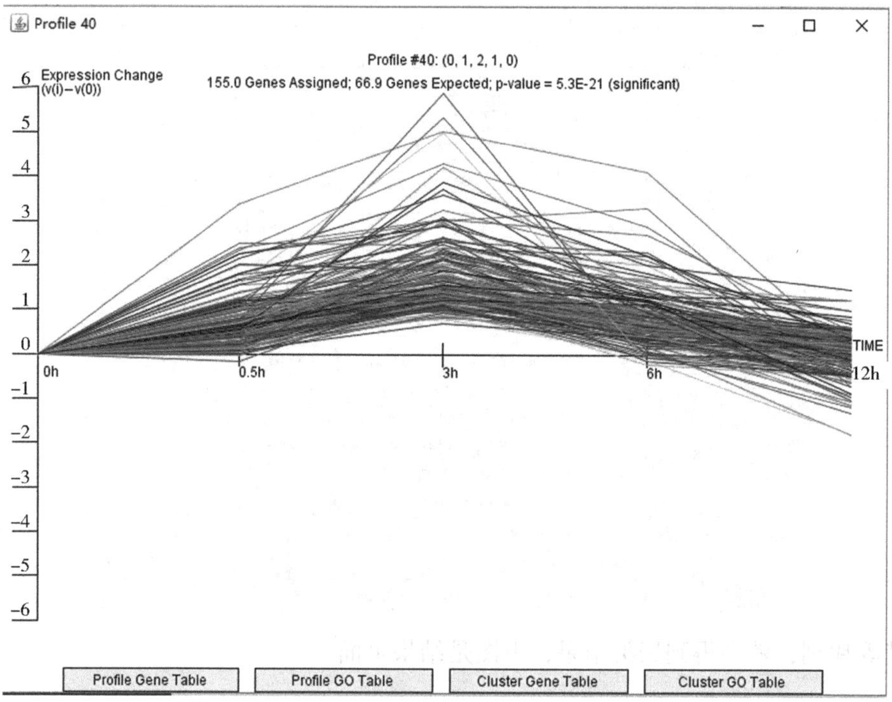

Gene Table for Cluster 0 (Profiles 37 and 40)

Selected	Weight	Gene Symbol	SPOT	0h	0.5h	3h	6h	12h
	1.00	FLJ10563	103	0.00	0.38	0.83	0.58	-0.27
	1.00	0 (SPOT_639)	639	0.00	1.38	2.40	2.22	-0.31
	1.00	FEZ2	1295;20870	0.00	0.11	2.19	0.37	0.18
	1.00	0 (SPOT_1471)	1471	0.00	0.19	2.61	0.25	0.14
	1.00	0 (SPOT_1496)	1496	0.00	1.18	2.14	1.17	-0.58
	1.00	0 (SPOT_1499)	1499	0.00	0.67	3.72	0.99	0.64
	1.00	0 (SPOT_1834)	1834	0.00	0.73	1.22	1.09	0.19
	1.00	GIT2	2650	0.00	0.66	2.28	1.65	0.10
	1.00	0 (SPOT_2687)	2687	0.00	0.43	1.69	1.17	0.30
	1.00	0 (SPOT_2941)	2941	0.00	0.46	1.48	0.94	-0.11
	1.00	0 (SPOT_3404)	3404	0.00	0.76	1.74	-0.15	-0.43
	1.00	0 (SPOT_3601)	3601	0.00	0.90	1.45	1.02	0.54
	1.00	0 (SPOT_3606)	3606	0.00	3.38	5.03	4.10	0.07
	1.00	0 (SPOT_3620)	3620	0.00	2.25	3.02	3.30	-0.70
	1.00	0 (SPOT_3652)	3652	0.00	1.02	0.94	0.57	0.08
	1.00	0 (SPOT_3763)	3763	0.00	2.39	3.05	2.71	0.57
	1.00	0 (SPOT_3998)	3998	0.00	-0.04	1.26	0.37	-0.60
	1.00	0 (SPOT_4167)	4167	0.00	1.25	1.99	0.53	0.43
	1.00	0 (SPOT_4242)	4242	0.00	0.86	1.39	0.55	0.37
	1.00	0 (SPOT_4304)	4304	0.00	0.41	1.38	0.87	0.04
	1.00	TNNT1	4309	0.00	2.34	4.29	2.89	0.10
	1.00	0 (SPOT_4364)	4364	0.00	0.77	1.58	0.76	0.19
	1.00	0 (SPOT_4379)	4379	0.00	0.46	1.76	0.89	-0.42
	1.00	0 (SPOT_4383)	4383	0.00	1.08	1.53	1.25	0.35
	1.00	0 (SPOT_4416)	4416	0.00	0.68	1.75	0.86	0.48

Copy Table | Save Table | Copy Gene Names | Save Gene Names | Chromosome View

更多的参数和使用说明，请参考 stem 文件夹下的 STEMmanual. pdf 文件。

二、基因共表达分析

工作环境：Windows，R

R 软件安装：

下载地址：https：//mirrors. tuna. tsinghua. edu. cn/CRAN/

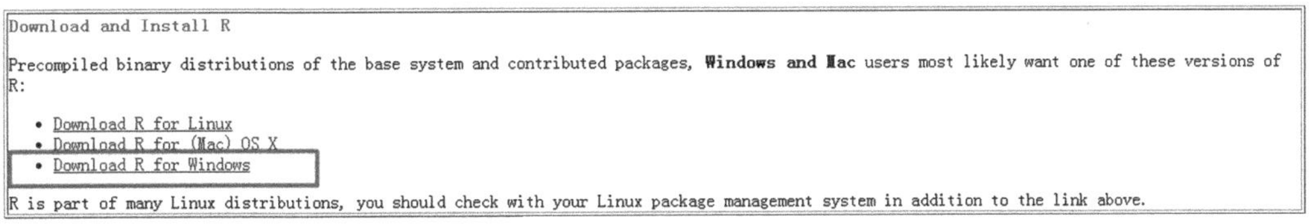

Download and Install R
Precompiled binary distributions of the base system and contributed packages, Windows and Mac users most likely want one of these versions of R:
• Download R for Linux
• Download R for (Mac) OS X
• Download R for Windows
R is part of many Linux distributions, you should check with your Linux package management system in addition to the link above.

本次演示我们使用稳定版本 version 3. 2. 3：https：//mirrors. tuna. tsinghua. edu. cn/CRAN/

R 软件包的加载：

本地安装（day3 \ 共表达计算数据 \ 软件 \ Hmisc_4. 0-3. zip）

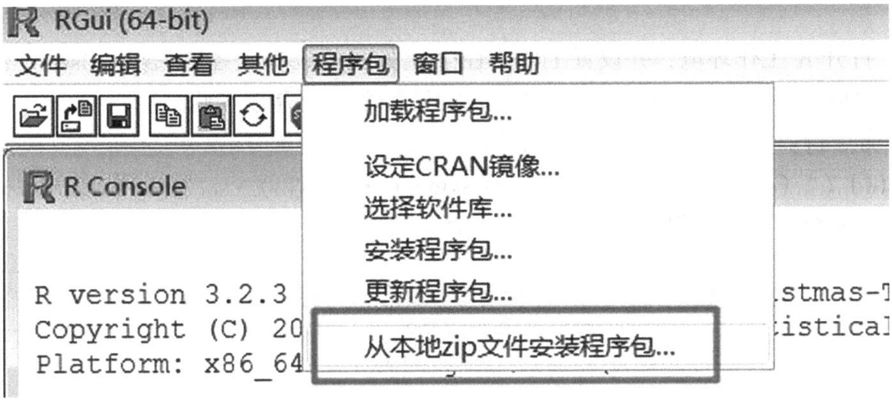

1. 生成测试数据文件

在 excel 中，随机生成 10 个组织，100 个基因的 RPKM 值。

Excel 命令：=0. 2+RAND（）*（10-1）

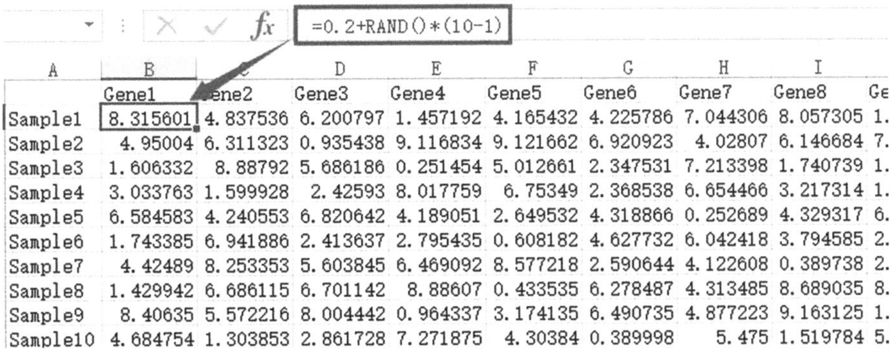

	Gene1	Gene2	Gene3	Gene4	Gene5	Gene6	Gene7	Gene8	Ge
Sample1	8. 315601	4. 837536	6. 200797	1. 457192	4. 165432	4. 225786	7. 044306	8. 057305	1.
Sample2	4. 95004	6. 311323	0. 935438	9. 116834	9. 121662	6. 920923	4. 02807	6. 146684	7.
Sample3	1. 606332	8. 88792	5. 686186	0. 251454	5. 012661	2. 347531	7. 213398	1. 740739	1.
Sample4	3. 033763	1. 599928	2. 42593	8. 017759	6. 75349	2. 368538	6. 654466	3. 217314	1.
Sample5	6. 584583	4. 240553	6. 820642	4. 189051	2. 649532	4. 318866	0. 252689	4. 329317	6.
Sample6	1. 743385	6. 941886	2. 413637	2. 795435	0. 608182	4. 627732	6. 042418	3. 794585	2.
Sample7	4. 42489	8. 253353	5. 603845	6. 469092	8. 577218	2. 590644	4. 122608	0. 389738	2.
Sample8	1. 429942	6. 686115	6. 701142	8. 88607	0. 433535	6. 278487	4. 313485	8. 689035	8.
Sample9	8. 40635	5. 572216	8. 004442	0. 964337	3. 174135	6. 490735	4. 877223	9. 163125	1.
Sample10	4. 684754	1. 303853	2. 861728	7. 271875	4. 30384	0. 389998	5. 475	1. 519784	5.

2. 保存成 txt 格式（coexpression. txt）

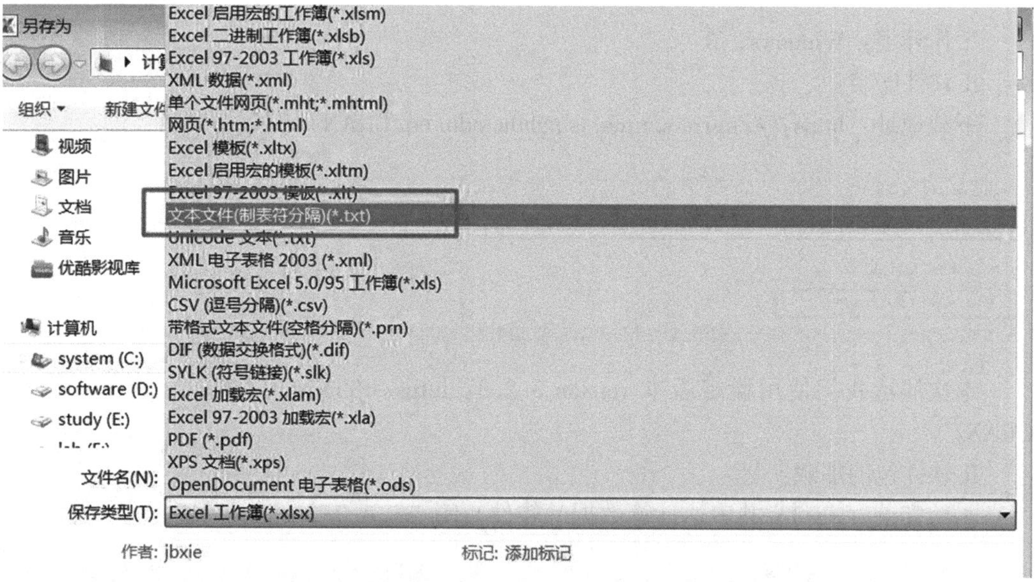

3. 打开 R 工作环境，并设置工作路径（比如我的工作路径在 C：\ Users \ Administrator \ Desktop \ Cor_ Exp，并且我的 coexpression. txt 也存放在此路径）

R 命令行：

setwd（" C：/Users/Administrator/Desktop/Cor_ Exp" ）

注意命令行中路径用“/”

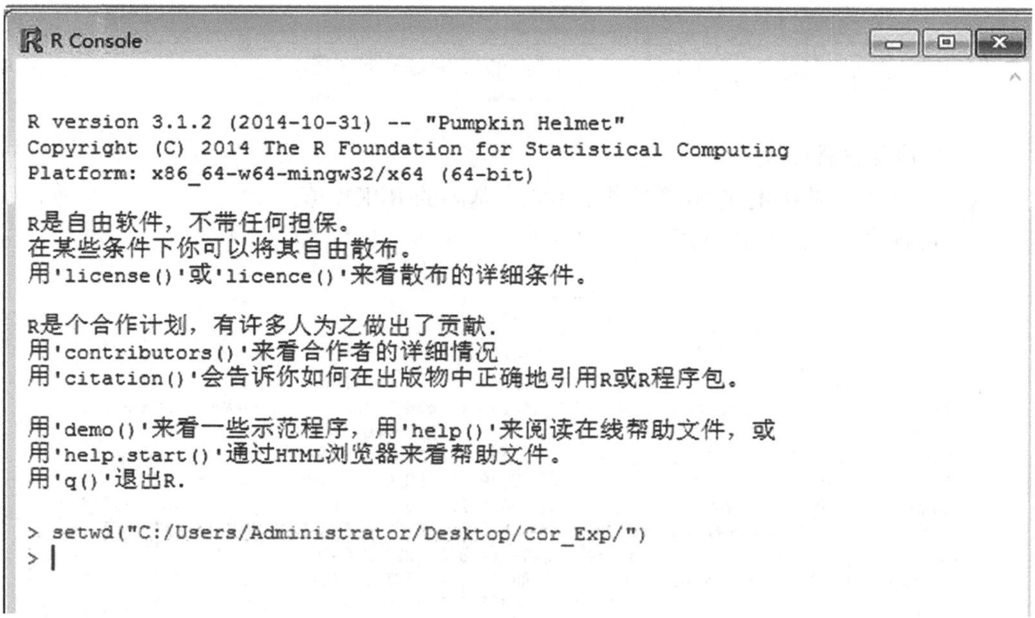

4. 计算共表达网络

R 命令行：

```
a=read.table("coexpression.txt", head=T)
library(Hmisc)
mat=matrix(ncol=4, nrow=sum(1:(ncol(a)-1)))
m=1
for(i in 1:(ncol(a)-1)){
        for(j in (i+1):ncol(a)){
            mat[m, 2]=names(a)[j]
            mat[m, 1]=names(a)[i]
            mat[m, 3]=cor(a[, i], a[, j], method="spearman")
            w=cor.test(a[, i], a[, j], type="spearman")
            mat[m, 4]=w$p.value
            m=m+1
        }
}
colnames(mat)<-c("gene1","gene2","correlation_coefficient","pvalue")
write.table(mat, sep="\t","p-value.txt", col.names=TRUE, row.names=FALSE)
```

```
R Console
> a=read.table("coexpression.txt",head=T)
> library(Hmisc)
> mat=matrix(ncol=4,nrow=sum(1:(ncol(a)-1)))
> m=1
> for(i in 1:(ncol(a)-1)){
+       for(j in (i+1):ncol(a)){
+             mat[m,2]=names(a)[j]
+                 mat[m,1]=names(a)[i]
+                 mat[m,3]=cor(a[,i],a[,j],method="spearman")
+                 w=cor.test(a[,i],a[,j],type="spearman")
+                 mat[m,4]=w$p.value
+            m=m+1
+   }
+ }
> colnames(mat)<-c("gene1","gene2","correlation_coefficient","pvalue")
> write.table(mat,sep="\t","p-value.txt",col.names=TRUE,row.names = FALSE)
>
```

5. 查看计算结果

在 Cor_Exp 文件夹下，产生结果文件 p-value.txt，见下图：

查看相关性结果：

gene1	gene2	correlation_coeff	pvalue
Gene1	Gene2	-0.539393939	0.17312
Gene1	Gene3	-0.36969697	0.304119
Gene1	Gene4	-0.345454545	0.245906
Gene1	Gene5	-0.490909091	0.152728
Gene1	Gene6	-0.296969697	0.406638
Gene1	Gene7	0.515151515	0.163733
Gene1	Gene8	0.212121212	0.591316
Gene1	Gene9	-0.03030303	0.862902
Gene1	Gene10	-0.296969697	0.368156
Gene1	Gene11	0.43030303	0.245107

6. 过滤 p-value，筛选 p-value < 0.05 的相关关系，并输出到问价。

R 命令：

aa=mat [mat [, 4] <0.05,]

write. table (aa, sep=" \ \ t"," p-value_ true. txt", col. names=TRUE, row. names =FALSE)

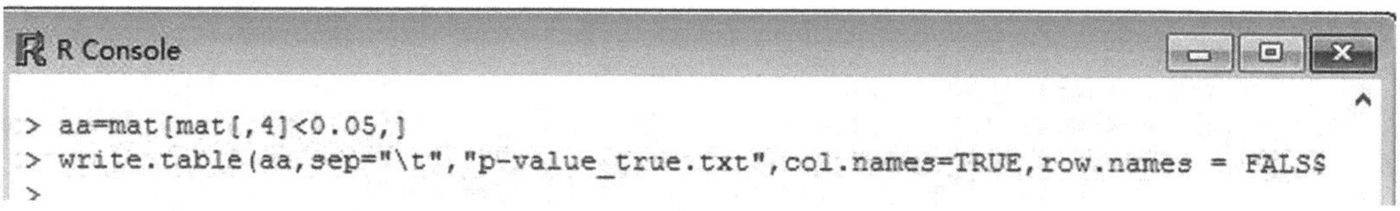

在 CorExp 文件夹下，新产生 p-value_ture. txt 文件。

三、Cytoscape 网络关系展示，以及表达分析

软件环境：Windows，Cytoscape，JRE

Cytoscape 安装：

软件下载：http：//www. cytoscape. org/download. html。

Cytoscape 基于 java 平台，需首先安装 java 运行环境 JRE，如果没有安装，可从 http：//www. oracle. com/technetwork/java/javase/downloads/index. html 下载得到。

我们选择 Windows 版本的 Cytoscape3. 3. 0，下载安装。

(一) Cytoscape 展示共表达网络

1. 打开 cytoscape

共享　查看

> 此电脑 › Data (D:) › Program Files (x86) › Cytoscape_v3.3.0

名称	修改日期	类型	大小
.install4j	2017/9/17 21:27	文件夹	
apps	2017/9/17 21:26	文件夹	
framework	2017/9/17 21:30	文件夹	
sampleData	2017/9/17 21:27	文件夹	
cytoscape.bat	2015/11/17 11:53	Windows 批处理...	4 KB
Cytoscape.exe	2015/11/17 11:54	应用程序	275 KB
cytoscape.sh	2015/11/17 11:53	SH 文件	3 KB
Cytoscape.vmoptions	2017/9/17 21:27	VMOPTIONS 文件	1 KB
gen_vmoptions.bat	2015/11/17 11:53	Windows 批处理...	2 KB
gen_vmoptions.sh	2015/11/17 11:53	SH 文件	2 KB
uninstall.exe	2015/11/17 11:54	应用程序	216 KB

2. 导入网络文件

File→Import→Network→File

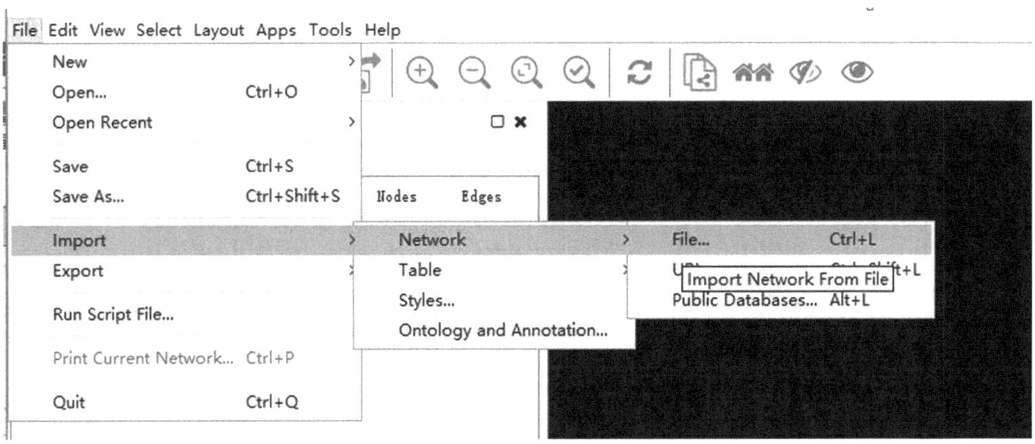

选择文件（共表达分析中产生的 p-value_true. txt 文件）：

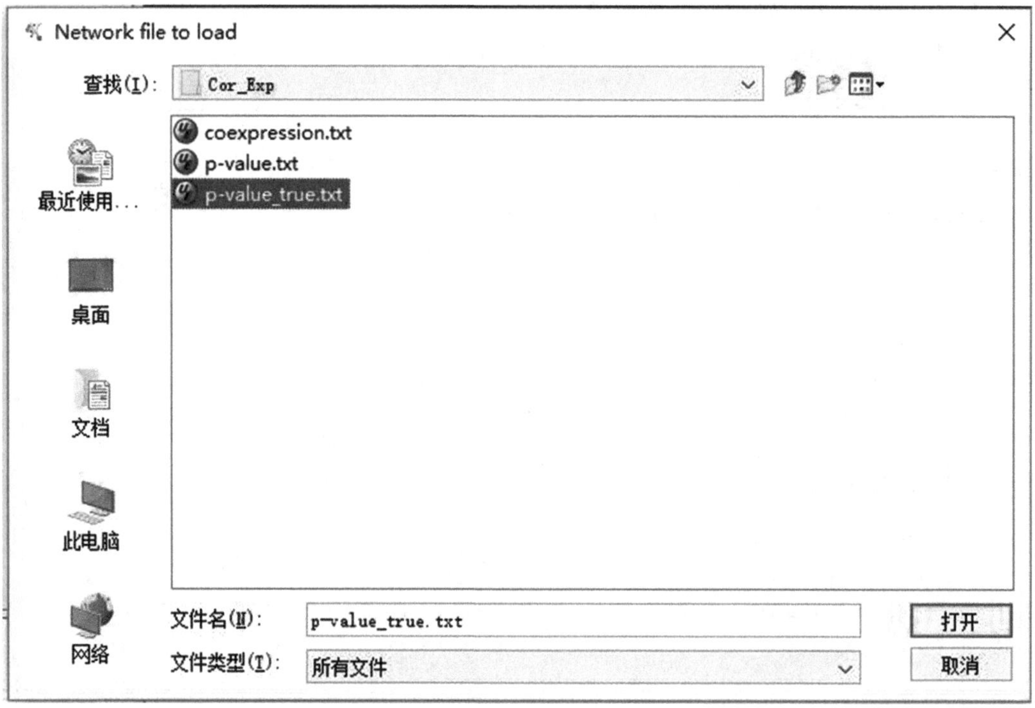

点击打开，设置导入参数：

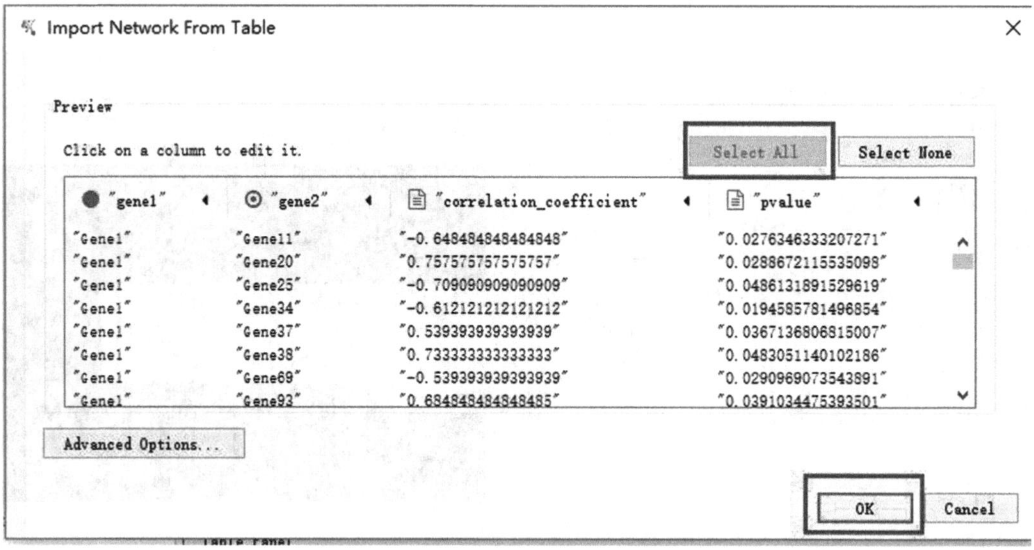

导入完成后，效果如下：

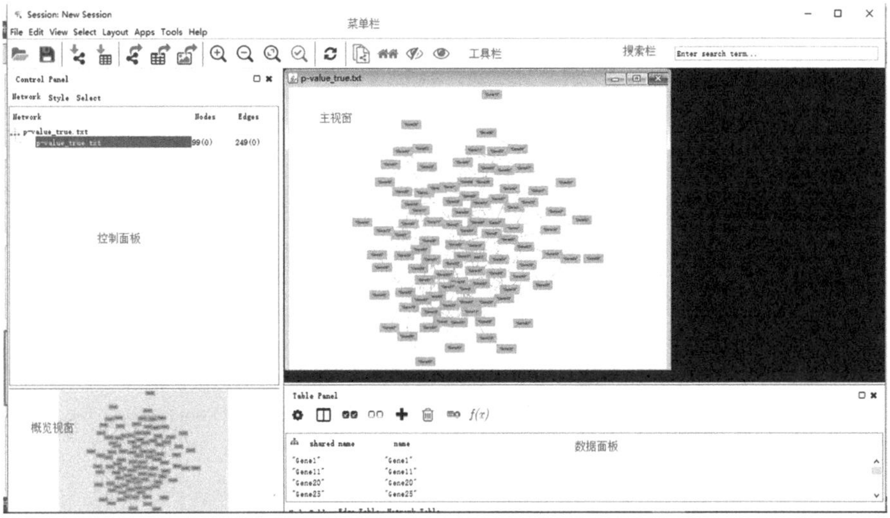

3. 设置网络展示布局

在菜单栏 Layout 中，有各种布局类型，选择合适的展示布局。

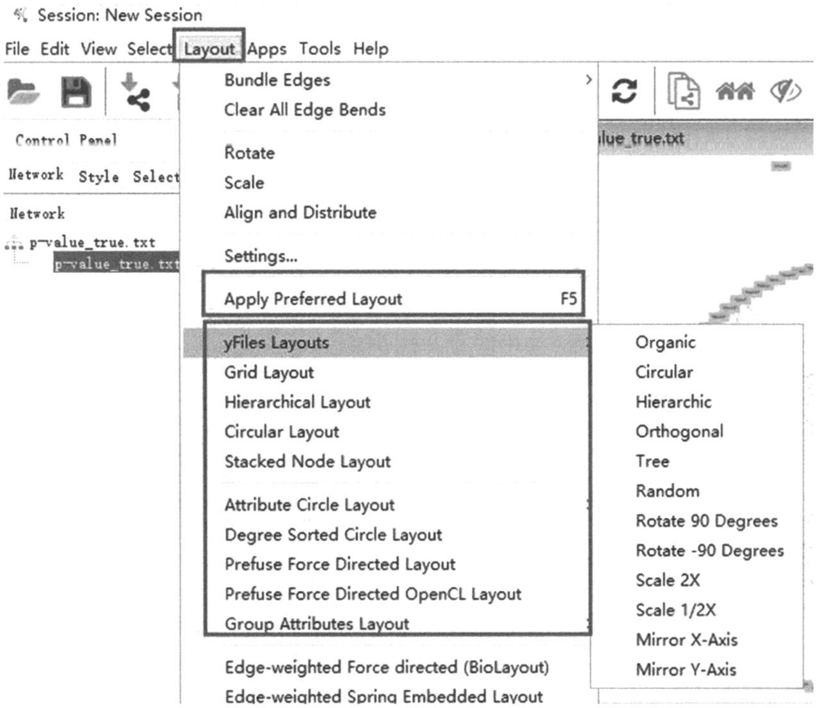

4. 调整网路样式

选择控制面板上方的“Style”，再选择控制面板下方的“Node”“Edge”或者“Network”，设置网路的样式。

比如下图，选择“Style”→选择“Node”，对网络的节点进行设置，可设置节点的颜色、形状、大小、节点长宽、节点字体大小、节点标签等内容。

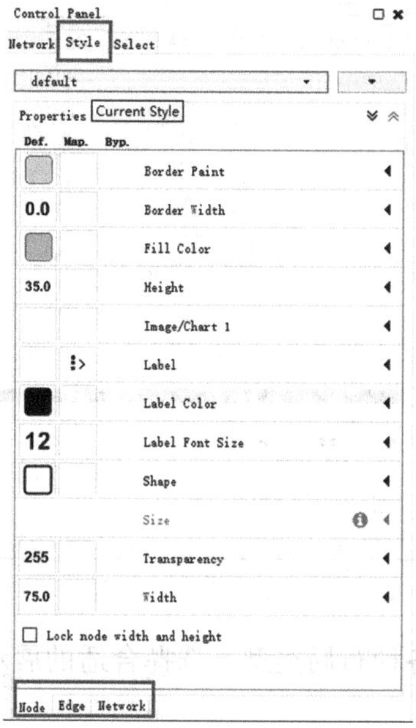

5. 保存网络和图片

见下图，菜单栏 File→ Export，可以保存整个网络关系（Network），也可以保存图片（Network View as Graphics...）。

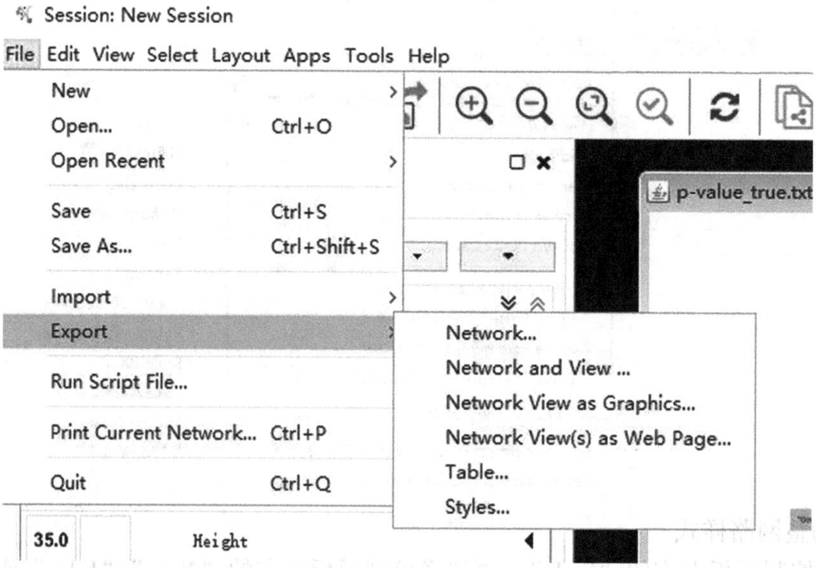

（二）Cytoscape 表达分析

1. 打开 cytoscape

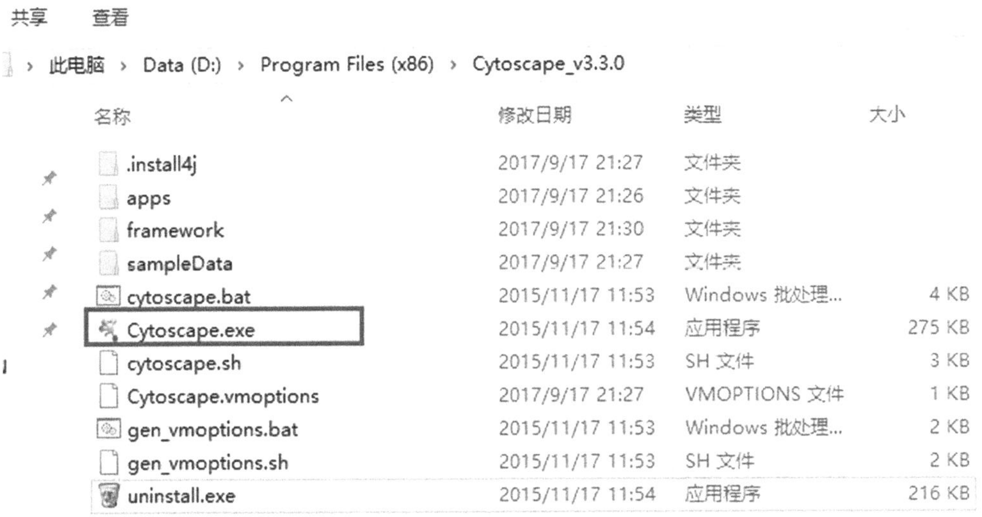

2. 导入网路文件

File→Import→Network→File

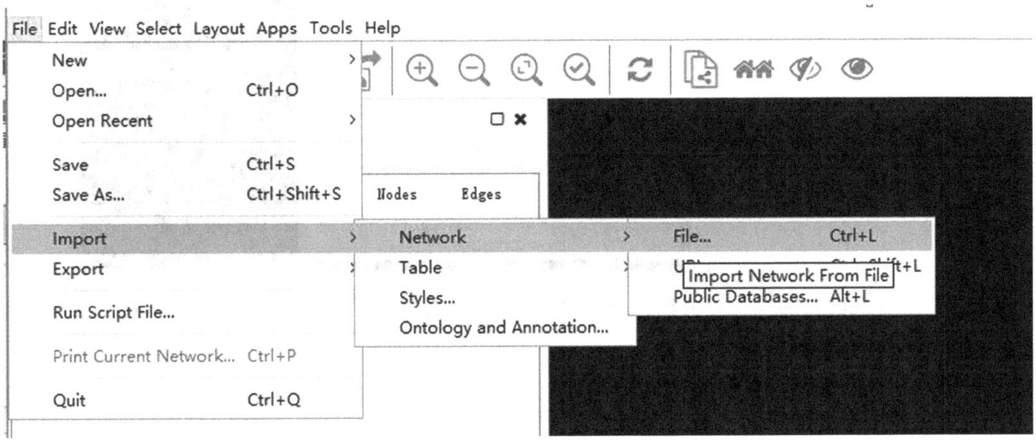

选择文件（day3\ 上机练习 2---网络构建数据\ exp_sample\ galFiltered. tsv）：

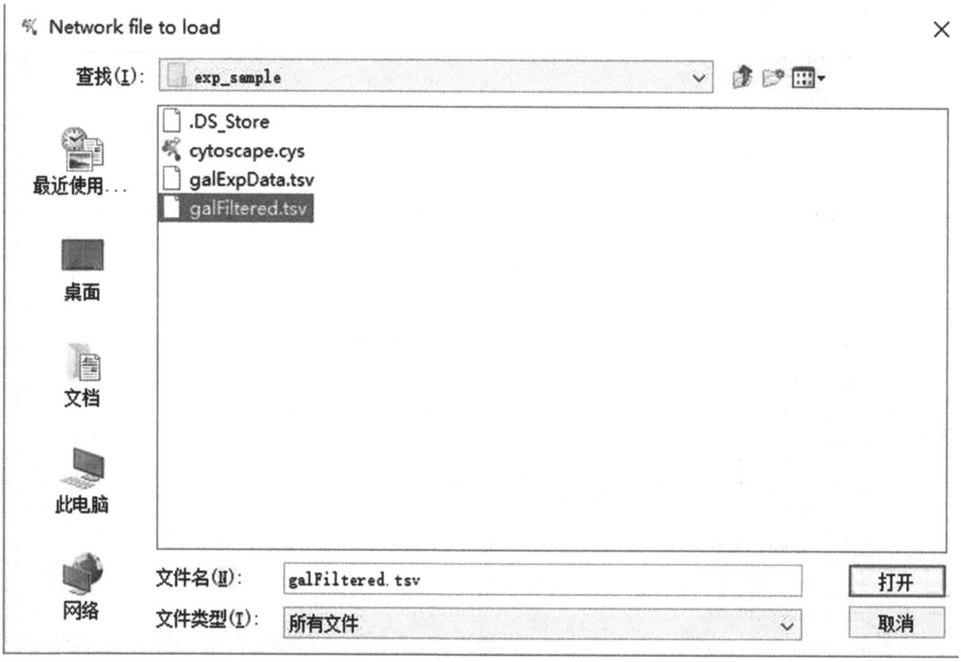

导入完成后，效果如下：

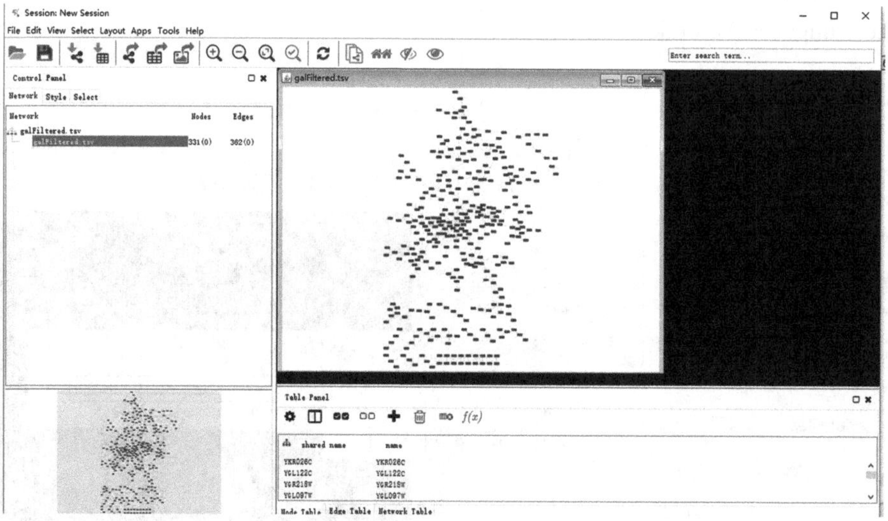

3. 导入试验数据

File→Import→Table→File，选择文件（day3\ 上机练习 2---网络构建数据\ exp_sample\ galExpData. tsv）：

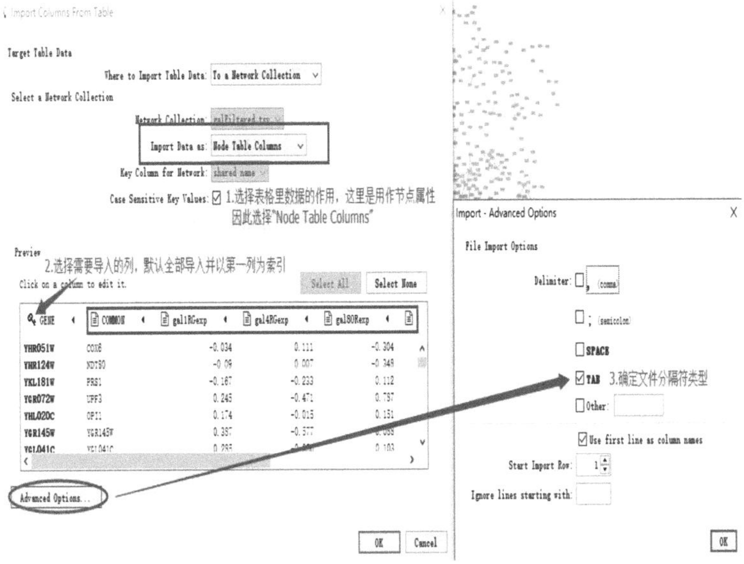

导入成功：

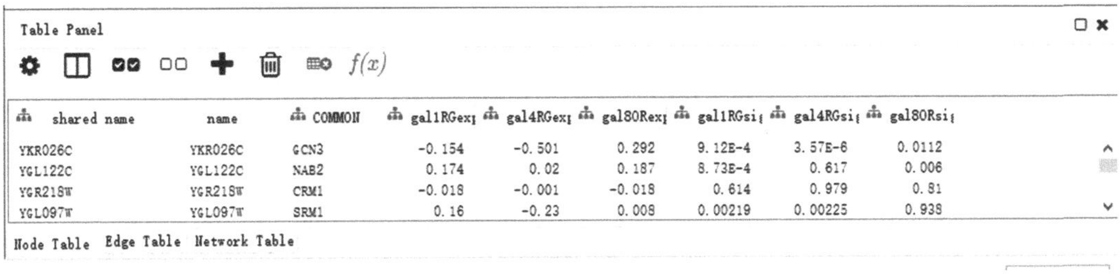
Table Panel
shared name
name
COMMON
gal1RGexp
gal4RGexp
gal80Rexp
gal1RGsig
gal4RGsig
gal80Rsig
YKR026C YKR026C GCN3 -0.154 -0.501 0.292 9.12E-4 3.57E-6 0.0112
YGL122C YGL122C NAB2 0.174 0.02 0.187 8.73E-4 0.617 0.006
YGR218W YGR218W CRM1 -0.018 -0.001 -0.018 0.614 0.979 0.81
YGL097W YGL097W SRM1 0.16 -0.23 0.008 0.00219 0.00225 0.938
Node Table
Edge Table
Network Table

4. 用基因座名来代替 geneID 在网络上的显示

具体操作如下：

在控制面板（Control Panel）中选择“Style”，选择下方的“node”分页，找到“label”；

点击右侧的三角形◀打开折叠；

Column 选择“COMMON”；

Mapping Type 选择“PassThrough Mapping”。

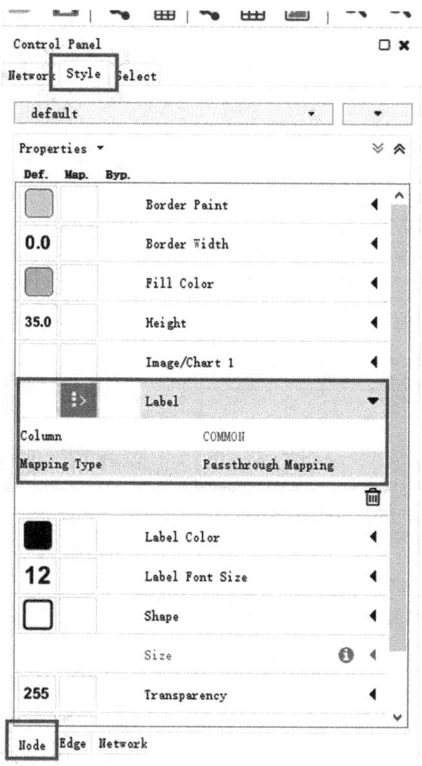

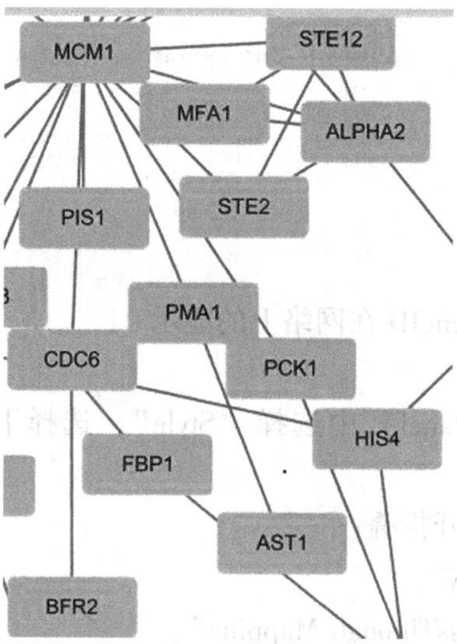

5. 根据基因表达量给基因上不同的颜色

在控制面板（Control Panel）中选择“Style”，选择下方的“node”分页，找到“Fill Color”；

点击右侧的三角形◀打开折叠；
Column 选择 “gal80Rexp”；
Mapping Type 选择 “Continuous Mapping”。

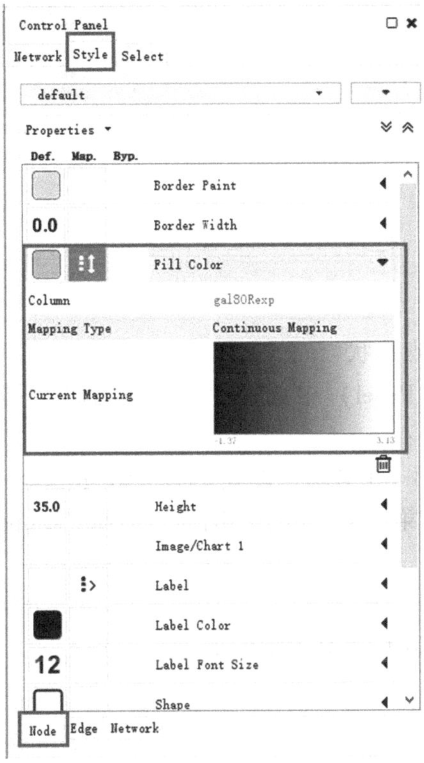

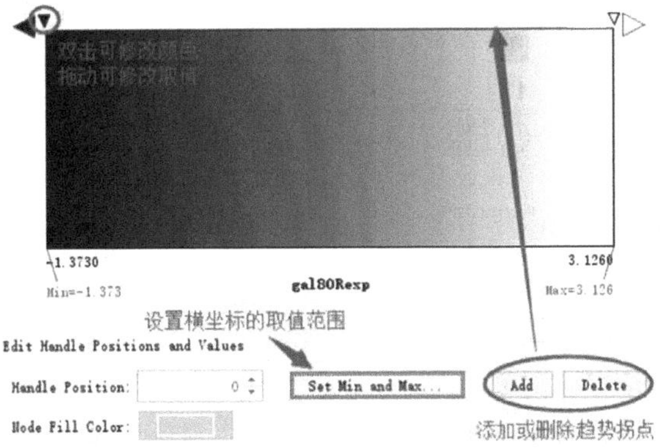

可以根据情况自行调整颜色，例如颜色设置如下：

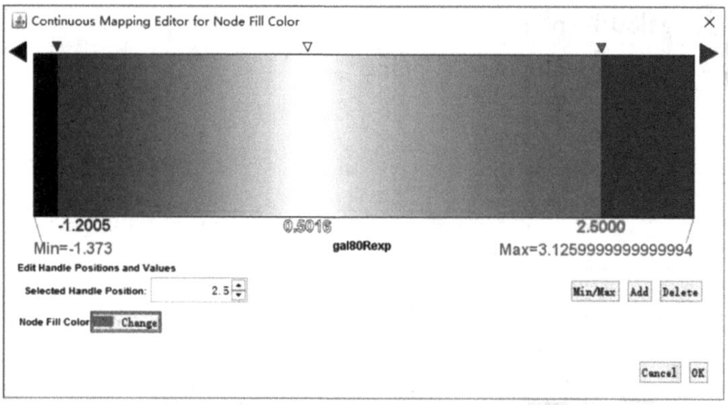

6. 根据显著性设置节点形状

在控制面板（Control Panel）中选择“Style”，选择下方的“node”分页，勾选“Lock node width & height”；

找到 Size，点击左方第一个方格，设置大小“50”；

找到 Shape，点击左方第一个方格中的图标，选择“Ellipse”，然后点击右方三角形打开折叠：

Column 选择“gal80Rsig”；

Mapping Type 选择“Continuous Mapping”。

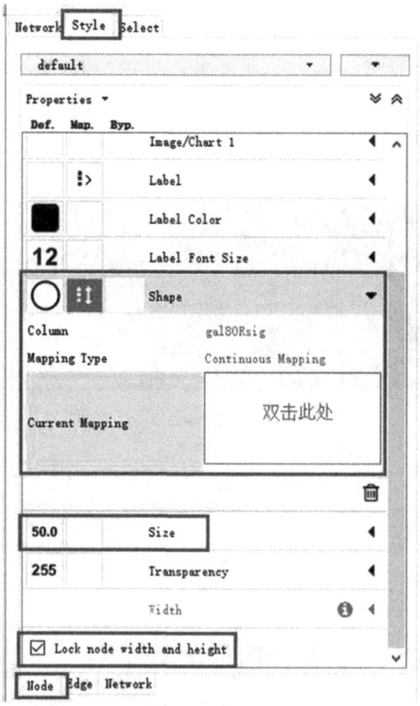

双击 Current Mapping，并设置：

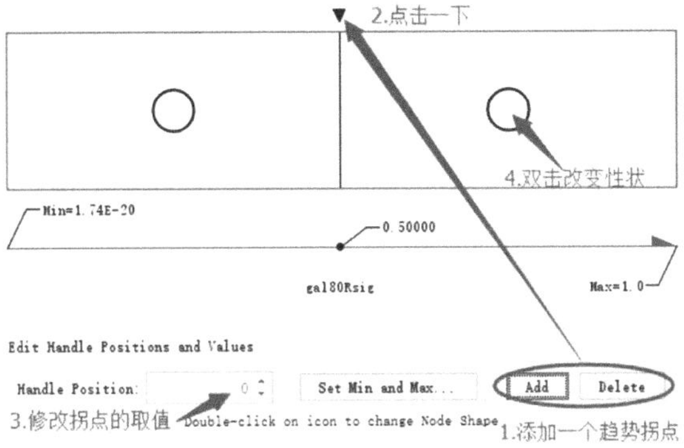

设置值如下：

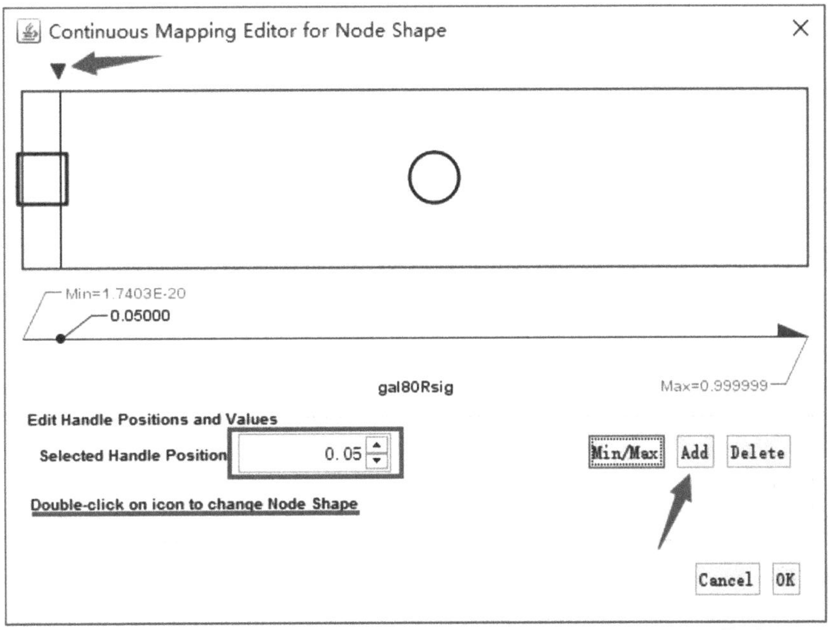

7. 依据 link-type 进行过滤

以为我们这里关心的是转录因子，所有不关系蛋白与蛋白之间的调控，过滤掉 pp（蛋白调控蛋白），保留 pd（蛋白调控 DNA），具体操作如下：

选择控制面板上的“Select”；

点击左方的“+”按钮，选择“Column Filter”；

Clumn 选择“Edge：link type”；

contains 改为“is”；

输入框中输入“pp”，点击下方的“Apply”，选中符合条件的边；

按一下键盘的“delete”键，删掉选中的边；

最后再重新用一次“Preferred Layout”。

得到如下结果：

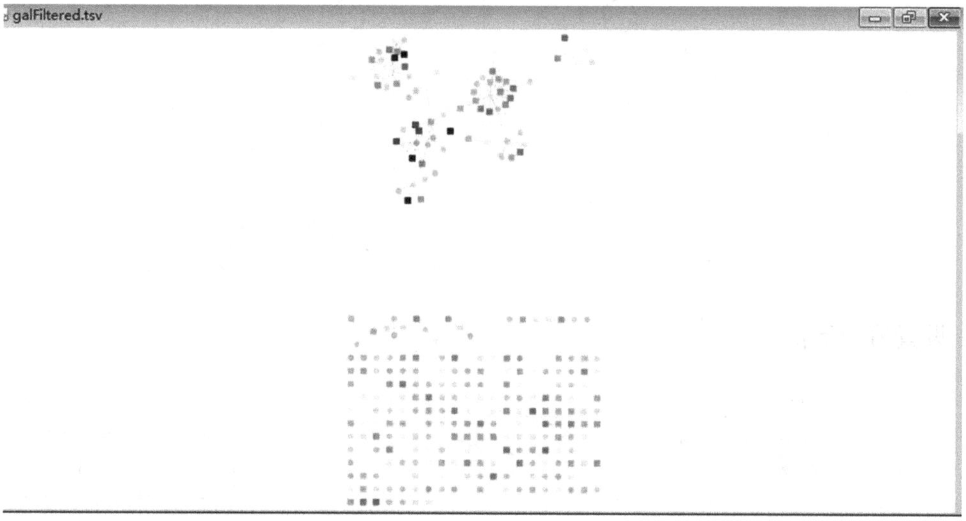

8. 删掉无关的基因簇

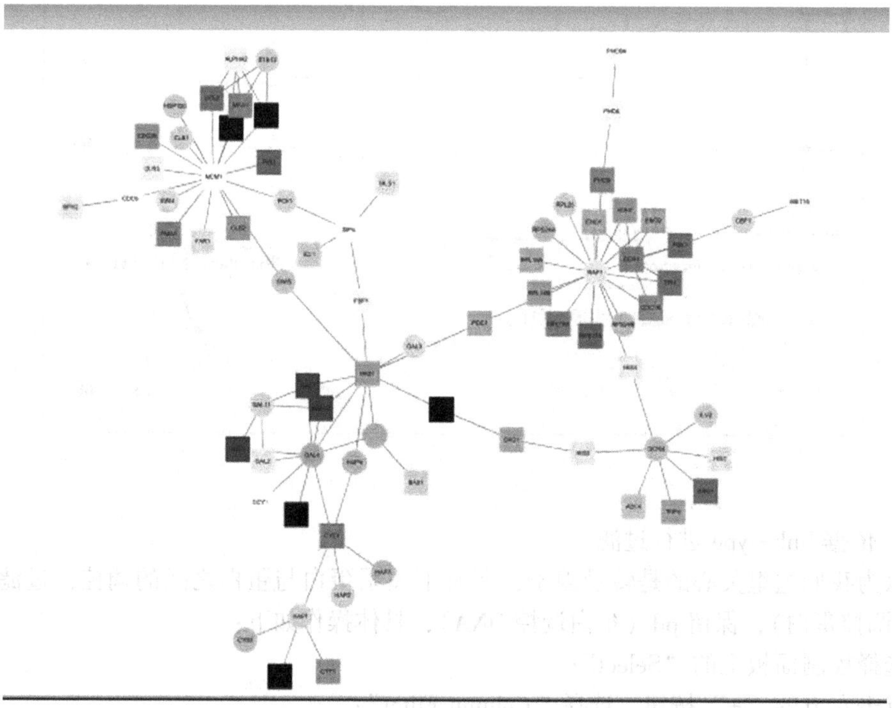

9. 进一步查看子网络

见下图，选中关心的“GAL1”“GAL4”和” GAL80”，点击菜单栏中“First Neighbors of Selected Nodes ”。

最后再重新用一次

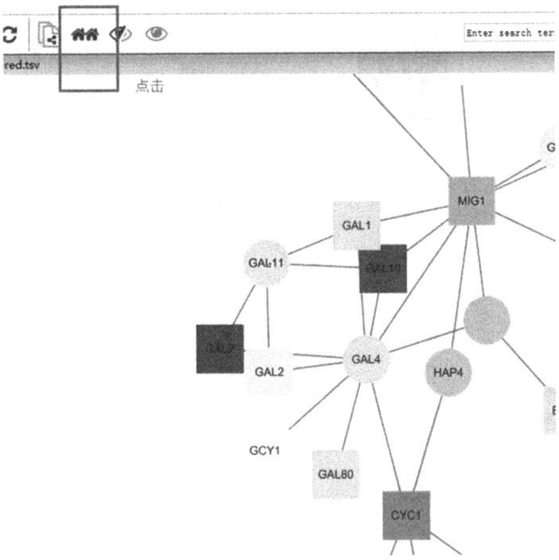

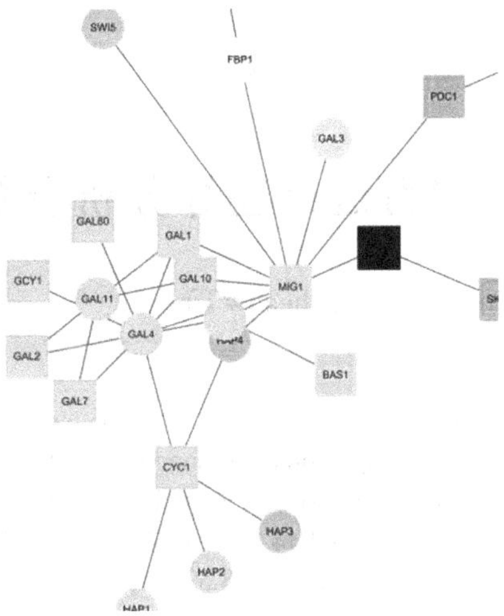

右键，Select→ Nodes→ Hide Unselected nodes

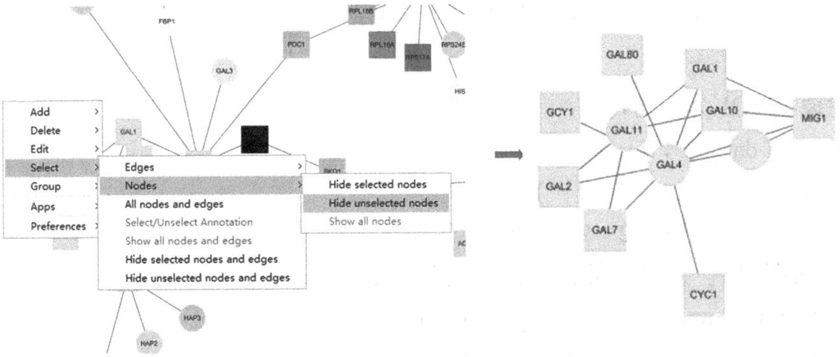

最后再重新用一次“Preferred Layout”，得到如下效果：

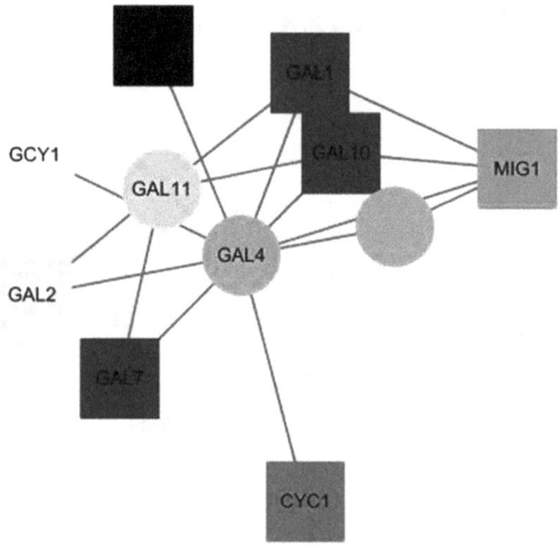

第二节　如何进行差异分析及挑选 *P* 值

dat<-read. table（“gene200. txt”，head=T）

head（dat，4）

	Gene	N1	N2	N3	N4	T1	T2	T3
1	gene1	8.955078	9.493434	9.264965	9.693273	31.44872	34.112231	33.44707
2	gene2	8.108965	9.097768	9.006077	8.859881	35.37240	31.26247	36.31510
3	gene3	9.043526	8.178530	8.131844	8.145623	35.12743	31.15284	39.31753
4	gene4	9.492823	8.072316	9.022305	8.526447	31.18517	30.00919	35.97503

colnames（dat）

[1] "Gene""N1" "N2" "N3" "N4" "T1" "T2" "T3" "T4"

过滤掉 RPKM 为 0 的行

rowSums（dat［2：9］）=1,]

dat［rowSums（dat［2：9］）<1,]

dat［rowSums（dat［2：9］）>=1,]

计算每组均值，差异倍数，差异倍数取 log2

BaseMeanA <-rowMeans（dat［2：5］）

BaseMeanB <-rowMeans（dat［6：9］）

FoldChange <-round（BaseMeanB/BaseMeanA，digits=3）

log2FoldChange <-round（log（FoldChange，base=2），digits=3）

单个基因 t 检验

head（dat，1）

clu <-t. test（x=c（185. 677，157. 8727，134. 354，150. 355），

y=c（5490. 2100，1544. 78100，3195. 68550，11603. 02500），var. equal=

T，alternative="two. side"）

clu

#取出 pvalue

clu_pavlue <-clu $ p. value

clu_pavlue

#计算 Qvalue

p. adjust. methods

p. adjust（p=clu_pavlue，method="fdr"）

```
        Two Sample t-test

data:  c(185.677, 157.8727, 134.354, 150.355) and c(5490.21, 1544.781, 3195.68$
t = -2.4073, df = 6, p-value = 0.05277
alternative hypothesis: true difference in means is not equal to 0
95 percent confidence interval:
 -10689.89817     87.17677
sample estimates:
mean of x mean of y
 157.0647 5458.4254
```

多个基因 t 检验计算

P_value <-round（apply（dat［2：9］，1，FUN=function（x）{t. test（x［1：4］，x［5：8］，

paired=T）$ p. value}），digits=3）

Q_value <-p. adjust（P_value）

result <-data. frame（dat，BaseMeanA，BaseMeanB，log2FoldChange，P_value，

Q_value）

result

	T4	BaseMean A	BaseMean B	log2 FoldChange	P_value	Q_value
1	37.58055	9.351688	34.14713	1.868	0.000	0.000
2	38.71183	8.768173	35.41545	2.014	0.000	0.000
3	31.21677	8.374881	34.20364	2.030	0.001	0.078
4	37.86965	8.778473	33.75976	1.943	0.001	0.078
5	31.64607	9.088598	33.90231	1.899	0.000	0.000
6	30.31654	9.575056	33.47301	1.806	0.000	0.000
7	32.37843	8.793873	36.18954	2.041	0.001	0.078
8	36.33835	8.526132	35.88356	2.073	0.000	0.000
9	38.90666	8.731605	36.96748	2.082	0.000	0.000
10	30.03464	8.811276	32.98767	1.905	0.000	0.000
11	31.15258	8.555079	33.14256	1.954	0.000	0.000
12	32.35007	8.842029	33.67599	1.929	0.000	0.000
13	30.15125	9.137022	31.67171	1.793	0.000	0.000

非参数 wilcox test 检验

```
wilcox_Pvalue <-apply（dat [2: 9], 1, FUN=function（x)
{wilcox. test（x [1 : 4], x [5: 8] ) $ p. value} )
wilcox_Qvalue <-p. adjust（wilcox_Pvalue, method="fdr")
wilcox_result <-
cbind（dat, BaseMeanA, BaseMeanB, log2FoldChange, wilcox_Pval
ue, wilcox_Qvalue)
wilcox_result
```

输出结果到文件

```
write. table（result, file="gene200. pvalue. xls", sep="\t")
```

转录组分析

（1）比对

```
tophat-G data/Oar_v3. 1. gtf-o S1_mapping chr24 data/S1_1. fq data/S1_2. fq
tophat-G data/Oar_v3. 1. gtf-o S2_mapping chr24 data/S2_1. fq data/S2_2. fq
```

（2）RPKM 计算

```
cuffdiff-o S1_vs_S2 data/Oar_v3. 1. gtf S1_mapping/accepted_hits. bam
S2_mapping/accepted_hits. bam
```

（3）差异分析

Genes. fpkm_tracking

Gene_exp. diff

挑选合适的 *P* 值

Aj. P. va 值，有时又叫作 q 值，是调整后的 *P* 值，用来验证错误率的。比如 adj. P. val 值等于 0. 05，也就是说 100 个样本中有 5 个样本是假阳性，所以 adj. P. val 值也是越小越好。

P. value 是统计学检验变量，代表差异显著性，一般 p-value 小于 0. 05 代表具有显著性差异，但可根据具体情况适当调整。

FC >=2 or FC <=-2

log2FC>=0. 5 or log2FC <=-0. 5

常用的 *P* 值及 FC

P< 0. 05 *P*<0. 01 *P*<0. 005 *P*<0. 001

FC >=2 or FC <=-2

FC >=1. 5 or FC <=-1. 5

挑选原则

最方便对结果进行描述；

最有利于论文写作；

最具有生物学意义。

第四章　动物育种中的线性模型

一、主要内容

1. 矩阵代数基础知识
2. 线性模型基础
3. 最佳线性无偏预测（BLUP）
（1）基本理论。
（2）动物模型 BLUP。
（3）随机回归模型。
（4）BLUP 用于基因组育种值估计（RR-BLUP、GBLUP、ss-GBLUP）。
4. 遗传参数估计
（1）传统的估计方法。
（2）最大似然法原理。
（3）REML。
（4）协方差组分估计。

二、矩阵代数（matrix algebra）基础知识

1. 矩阵与向量

矩阵（matrix）：在数学中，矩阵是一个按照长方阵列排列的复数或实数集合，最早来自方程组的系数及常数所构成的方阵，如具有 r 行和 c 列，或者具有 $r \times c$ 维的矩阵。

$$A = \begin{bmatrix} a_{11} & a_{12} & \cdots & a_{1j} & \cdots & a_{1c} \\ a_{21} & a_{22} & \cdots & a_{2j} & \cdots & a_{2c} \\ \vdots & \vdots & \cdots & \vdots & \cdots & \vdots \\ a_{i1} & a_{i2} & \cdots & a_{ij} & \cdots & a_{ic} \\ \vdots & \vdots & \cdots & \vdots & \cdots & \vdots \\ a_{r1} & a_{r2} & \cdots & a_{rj} & \cdots & a_{rc} \end{bmatrix}$$

也可以表示为：

$$A = \{a_{ij}\}, \ i = 1, 2, \cdots, r; \ j = 1, 2, \cdots, c$$

矩阵通常用大写粗体字母表示。

如

产生以上矩阵的 R 代码：

A <-matrix（*c*（7，18，-2，22，-16，3，55，1，9，-4，0，31），*byrow*=*TRUE*，*nrow*=3，*ncol*=4）

Dim（*A*）

向量（Vector）：只有一行或一列的矩阵。

行向量：如

$$y = [4 \quad 6 \quad -7]$$

列向量：如

$$x = \begin{bmatrix} 3 \\ -2 \\ 0 \\ 0.1 \end{bmatrix}$$

向量通常用小写粗体字母表示。

一些特殊的矩阵

方阵（Square matrix）：行数等于列数的矩阵。

$$A = \begin{bmatrix} 1 & 3 & 2 \\ 5 & 4 & 6 \\ 8 & 10 & 13 \end{bmatrix}$$

对称矩阵（Symmetric matrix）：$a_{ij}=a_{ji}$

$$A = \begin{bmatrix} 1 & 3 & 2 \\ 3 & 4 & 6 \\ 2 & 6 & 13 \end{bmatrix}$$

对角矩阵（Diagonal matrix）

$$A = \begin{bmatrix} a_{11} & 0 & \cdots & 0 \\ 0 & a_{22} & \cdots & 0 \\ \vdots & \vdots & \cdots & \vdots \\ 0 & 0 & \cdots & a_{nn} \end{bmatrix}$$

可以表示为

$$diag\{a_i\},\ i = 1,\ 2,\ \cdots,\ n$$

产生以上矩阵的 R 代码：

A <-diag（*c*（1，2，3，4，5））

单位矩阵（Identity matrix）：

$$I = \begin{bmatrix} 1 & 0 & 0 \\ 0 & 1 & 0 \\ 0 & 0 & 1 \end{bmatrix}$$

产生以上矩阵的 R 代码：

I <-diag（*c*（1），*nrow*=5，*ncol*=5）

三角矩阵（Triangular matrix）：包括下三角矩阵和上三角矩阵。

$$D = \begin{bmatrix} 4 & & \\ 1 & 3 & \\ -2 & 7 & 9 \end{bmatrix}$$

$$E = \begin{bmatrix} 4 & 1 & -2 \\ & 3 & 7 \\ & & 9 \end{bmatrix}$$

分块矩阵（Block matrix）

$$A = \begin{bmatrix} a_{11} & a_{12} & a_{13} & a_{14} \\ a_{21} & a_{22} & a_{23} & a_{24} \\ a_{31} & a_{32} & a_{33} & a_{34} \\ a_{41} & a_{42} & a_{43} & a_{44} \\ a_{51} & a_{52} & a_{53} & a_{54} \end{bmatrix} = \begin{bmatrix} A_{11} & A_{12} \\ A_{21} & A_{22} \end{bmatrix}$$

A_ij：A 矩阵的子矩阵

分块对角矩阵（Block diagonal matrix）

$$A = \begin{bmatrix} A_{11} & 0 & 0 \\ 0 & A_{22} & 0 \\ 0 & 0 & A_{33} \end{bmatrix}$$

2. 矩阵运算

加与减（Addition and subtraction）

$$A = \begin{bmatrix} a_{11} & a_{12} & a_{13} \\ a_{21} & a_{22} & a_{23} \end{bmatrix}$$

$$B = \begin{bmatrix} b_{11} & b_{12} & b_{13} \\ b_{21} & b_{22} & b_{23} \end{bmatrix}$$

$$A \pm B = \begin{bmatrix} a_{11} \pm b_{11} & a_{12} \pm b_{12} & a_{13} \pm b_{13} \\ a_{21} \pm b_{21} & a_{22} \pm b_{22} & a_{23} \pm b_{23} \end{bmatrix}$$

注意：两个矩阵必须具有相同的维度。

产生以上矩阵的 R 代码：

C <-A + B

矩阵相乘（Multiplication）

$$A_{m\times n} B_{n\times p} = C_{m\times p}$$

$$c_{ij} = \sum_{k=1}^{n} a_{ik} b_{kj}$$

注意：A 的列数必须等于 B 的行数。通常 AB≠BA（如果两者都是可乘的）。

产生以上矩阵的 R 代码：

C <-A %% B*

两个向量的乘积

$$a = [a_1 \quad a_2 \quad a_3]$$

$$b = \begin{bmatrix} b_1 \\ b_2 \\ b_3 \end{bmatrix}$$

$$a \times b = [a_1 b_1 + a_2 b_2 + a_3 b_3] \text{（乘积和）}$$

$$b \times a = \begin{bmatrix} a_1 b_1 & a_2 b_1 & a_3 b_1 \\ a_1 b_2 & a_2 b_2 & a_3 b_2 \\ a_1 b_3 & a_2 b_3 & a_3 b_3 \end{bmatrix}$$

$b' \times b = b_1^2 + b_2^2 + b_3^2$（平方和）

$$b \times b' = \begin{bmatrix} b_1^2 & b_1 b_2 & b_1 b_3 \\ b_1 b_2 & b_2^2 & b_2 b_3 \\ b_1 b_3 & b_2 b_3 & b_3^2 \end{bmatrix}$$

两个矩阵的乘积

$$A = \begin{bmatrix} a_{11} & a_{12} & a_{13} \\ a_{21} & a_{22} & a_{23} \end{bmatrix} = \begin{bmatrix} a_1 \\ a_2 \end{bmatrix}$$

$$B = \begin{bmatrix} b_{11} & b_{12} \\ b_{21} & b_{22} \\ b_{31} & b_{32} \end{bmatrix} = [b_1 \quad b_2]$$

$$C = A \times B = \begin{bmatrix} c_{11} & c_{12} \\ c_{21} & c_{22} \end{bmatrix} = \begin{bmatrix} a_1 b_1 & a_1 b_2 \\ a_2 b_1 & a_2 b_2 \end{bmatrix}$$

$$c_{11} = a_1 b_1 = a_{11} b_{11} + a_{12} b_{21} + a_{13} b_{31}$$

矩阵与向量的乘积

$$[a_1 \quad a_2 \quad a_3] \begin{bmatrix} b_{11} & b_{12} & b_{13} \\ b_{21} & b_{22} & b_{23} \\ b_{31} & b_{32} & b_{33} \end{bmatrix} = [c_1 \quad c_2 \quad c_3]$$

$$c_1 = a_1 b_{11} + a_2 b_{21} + a_3 b_{31}$$

$$\begin{bmatrix} b_{11} & b_{12} & b_{13} \\ b_{21} & b_{22} & b_{23} \\ b_{31} & b_{32} & b_{33} \end{bmatrix} \begin{bmatrix} a_1 \\ a_2 \\ a_3 \end{bmatrix} = \begin{bmatrix} c_1 \\ c_2 \\ c_3 \end{bmatrix}$$

$$c_1 = b_{11} a_1 + b_{12} a_2 + b_{13} a_3$$

线性方程组的矩阵表示

$$5x_1 + 6x_2 + 4x_3 = 6$$

$$7x_1 - 3x_2 + 5x_3 = -9$$

$$-x_1 - x_2 + 6x_3 = 12$$

$$\begin{bmatrix} 5 & 6 & 4 \\ 7 & -3 & 5 \\ -1 & -1 & 6 \end{bmatrix}\begin{bmatrix} x_1 \\ x_2 \\ x_3 \end{bmatrix} = \begin{bmatrix} 6 \\ -9 \\ 12 \end{bmatrix}$$

$$Ax = c$$

一个矩阵与一个单位矩阵的乘积

$$A \times I = A$$

$$\begin{bmatrix} a_{11} & a_{12} & a_{13} \\ a_{21} & a_{22} & a_{23} \end{bmatrix} \times \begin{bmatrix} 1 & 0 & 0 \\ 0 & 1 & 0 \\ 0 & 0 & 1 \end{bmatrix} = \begin{bmatrix} a_{11} & a_{12} & a_{13} \\ a_{21} & a_{22} & a_{23} \end{bmatrix}$$

$$I \times B = B$$

$$\begin{bmatrix} 1 & 0 & 0 \\ 0 & 1 & 0 \\ 0 & 0 & 1 \end{bmatrix}\begin{bmatrix} b_{11} & b_{12} \\ b_{21} & b_{22} \\ b_{31} & b_{32} \end{bmatrix} = \begin{bmatrix} b_{11} & b_{12} \\ b_{21} & b_{22} \\ b_{31} & b_{32} \end{bmatrix}$$

如果 A 是一个方阵：

$$A \times I = I \times A = A$$

一个矩阵与一个标量（scalar）的乘积

$$a \times \begin{bmatrix} b_{11} & b_{12} & b_{13} \\ b_{21} & b_{22} & b_{23} \end{bmatrix} = \begin{bmatrix} a\,b_{11} & a\,b_{12} & a\,b_{13} \\ a\,b_{21} & a\,b_{22} & a\,b_{23} \end{bmatrix}$$

直积（Direct product，Kronecker product）

$$G = \begin{bmatrix} g_{11} & g_{12} \\ g_{21} & g_{22} \end{bmatrix}$$

$$G \otimes A = \begin{bmatrix} g_{11}A & g_{12}A \\ g_{21}A & g_{22}A \end{bmatrix}$$

如 $G = \begin{bmatrix} 10 & 5 \\ 5 & 2 \end{bmatrix}$，$A = \begin{bmatrix} 1 & 0 & 2 \\ 0 & 1 & 4 \\ 2 & 4 & 1 \end{bmatrix}$

$$G \otimes A = \begin{bmatrix} 10 & 0 & 20 & 5 & 0 & 10 \\ 0 & 10 & 40 & 0 & 5 & 20 \\ 20 & 40 & 10 & 10 & 20 & 5 \\ 5 & 0 & 10 & 20 & 0 & 40 \\ 0 & 5 & 20 & 0 & 20 & 80 \\ 10 & 20 & 5 & 40 & 80 & 20 \end{bmatrix}$$

产生以上矩阵的 R 代码：

C <-A %×% B

转置（Transpose）

$$A = \begin{bmatrix} a_{11} & a_{12} & a_{13} \\ a_{21} & a_{22} & a_{23} \end{bmatrix}$$

$$A' = \begin{bmatrix} a_{11} & a_{21} \\ a_{12} & a_{22} \\ a_{13} & a_{23} \end{bmatrix}$$

$$x = \begin{bmatrix} 3 \\ -2 \\ 0 \\ 0.1 \end{bmatrix}$$

$$x' = [3 \quad -2 \quad 0 \quad 0.1]$$

$$y = [4 \quad 6 \quad -7]$$

$$y' = \begin{bmatrix} 4 \\ 6 \\ -7 \end{bmatrix}$$

注意：如果 A 是对称矩阵，则 A′=A。

$$(A')' = A$$

$$(AB)' = B'A'$$

$$(ABC)' = C'B'AB$$

产生以上矩阵的 R 代码：

tA <-*t*（*A*）

方阵的迹（Trace）

$$A = \begin{bmatrix} a_{11} & a_{12} & \cdots & a_{1n} \\ a_{21} & a_{22} & \cdots & a_{2n} \\ \vdots & \vdots & \ddots & \vdots \\ a_{n1} & a_{n2} & \cdots & a_{nn} \end{bmatrix}$$

$$tr(A) = \sum_{i=1}^{n} a_{ii}$$

$$tr(ABC) = tr(BCA) = tr(CAB)$$

产生以上矩阵的 R 代码：

trA <-*sum*（*diag*（*A*））

矩阵的秩（Rank）

（1）矩阵中线性无关的行数或列数（二者等价）。

（2）对于矩阵 *A*_(*m*×*n*)，*r*（*A*）≤min（*m*，*n*）。

（3）当 *r*（A）= A 的行数（列数），称 A 有满行（列）秩。

（4）对于方阵 *A*_(*m*×*n*)，如果 *r*（A）= *m*，称 A 是满秩（full rank）的。

（5）不满秩的矩阵称为奇异（singular）阵。

$$D = \begin{bmatrix} 3 & 2 & 1 \\ 4 & 3 & 0 \\ 7 & 5 & 1 \end{bmatrix}$$

r（D）=2，D 是奇异阵。

产生以上矩阵的 R 代码：

r <-qr（*D*） $ *rank*

方阵的行列式（Determinant）

$$A=\begin{bmatrix} a_{11} & a_{12} \\ a_{21} & a_{22} \end{bmatrix}$$

$$|A| = a_{11}a_{22} - a_{12}a_{21}$$

$$A=\begin{bmatrix} a_{11} & a_{12} & a_{13} \\ a_{21} & a_{22} & a_{23} \\ a_{31} & a_{32} & a_{33} \end{bmatrix}$$

$$|A| = a_{11}\begin{vmatrix} a_{22} & a_{23} \\ a_{32} & a_{33} \end{vmatrix} - a_{21}\begin{vmatrix} a_{12} & a_{13} \\ a_{32} & a_{33} \end{vmatrix} + a_{31}\begin{vmatrix} a_{12} & a_{13} \\ a_{22} & a_{23} \end{vmatrix}$$

$$= a_{11}(a_{22}\,a_{33} - a_{23}\,a_{32}) - a_{21}(a_{12}\,a_{33} - a_{13}\,a_{32}) + a_{31}(a_{12}\,a_{23} - a_{13}\,a_{22})$$

对任意维数为 n 的方阵

$$|A| = \sum_{j=1}^{n}(-1)^{i+j}a_{ij}\,|M_{ij}|$$

M_{ij}是 A 的次要子矩阵，由于删除了 A 的第 i 行和第 j 列，i 可以是 1 和 n 之间的任何值。

注意：如果|A|=0，A 不满秩，即 A 是奇异的。

产生以上矩阵的 R 代码：

detA <-det（*A*）

矩阵的逆（Inverse）

对于一个满秩的方阵 A，必存在一个矩阵 B，它满足

$$AB = BA = I$$

B 称为 A 的逆矩阵（inverse matrix），通常表示为 A^{-1}，$AA^{-1} = A^{-1}A = I$。

注意：

$$(A^{-1})^{-1} = A$$

$$(AB)^{-1} = B^{-1}A^{-1}$$

$$(ABC)^{-1} = C^{-1}B^{-1}A^{-1}$$

只有满秩矩阵才有逆矩阵存在，逆矩阵是唯一的。

2×2 矩阵的逆矩阵

$$A=\begin{bmatrix} a_{11} & a_{12} \\ a_{21} & a_{22} \end{bmatrix}$$

$$A^{-1} = \frac{1}{a_{11}\,a_{22} - a_{12}\,a_{21}}\begin{bmatrix} a_{22} & -a_{12} \\ -a_{21} & a_{11} \end{bmatrix}$$

可以很容易地证明 $AA^{-1} = A^{-1}A = \begin{bmatrix} 1 & 0 \\ 0 & 1 \end{bmatrix}$

3×3 矩阵的逆矩阵

$$A=\begin{bmatrix}a_{11}&a_{12}&a_{13}\\a_{21}&a_{22}&a_{23}\\a_{31}&a_{32}&a_{33}\end{bmatrix}$$

$$A^{-1}=\frac{1}{|A|}\begin{bmatrix}a_{33}a_{22}-a_{23}a_{32}&-(a_{12}a_{33}-a_{13}a_{32})&a_{12}a_{23}-a_{13}a_{22}\\-(a_{21}a_{33}-a_{23}a_{31})&a_{11}a_{33}-a_{13}a_{31}&-(a_{11}a_{23}-a_{13}a_{21})\\a_{21}a_{32}-a_{22}a_{31}&-(a_{11}a_{32}-a_{12}a_{31})&a_{11}a_{22}-a_{12}a_{21}\end{bmatrix}$$

产生以上矩阵的 R 代码：

AI <-solve(A)

对角矩阵的逆矩阵

$$A=\begin{bmatrix}a_{11}&0&0\\0&a_{22}&0\\0&0&a_{33}\end{bmatrix}$$

$$A^{-1}=\begin{bmatrix}\frac{1}{a_{11}}&0&0\\0&\frac{1}{a_{22}}&0\\0&0&\frac{1}{a_{33}}\end{bmatrix}$$

分块对角阵的逆矩阵

$$A=\begin{bmatrix}A_{11}&0&0\\0&A_{22}&0\\0&0&A_{33}\end{bmatrix}$$

$$A^{-1}=\begin{bmatrix}A_{11}^{-1}&0&0\\0&A_{22}^{-1}&0\\0&0&A_{33}^{-1}\end{bmatrix}$$

下三角矩阵的逆矩阵

$$T=\begin{bmatrix}t_{11}&0&0\\t_{21}&t_{22}&0\\t_{31}&t_{32}&t_{33}\end{bmatrix}$$

$$T^{-1}=\begin{bmatrix}t^{11}&0&0\\t^{21}&t^{22}&0\\t^{31}&t^{32}&t_{33}\end{bmatrix}$$

$$t^{ii}=\frac{1}{t_{ii}}$$

$$t_{21}t^{11} + t_{22}t^{21} = 0$$
$$t_{31}t^{11} + t_{32}t^{21} + t_{33}t^{31} = 0$$
$$t_{32}t^{22} + t_{33}t^{32} = 0$$

奇异阵的广义逆矩阵（generalized inverse）

如果 $AA^{-}A = A$，则 A^{-} 是 A 的广义逆矩阵。如果 A 满秩，则 $A^{-} = A^{-1}$。

注意：一个奇异阵可以有无穷多个广义逆矩阵。

$$D = \begin{bmatrix} 3 & 2 & 1 \\ 4 & 3 & 0 \\ 7 & 5 & 1 \end{bmatrix}$$

D 的广义逆矩阵之一是：

$$D^{-} = \begin{bmatrix} 3 & -2 & 0 \\ -4 & 3 & 0 \\ 0 & 0 & 0 \end{bmatrix}$$

产生以上矩阵的 R 代码：

library（*MASS*）

ginv（*D*）

$$A = \begin{bmatrix} 1 & 2 & 3 & 2 \\ 3 & 7 & 11 & 4 \\ 4 & 9 & 14 & 6 \end{bmatrix}$$

$$A^{-} = \begin{bmatrix} 7 - t & -2 - t & t \\ -3 + 2t & 1 + 2t & -2t \\ -t & -t & t \\ 0 & 0 & 0 \end{bmatrix}$$

t 可以是任何值，则有无数的 A^{-}。

用逆矩阵和广义逆矩阵解线性方程组

对于线性方程组

$$Ax = y$$

如果 A^{-1}存在（A 满秩），则

$$A^{-1}Ax = A^{-1}y$$

可推导出

$$x = A^{-1}y \text{（解是唯一的）}$$

如果 A^{-1}不存在，A^{-} 是 A 的一个广义逆矩阵。

$$AA^{-}Ax = y$$
$$AA^{-}y = y(\because Ax = y)$$
$$x = A^{-}y$$

是方程组的一个解（有无穷多个解）。

正定（Positive definite）矩阵

设 Q 是一方阵，（1）Q 是正定矩阵，如果 $y'Qy > 0$ *for any* y；（2）Q 是半正定矩

阵，如果 $y'Qy \geqslant 0\ for\ any\ y$，且至少有一个 y，y'Qy = 0；（3）Q 是非负定的，如果 Q 是正定矩阵或半正定矩阵。

Cholesky 分解

任意对称正定矩阵都可分解为

$$A = TT'$$

其中 T 是一个下三角矩阵。如

$$\begin{bmatrix} 9 & 3 & -6 \\ 3 & 5 & 0 \\ -6 & 0 & 21 \end{bmatrix} = \begin{bmatrix} 3 & 0 & 0 \\ 1 & 2 & 0 \\ -2 & 1 & 4 \end{bmatrix} \begin{bmatrix} 3 & 1 & -2 \\ 0 & 2 & 1 \\ 0 & 0 & 4 \end{bmatrix}$$

$$t_{jj} = \left(a_{jj} - \sum_{k=1}^{j-1} t_{jk}^2\right)^{1/2}$$

$$t_{jj} = \frac{1}{t_{ij}}\left(a_{jj} - \sum_{k=1}^{j-1} t_{ik}t_{jk}\right)$$

$$j = 1, 2, \cdots, n;\ i = j+1, \cdots, n$$

产生以上矩阵的 R 代码：

T <-*chol*（*A*）　#注：该函数返回的是一个上三角矩阵。

正交（Orthogonal）矩阵

一个矩阵是正交矩阵，则

$$UU' = I = U'U$$

其中 I 是单位矩阵。如果 U 是正交矩阵，则 $U^{-} = U'$，如以下矩阵：

$$\begin{bmatrix} \frac{1}{\sqrt{2}} & \frac{1}{\sqrt{6}} & \frac{1}{\sqrt{3}} \\ -\frac{1}{\sqrt{2}} & \frac{1}{\sqrt{6}} & \frac{1}{\sqrt{3}} \\ 0 & -\frac{1}{\sqrt{6}} & \frac{1}{\sqrt{3}} \end{bmatrix}$$

$$\begin{bmatrix} 0 & -1 & 0 \\ 1 & 0 & 0 \\ 0 & 0 & -1 \end{bmatrix}$$

$$\begin{bmatrix} \cos\theta & -\sin\theta \\ \sin\theta & \cos\theta \end{bmatrix}$$

特征值与特征向量

对于方阵 A，如果存在一个常量 d 和一个非零向量 u，它们满足

$$Au = du$$

称 d 是 A 的特征值（eigenvalue），u 是与 d 对应的特征向量（eigenvector）。

注意：一个矩阵可以有多个特征值和多个对应的特征向量。

矩阵 A 的特征值可通过对如下方程求解得到：

$$|A - dI| = 0$$

注意：此方程可能有多个解。

特征向量可通过如下方程组求解得到：

$$(A - d_k I)u_k = 0$$

d_k是 A 的一个特征值，u_k是与之对应的特征向量。

完成此功能的 R 语言代码：

eigen（*A*）

例如：

$$A = \begin{bmatrix} 1 & -2 \\ 1 & 4 \end{bmatrix}$$

$$|A - dI| = \begin{bmatrix} 1-d & -2 \\ 1 & 4-d \end{bmatrix} = (1-d)(4-d) + 2 = d^2 - 5d + 6$$

$d^2 - 5d + 6 = 0$ 有两个解：$d_1 = 2$，$d_2 = 3$，相应的特征向量为：

$$(A - 2I)u_1 = 0$$

则对于任意 $k_1 \neq 0$ 可得

$$u_1 = k_1 \begin{bmatrix} 2 \\ -1 \end{bmatrix}$$

$$(A - 3I)u_2 = 0$$

则对于任意 $k_2 \neq 0$ 可得

$$u_2 = k_2 \begin{bmatrix} 1 \\ -1 \end{bmatrix}$$

性质：

（1）一个矩阵的所有特征值之和等于其迹（trace）；

（2）一个矩阵的所有特征值之积等于其行列式；

（3）一个矩阵的非零特征值的个数等于其秩；

（4）如果一个矩阵的所有特征值均大于 0，则该矩阵是正定的；

（5）如果一个矩阵的所有特征值均大于或等于 0，且至少有一个等于 0，则该矩阵是半正定的；

（6）如果 Q 对称矩阵，则它可分解为

$$Q = UDU'$$

其中，D 是对角矩阵，其对角线元素为 Q 的特征值；U 是正交矩阵，其各列为 Q 的特征向量。

矩阵的微分（Differentiation）

令

$$c = 3x_1 + 5x_2 + 9x_3 = [3 \quad 5 \quad 9]\begin{bmatrix} x_1 \\ x_2 \\ x_3 \end{bmatrix} = b'x$$

$$\frac{\partial c}{\partial x_1} = 3$$

$$\frac{\partial c}{\partial x_2} = 5$$

$$\frac{\partial c}{\partial x_3} = 9$$

可以表示为

$$\frac{\partial c}{\partial x} = \begin{bmatrix} \frac{\partial c}{\partial x_1} \\ \frac{\partial c}{\partial x_2} \\ \frac{\partial c}{\partial x_3} \end{bmatrix} = \begin{bmatrix} 3 \\ 5 \\ 9 \end{bmatrix}$$

一般来说，矩阵微分的重要性质：

b 为常数

$$\frac{\partial b'x}{\partial x} = b$$

A 为矩阵

$$\frac{\partial A'x}{\partial x} = A$$

如

$$c = 9x_1^2 + 6x_1x_2 + 4x_2^2$$
$$= [x_1 \quad x_2]\begin{bmatrix} 9 & 3 \\ 3 & 4 \end{bmatrix}\begin{bmatrix} x_1 \\ x_2 \end{bmatrix} = x'Ax$$

此式称为 x 的二次型函数，A 称为二次型的方阵。

$$\frac{\partial c}{\partial x_1} = 2 \times 9x_1 + 6x_2$$

$$\frac{\partial c}{\partial x_2} = 6x_1 + 2 \times 4x_2$$

$$\frac{\partial c}{\partial x} = \begin{bmatrix} \frac{\partial c}{\partial x_1} \\ \frac{\partial c}{\partial x_2} \end{bmatrix} = \begin{bmatrix} 2 \times 9x_1 + 6x_2 \\ 6x_1 + 2 \times 4x_2 \end{bmatrix} = 2 \times \begin{bmatrix} 9 & 3 \\ 3 & 4 \end{bmatrix}\begin{bmatrix} x_1 \\ x_2 \end{bmatrix} = 2Ax$$

通常

$$\frac{\partial x'Ax}{\partial x} = \begin{cases} 2Ax & A\text{ 对称} \\ Ax + A'x & \text{其他} \end{cases}$$

随机向量

向量的所有元素都是随机变量。假设 x_1，x_2，...，x_n是随机变量，则

$$E(x_i) = \mu_i$$

$$Var(x_i) = \sigma_{x_i}^2$$

$$Cov(x_i, x_j) = \sigma_{x_ix_j}$$

令

$$x = \begin{bmatrix} x_1 \\ x_2 \\ \vdots \\ x_n \end{bmatrix}$$

则 X 为随机向量。向量的期望：

$$E(x) = \begin{bmatrix} E(x_1) \\ E(x_2) \\ \vdots \\ E(x_n) \end{bmatrix} = \begin{bmatrix} \mu_1 \\ \mu_2 \\ \vdots \\ \mu_n \end{bmatrix} = \mu$$

方差-协方差矩阵为：

$$Var(x) = \begin{bmatrix} \sigma^2_{x_1} & \sigma^2_{x_1x_2} & \cdots & \sigma^2_{x_1x_n} \\ \sigma^2_{x_1x_2} & \sigma^2_{x_2} & \cdots & \sigma_{x_2x_n} \\ \vdots & \vdots & \ddots & \vdots \\ \sigma^2_{x_1x_n} & \sigma_{x_2x_n} & \cdots & \sigma^2_{x_n} \end{bmatrix}$$

$$= E(xx') - \mu\mu'$$

注意：对称矩阵通常（并非总是）正定的。因此，

$$\sigma^2_{x_i} = E(x_i^2) - [E(x_i)]^2$$

$$\sigma_{x_ix_j} = E(x_ix_j) - E(x_i)E(x_j)$$

如果

$$Var(x_i) = \sigma^2 \quad （常数）$$

$$Cov(x_i, x_j) = 0 \quad （线性独立）$$

此时

$$Var(x) = \begin{bmatrix} \sigma^2 & 0 & \cdots & 0 \\ 0 & \sigma^2 & \cdots & 0 \\ \vdots & \vdots & \ddots & \vdots \\ 0 & 0 & \cdots & \sigma^2 \end{bmatrix} = I\sigma^2$$

令

$$x = \begin{bmatrix} x_1 \\ x_2 \\ \vdots \\ x_n \end{bmatrix}$$

$$y = \begin{bmatrix} y_1 \\ y_2 \\ \vdots \\ y_m \end{bmatrix}$$

则

$$Cov(x_i, y_j) = \sigma_{x_iy_j}$$

x 和 y 之间的协方差矩阵为：

$$Cov(x, y') = \begin{bmatrix} \sigma_{x_1y_1} & \sigma_{x_1y_2} & \cdots & \sigma_{x_1y_m} \\ \sigma_{x_2y_1} & \sigma_{x_2y_2} & \cdots & \sigma_{x_2y_m} \\ \vdots & \vdots & \ddots & \vdots \\ \sigma_{x_ny_1} & \sigma_{x_ny_2} & \cdots & \sigma^2_{x_ny_m} \end{bmatrix} n \times m$$

令

$$y = a'x$$

$$y = Ax$$

x 是随机向量，且 Var （x） = V，则

$$Aar(y) = a'Var(x)a = a'Va$$

$$Aar(y) = AVar(x)A' = AVA'$$

多元正态分布

假设

$$x = \begin{bmatrix} x_1 \\ x_2 \\ \vdots \\ x_n \end{bmatrix}$$

$$x_i \sim N(\mu_i, \sigma_i^2)$$

$$f(x_i; \mu_i, \sigma^2_{x_i}) = \frac{1}{\sigma_{x_i}\sqrt{2\pi}} exp\left\{ - \frac{(x_i - \mu)^2}{2\sigma^2_{x_i}} \right\}$$

$$Cov(x_i, x_j) = \sigma_{x_ix_j}$$

则 x 服从多元正态分布，表示为

$$x \sim N(\mu, V)$$

$$\mu = E(x)$$

$$V = Var(x)$$

联合密度函数为

$$f(x; \mu, V) = \frac{1}{(2\mu)^{n/2} \mid V \mid^{1/2}} exp\left\{ - \frac{1}{2}(x - \mu)'V^{-1}(x - \mu) \right\}$$

注意：如果

$$Cov(x_i, x_j) = \sigma_{x_ix_j} = 0$$

则

$$f(x;\ \mu,\ V)=\prod_{i=1}^{n}\frac{1}{\sigma_{x_i}\sqrt{2\pi}}exp\left\{-\frac{(x_i-\mu_i)^2}{2\sigma_{x_i}^2}\right\}$$

$$=(2\pi)^{-2n}\left(\prod_{i=1}^{n}\sigma_{x_i}\right)^{-1}exp\left\{-\sum_{i=1}^{n}\frac{(x_i-\mu_i)^2}{2\sigma_{x_i}^2}\right\}$$

如果

$$x\sim N(\mu_x,\ V_x)$$

$$y\sim N(\mu_y,\ V_y)$$

$$Cov(x,\ y')=V_{xy}$$

则条件分布 $x\mid y$ 也是多元正态分布，其期望和方差为

$$E(x\mid y)=\mu_{x\mid y}=\mu_x+V_{xy}V_y^{-1}(y-\mu_y)$$

$$Var(x\mid y)=V_{x\mid y}=V_x-V_{xy}V_y^{-1}V'_{xy}$$

x 对 y 的回归为

$$x=\mu_{x\mid y}+e$$

$$e\sim N(0,\ V_{x\mid y})$$

二次型的期望与方差

设有随机向量 x

$$E(x)=\mu$$

$$Var(x)=V$$

x'Ax 是 x 的一个二次型函数，则

$$E(x'Ax)=tr(Av)+\mu'A\mu$$

如果 x 服从正态分布 N（μ，V）

$$Var(x'Ax)=2tr(AVAV)+4\mu'AVA\mu$$

练习题一

设有矩阵

$$A=\begin{pmatrix}1 & -1 & 0\\ -2 & 3 & -1\\ -2 & -2 & 4\end{pmatrix},B=\begin{pmatrix}6 & -5 & 8\\ -4 & 9 & -3\\ -5 & -7 & 1\\ 3 & 4 & -5\end{pmatrix}$$

求

（1）A'

（2）tr（A）

（3）$rank$（A）

（4）$|A|$

（5）A^{-1}或 A^{-}

（6）A 的特征值和特征向量

（7）$B\times A$

参考答案

```
A<-matrix (c (1, -2, -2, -1, 3, -2, 0, -1, 4), 3, 3); A
B<-matrix (c (6, -4, -5, 3, -5, 9, -7, 4, 8, -3, 1, -5), 4, 3); B
t (A)
sum (diag (A) )
qr (A) $ rank
det (A)
ginv (A)
eigen (A)
B% * %A
```

练习题二

设有矩阵

$$V=\begin{bmatrix}4 & 1 & 1\\1 & 2 & 3\\1 & 3 & 6\end{bmatrix}$$

（1）请验证它是一个正定矩阵。

（2）请对它进行 Cholesky 分解。

参考答案

```
v<-matrix (c (4, 1, 1, 1, 2, 3, 1, 3, 6), 3); v
eigen (v) #特征值全为正
chol (v)
```

补充的有用 R 语言代码

```
A <-matrix (c (7, 18, -2, 22, -16, 3, 55, 1, 9, -4, 0, 31), byrow=TRUE,
nrow=3, ncol=4) #默认按列填充
dim (A); A
A <-diag (c (1, 2, 3, 4, 5) ); A
I <-diag (c (1), nrow=5, ncol=5); I
G<-matrix (c (10, 5, 5, 20), 2, 2); G
A<-matrix (c (1, 0, 2, 0, 1, 4, 2, 4, 1), 3, 3); A
kronecker (G, A) #G%×%A
t (A)
trA<-sum (diag (A) ); trA
D<-matrix (c (3, 2, 1, 4, 3, 0, 7, 5, 1), 3, 3, byrow=T); D
r<-qr (D) $ rank; r
QR<-qr (D) #qr 分解, A=QR (R 为阶梯矩阵)
Q=qr. Q (QR); Q
R<-qr. R (QR); R
Q% * %R
```

```
detA<-det (Q); detA
AI<-solve (A); AI
AI%*%A
D<-matrix (c (3, 2, 1, 4, 3, 0, 7, 5, 1), 3, 3, byrow=T); D
library (MASS)
qr (D) $rank
det (D)
ginv (D)
solve (D)
A<-matrix (c (9, 3, -6, 3, 5, 0, -6, 0, 21), 3, 3, byrow=T); A
T<-chol (A); T
t (T)%*%T
A<-matrix (c (1, 1, -2, 4), 2); A
eigen (A)
```

第五章　动物育种中的线性模型二

线性模型基础

模型（Model）：描述观测值（依变量）与影响观测值变异性的各因子（自变量）之间关系的数学表达式。

（1）真实模型：非常准确地描述观察值的变异性，模型中不含有未知成分，对于生物学领域的数据资料来说，真实模型几乎是不可知的。

（2）理想模型：根据研究者所掌握的专业知识建立的尽可能接近真实模型的模型，这种模型常常由于受到数据资料的限制或过于复杂而不能用于实际分析。

（3）操作模型：用于实际统计分析的模型，它通常是理想模型的简化形式。

因子分类

（1）分类型

表现为若干类别（水平）（如季节、性别）。

可估计其不同水平对观察值效应的大小。

或检验不同水平的效应间有无显著差异。

（2）连续型

呈现连续变异（如体重、年龄）。

通常作为协变量（回归变量）。

其效应通过依变量对协变量的回归系数体现。

有时可人为地划分成若干等级而使其变为分类型变量。

分类型因子又可进一步分为

（1）固定因子（fixed factor）

其各个水平是人为设定或选取的。

通常水平数较少。

它的不同水平的效应称为固定效应（fixed effect）。

主要目的是要对这些水平的效应进行估计或进行比较。

协变量的回归系数通常（not always）是固定因子。

系统环境因子通常（not always）是固定因子。

（2）随机因子（random factor）

其水平是该因子所有可能水平的随机样本。

水平数通常较多。

它的不同水平的效应称为随机效应（random effect）。

研究目的是对该因子各水平的总体特性进行推断（如估计总体方差）。

线性模型（Linear model）

（1）模型中所包含的各个因子的效应是以相加的形式影响观察值。

（2）对于连续性的协变量允许出现平方或多次方项。

（3）一个线性模型应由 3 个部分组成：

① 数学表达式。

② 式中随机效应的期望和方差及协方差。

③ 假设及约束条件。

例 1：10 头奶牛泌乳期性情评分数据

牛号	季节	父亲	评分
1	1	1	17
2	1	2	29
3	1	2	34
4	1	3	16
5	2	3	20
6	2	3	24
7	2	1	13
8	2	1	28
9	2	2	25
10	2	2	31

模型表达式：

$$y_{ijk} = \mu + c_i + s_j + e_{ijk}$$

y_{ijk}：某头牛的性情评分

μ：总平均（*overall mean*）–常量

c_i：第 i 个季节的效应–固定效应

s_j：第 j 个父亲的效应–随机效应

e_{ijk}：残差效应–随机效应（除以上效应之外的所有效应的总和，通常未知）

注意：μ 和 e 是所有模型的通项，有时可没有 μ。

随机效应的期望和方差及协方差：因为

$$E(s_j) = 0$$

$$E(e_{ijk}) = 0$$

所以

$$E(y_{ijk}) = \mu + c_i$$

因为

$$Var(s_j) = \sigma_s^2$$
$$Var(e_{ijk}) = \sigma_e^2$$
$$Cov(s_j,\ e_{ijk}) = 0$$

所以

$$Var(y_{ijk}) = \sigma_s^2 + \sigma_e^2$$
$$Cov(s_j,\ s_{j'}) = 0$$
$$Cov(e_{ijk},\ e_{ijk'}) = 0$$

假定与约束条件

(1) 各家畜处于相同胎次（年龄）和相同的泌乳阶段；

(2) 各家畜的饲养管理条件基本相同；

(3) 各父亲与母畜母亲的交配是随机的。

线性模型的矩阵表示

牛号	季节	父亲	评分
1	1	1	17
2	1	2	29
3	1	2	34
4	1	3	16
5	2	3	20
6	2	3	24
7	2	1	13
8	2	1	28
9	2	2	25
10	2	2	31

$$17 = \mu + c_1 + s_1 + e_{111}$$
$$29 = \mu + c_1 + s_2 + e_{121}$$
$$34 = \mu + c_1 + s_2 + e_{122}$$
$$16 = \mu + c_1 + s_3 + e_{131}$$
$$20 = \mu + c_2 + s_3 + e_{231}$$
$$24 = \mu + c_2 + s_3 + e_{232}$$
$$13 = \mu + c_2 + s_1 + e_{211}$$
$$28 = \mu + c_2 + s_1 + e_{212}$$
$$25 = \mu + c_2 + s_2 + e_{221}$$
$$31 = \mu + c_2 + s_2 + e_{222}$$

$$\begin{bmatrix}17\\29\\34\\16\\20\\24\\13\\28\\25\\31\end{bmatrix}=\begin{bmatrix}1&1&0\\1&1&0\\1&1&0\\1&1&0\\1&0&1\\1&0&1\\1&0&1\\1&0&1\\1&0&1\\1&0&1\end{bmatrix}\begin{bmatrix}\mu\\c_1\\c_2\end{bmatrix}+\begin{bmatrix}1&0&0\\0&1&0\\0&1&0\\0&0&1\\0&0&1\\0&0&0\\1&0&0\\1&0&0\\0&1&0\\0&1&0\end{bmatrix}\begin{bmatrix}s_1\\s_2\\s_3\end{bmatrix}+\begin{bmatrix}e_{111}\\e_{121}\\e_{122}\\e_{131}\\e_{231}\\e_{232}\\e_{211}\\e_{212}\\e_{221}\\e_{222}\end{bmatrix}$$

$$y=Xb+Zs+e$$

写为矩阵形式：

$$y_{ijk} = c_i + s_j + e_{ijk}$$

$$y = Xb + Zs + e$$

y：观测值向量

b：总平均+季节（固定）效应向量

X：b 的关联矩阵（指示了 y 与 b 之间的联系）

s：父亲（随机）效应向量

Z：s 的关联矩阵（指示了 y 与 s 之间的联系）

e：残差效应向量

$E(s) = 0$　　$E(e) = 0$　　$E(y) = Xb$　　$Var(s) = I\sigma_s^2$　　$Var(e) = I\sigma_e^2$　　$Cov(s, e') = 0$　　$Var(y) = ZZ'\sigma_s^2 + I\sigma_e^2$

线性模型的一般形式

$$y = Xb + Zu + e$$

y：观测值向量

b：固定效应向量（可包含总平均）

X：b 的关联矩阵

u：随机效应向量

Z：u 的关联矩阵

e：残差效应向量

$E(u) = 0$　　$E(e) = 0$　　$E(y) = Xb$　　$Var(u) = G$　　$Var(e) = R\sigma_e^2$　　$Var(y) = ZGZ' + R\sigma_e^2$　　$Cov(s, e') = 0$

固定、随机与混合模型

如果一个模型除总平均和随机残差外

（1）所有效应都是固定效应-固定（效应）模型

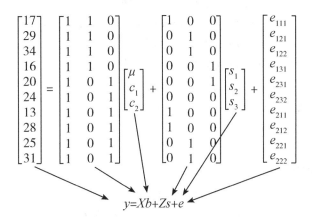

$y = Xb + e$　　$E(y) = Xb$　　$Var(y) = Var(e) = R\sigma_e^2$

（2）所有效应都是随机效应-随机（效应）模型

$y = 1\mu + Zu + e \qquad E(y) = 1\mu \qquad Var(u) = G \qquad Var(e) = R\sigma_e^2$

$Var(y) = Var(Zu) + Var(e) = ZGZ' + R\sigma_e^2$

（3）既有固定效应，也有随机效应-混合（效应）模型

$y = xB + Zu + e \qquad E(y) = xB \qquad Var(u) = G \qquad Var(e) = R\sigma_e^2$

$Var(y) = Var(Zu) + Var(e) = ZGZ' + R\sigma_e^2$

固定模型中固定效应的估计

基本问题

对于任意的固定模型

$y = Xb + e \qquad E(y) = Xb \qquad Var(y) = Var(e) = R\sigma_e^2$

需要对 b 或 b 的线性函数进行估计，可统一表示为 K'b。

几个基本概念

（1）估计量（estimator）

观测值（y）的函数，f（y），用于对 K'b 进行估计

（2）线性估计（linear estimation）

估计量是 y 的线性函数，f（y）= L'y

（3）估计值（estimate）

将观测值代入估计量函数得到的值

二个基本问题

（1）如何确定估计量（如何确定函数 f（y））?

（2）对于线性估计，如何确定 L?

二个基本要求

（1）无偏估计

估计量的期望等于被估计量：$E(L'y) = K'b$

$E(L'y) = L'E(y) = L'Xb \ \rightarrow$ 当 $K' = L'X$，$E(L'y) = K'b$

（2）“最佳（best）”估计

估计误差的方差最小。

估计误差的方差

估计误差：$L'y-K'b$。

估计误差的方差-协方差矩阵：$Var(L'y-K'b) = Var(L'y) = L'Var(y)L = L'RL$。

估计误差的方差=L'RL 中的对角线元素。

线性估计问题可归纳为：寻找 L'使得在 $K' = L'X$ 的条件下，L'RL=最小。

即，求以下函数关于 L 的最小值

$F = L'RL + 2(L'X-K')\lambda$ 　　λ 是拉格朗日乘子（LaGrange Multiplier）

$$\frac{\partial F}{\partial L} = 2RL + 2X\lambda = 0$$

$$\frac{\partial F}{\partial \lambda} = 2X'L - 2X = 0$$

$$\Rightarrow \begin{bmatrix} R & X \\ X' & 0 \end{bmatrix} \begin{bmatrix} L \\ \lambda \end{bmatrix} = \begin{bmatrix} 0 \\ K \end{bmatrix}$$

方程组的解为

$$L=R^{-1}X\ (X'R^{-1}X)^{-}K$$

其中

$(X'R^{-1}X)^{-}$是（$X'R^{-1}X$）的一个广义逆矩阵（$X'R^{-1}X$ 可能不满秩）

K′b 的估计量为

$L'y=K'\ (X'R^{-1}X)^{-}X'R^{-1}y=K'\hat{b}$

其中

$\hat{b}=\ (X'R^{-1}X)^{-}X'R^{-1}y$

K′$\hat{\mathrm{b}}$是 K′b 的最佳线性无偏估计量（best linear unbiased estimator，BLUE）

广义最小二乘（generalized least squares，GLS）估计

$\hat{b}=\ (X'R^{-1}X)^{-}X'R^{-1}y$

可看作是方程组（$X'R^{-1}X$）$\hat{b}=X'R^{-1}y$ 的解。

这个方程组称为广义最小二乘方程组，因此$\hat{b}$也是 b 的广义最小二乘估计量。

$(X'^{R^{-1}}X)^{-}$ 的一些性质

$X'R^{-1}X\ (X'R^{-1}X)^{-}X'R^{-1}X=X'R^{-1}X$

$X\ (X'R^{-1}X)^{-}X'R^{-1}X=X$

$X'R^{-1}X\ (X'R^{-1})^{-}X'=X'$

$X(X'^{R^{-1}}X)^{-}X'$ 是唯一的（对于任意的 $(X'^{R^{-1}}X)^{-}$，其值不变）。

$X(X'^{R^{-1}}X)^{-}X'$ 是对称的，无论 $(X'^{R^{-1}}X)^{-}$ 是否对称。

常规最小二乘（ordinary least squares，OLS）估计

多数情况下，模型中的随机残差是彼此独立的，且方差相同，即

$Var\ (e)\ =R\sigma_e^2=I\sigma_e^2$

$(X'R^{-1}X)\ \hat{b}=X'R^{-1}y \Rightarrow (X'X)\ \hat{b}=X'y$

为最小二乘方程组。

加权最小二乘（weighted least squares，WLS）估计

有时，模型中的随机残差是彼此独立的，但方差不同，即

$$\mathrm{R}=\mathrm{D}$$

D 是对角矩阵，对角线元素不等。

由

$(X'\mathrm{R}^{-1}X)\ \hat{\mathrm{b}}=X'\mathrm{R}^{-1}y$

得

$(X'\mathrm{D}^{-1}X)\ \hat{\mathrm{b}}=X'\mathrm{D}^{-1}y$

为加权最小二乘方程组。注意：OLS 和 WLS 都是 GLS 的特例。

例 2

奶牛的毛利润

奶牛	蛋白量 (kg)	体型评分	不返情率	泌乳速度	体细胞评分	毛利润 ($)
1	246	75	66	3	3.5	-284
2	226	80	63	4	3.3	-402
3	302	82	60	2	3.1	-207
4	347	77	58	3	4.3	267
5	267	71	66	5	3.7	-201
6	315	86	71	4	3.5	283
7	241	90	68	3	3.6	-45
8	290	83	70	2	3.9	246
9	271	78	67	1	4.1	70
10	386	80	64	3	3.4	280

模型：

$y_i = b_0 + b_1x_{i1} + b_2x_{i2} + b_3x_{i3} + b_4x_{i4} + b_5x_{i5} + e_i$（多元回归模型）

$Var(e_i) = \sigma_e^2 \qquad Cov(e_i, e_{i'}) = 0$

$y = Xb + e \qquad Var(e) = I\sigma_e^2$

$$X = \begin{pmatrix} 1 & 246 & 75 & 66 & 3 & 3.5 \\ 1 & 226 & 80 & 63 & 4 & 3.3 \\ 1 & 302 & 82 & 60 & 2 & 3.1 \\ 1 & 347 & 77 & 58 & 3 & 4.3 \\ 1 & 267 & 71 & 66 & 5 & 3.7 \\ 1 & 315 & 86 & 71 & 4 & 3.5 \\ 1 & 241 & 90 & 68 & 3 & 3.6 \\ 1 & 290 & 83 & 70 & 2 & 3.9 \\ 1 & 271 & 78 & 67 & 1 & 4.1 \\ 1 & 386 & 80 & 64 & 3 & 3.4 \end{pmatrix}, \; y = \begin{pmatrix} -284 \\ -402 \\ -207 \\ 267 \\ -201 \\ 283 \\ -45 \\ 246 \\ 70 \\ 280 \end{pmatrix}, \; b = \begin{bmatrix} b_0 \\ b_1 \\ b_2 \\ b_3 \\ b_4 \\ b_5 \end{bmatrix}$$

X 是满列秩的。OLS：

$$(X'X')\,\hat{b} = X'y$$

$$\underset{X'X}{\begin{pmatrix} 10 & 2\,891 & 802 & 653 & 30 & 36.40 \\ 2\,891 & 858\,337 & 231\,838 & 188\,256 & 8\,614 & 10\,547.60 \\ 802 & 231\,838 & 64\,588 & 52\,444 & 2\,393 & 2\,915.00 \\ 653 & 188\,256 & 52\,444 & 42\,795 & 1\,961 & 2\,377.10 \\ 30 & 8\,614 & 2\,393 & 1\,961 & 102 & 108.20 \\ 36.4 & 10\,547.60 & 2\,915 & 2\,377.10 & 108.2 & 133.72 \end{pmatrix}} \underset{\hat{b}}{\begin{bmatrix} \hat{b}_0 \\ \hat{b}_1 \\ \hat{b}_2 \\ \hat{b}_3 \\ \hat{b}_4 \\ \hat{b}_5 \end{bmatrix}} = \underset{X'y}{\begin{pmatrix} 7 \\ 92\,442 \\ 4\,420 \\ 2\,593 \\ -679 \\ 469 \end{pmatrix}}$$

注意：$X'X$ 是满秩的。

方程组的解为

$$(X'X)^{-1}=\begin{bmatrix}72.5049 & -0.0179 & -0.3427 & -0.3028 & -1.0443 & -4.6238\\ -0.0179 & 0.0001 & -0.0001 & 0.0002 & 0.0000 & -0.0038\\ -0.3427 & -0.0001 & 0.0054 & -0.0029 & 0.0082 & 0.0274\\ -0.3028 & 0.0002 & -0.0029 & -0.0087 & -0.0053 & -0.0200\\ -1.0443 & 0.0000 & 0.0082 & -0.0053 & 0.1027 & 0.1129\\ -4.6238 & -0.0013 & 0.0274 & -0.0200 & 0.1129 & 1.0332\end{bmatrix}$$

$$\hat{b}=\begin{bmatrix}\hat{b}_0\\ \hat{b}_1\\ \hat{b}_2\\ \hat{b}_3\\ \hat{b}_4\\ \hat{b}_5\end{bmatrix}=(X'X)^{-1}X'y=\begin{pmatrix}-4\,909.611560\\ 4.158675\\ 14.335441\\ 20.833125\\ 1.493961\\ 327.871209\end{pmatrix}$$

R 程序如下：

```
prot <-c (246, 226, 302, 347, 267, 315, 241, 290, 271, 386)
type <-c (75, 80, 82, 77, 71, 86, 90, 83, 78, 80)
return <-c (66, 63, 60, 58, 66, 71, 68, 70, 67, 64)
speed <-c (3, 4, 2, 3, 5, 4, 3, 2, 1, 3)
somatic <-c (3.5, 3.3, 3.1, 4.3, 3.7, 3.5, 3.6, 3.9, 4.1, 3.4)
margin <-c (-284, -402, -207, 267, -201, 283, -45, 246, 70, 280)
X <-model.matrix (~ prot+type+return+speed+somatic)
XX <-crossprod (X)
Xy <-crossprod (X, margin)
XXinv <-solve (XX)
Solution <-Xxinv %*% Xy
```

或者

```
summary (lm (margin ~ prot+type+return+speed+somatic) )
```

方差分析

（1）平方和

校正项：

$$CT=y'R^{-1}1(1'R^{-1}1)^{-1}1'R^{-1}y$$

$$=y'1(1'1)^{-1}1'y=\frac{1}{N}(\sum_i y_i)^2 \qquad (\text{如果 } R=I)$$

（校正）总平方和：

$$SST = y'R^{-1}y - CT$$
$$= y'y - CT = \sum_i y_i^2 - CT \qquad (如果 R=I)$$

回归平方和：

$$SSR = y'R^{-1}X(X'R^{-1}X)^{-}X'R^{-1}y - CT$$
$$= \hat{b}'X'R^{-1}y - CT = \hat{b}'X'y - CT \qquad (如果 R=1)$$

残差平方和：

$$SSE = SST - SSR$$

(2) 自由度

总自由度：

$$df_T = N - 1$$

回归自由度：

$$df_R = r(X) - 1 \qquad r(X)：X 的列秩$$

残差自由度：

$$df_E = df_T - df_R = N - r(X)$$

方差分析表

变异来源	自由度	平方和	均方	*F* 值	*P* 值
回归	6-1=5	620 204.20	124 040.84	196.90	7.13E-5
残差	10-6=4	2 519.90	629.975		
总变异	10-1=9	622 724.10			

R 代码

N <-*length* （*margin*）

rankX <-*qr* （*X*） $ *rank* # *rank* （*X*），此例中 *X* 是满秩的，*rank* （*X*） =*X* 的列数

CT <-*sum* （*margin*） ^2/*N*

SST <-*crossprod* （*margin*） -*CT*

SSR <-*crossprod* （*solution*，*Xy*） -*CT*

SSE <-*SST*-*SSR*

DFR <-*rankX*-1

DFE <-*N*-*rankX*

F_Value <- （*SSR*/*DFR*） / （*SSE*/*DFE*）

P_Value <-*pf* （*F*，*DFR*，*DFE*，*lower.tail*=*FALSE*）

固定模型中固定效应的估计

如果 $X'R^{-1}X$ 不满秩，方程组

$$(X'R^{-1}X)\hat{b} = XR^{-1}y$$

没有唯一解，可以有多个 $\hat{b}$，可一般地表示为

$$\hat{b}=(X'R^{-1}X)^{-}XR^{-1}y$$

$(X'R^{-1}X')^{-}$ 是 $X'R^{-1}X'$ 的一个广义逆矩阵

例 3

牛号	季节	年龄组	乳脂量
1	1	1	144
2	1	1	150
3	1	2	143
4	1	3	145
5	2	2	109
6	2	2	163
7	2	2	117
8	2	3	103

模型：

$$y_{ijn}=\mu+s_i+a_j+e_{ijk}$$

$$y=Xb+e$$

$$Var(e)=I\sigma_e^2$$

$$X=\begin{bmatrix}1&1&0&1&0&0\\1&1&0&1&0&0\\1&1&0&0&1&0\\1&1&0&0&0&1\\1&0&1&0&1&0\\1&0&1&0&1&0\\1&0&1&0&1&0\\1&0&1&0&0&1\end{bmatrix}$$

$$b=\begin{bmatrix}\mu\\s_1\\s_2\\a_1\\a_2\\a_3\end{bmatrix}$$

X 中，第 1 列=第 2 列+第 3 列=第 4 列+第 5 列+第 6 列

X 的列秩=6−2=4（不满秩）

OLS：

$$X'X\hat{b} = X'y$$

$$\begin{bmatrix} 8 & 4 & 4 & 2 & 4 & 2 \\ 4 & 4 & 0 & 2 & 1 & 1 \\ 4 & 0 & 4 & 0 & 3 & 1 \\ 2 & 2 & 0 & 2 & 0 & 0 \\ 4 & 1 & 3 & 0 & 4 & 0 \\ 2 & 1 & 1 & 0 & 0 & 2 \end{bmatrix} \begin{bmatrix} \hat{\mu} \\ \hat{s}_1 \\ \hat{s}_2 \\ \hat{a}_1 \\ \hat{a}_2 \\ \hat{a}_3 \end{bmatrix} = \begin{bmatrix} 1\,074 \\ 582 \\ 492 \\ 294 \\ 532 \\ 248 \end{bmatrix}$$

同样，在 X′X 中，

第 1 列=第 2 列+第 3 列=第 4 列+第 5 列+第 6 列

X′X 的秩=6−2=4（不满秩），方程组有无穷多解！

$\hat{b}$ 的一个解为：

$\hat{b} = (X'X)^{-}X'y$　　$(X'X)^{-}$ 是 $X'X$ 的一个广义逆矩阵

$E(\hat{b}) = (X'X)^{-}X'E(y) = \hat{b} = (X'X)^{-}X'Xb \neq b$

$\hat{b} = (X'X)^{-}X'y$　　不是 b 的无偏估计量

例如

$$\begin{bmatrix} \hat{\mu} \\ \hat{s}_1 \\ \hat{s}_2 \\ \hat{a}_1 \\ \hat{a}_2 \\ \hat{a}_3 \end{bmatrix} = \begin{bmatrix} 0 & 0 & 0 & 0 & 0 & 0 \\ 0 & 0 & 0 & 0 & 0 & 0 \\ 0 & 0 & 0.8 & 0 & -0.6 & -0.4 \\ 0 & 0 & 0 & 0.5 & 0 & 0 \\ 0 & 0 & -0.6 & 0 & 0.7 & 0.3 \\ 0 & 0 & -0.4 & 0 & 0.3 & 0.7 \end{bmatrix} \begin{bmatrix} 1\,074 \\ 582 \\ 492 \\ 294 \\ 532 \\ 248 \end{bmatrix} = \begin{bmatrix} 0 \\ 0 \\ -24.8 \\ 147 \\ 151.6 \\ 136.4 \end{bmatrix}$$

$X'X$ 的一个广义逆矩阵

$$E(\hat{b}) = (X'X)^{-}X'Xb = \begin{bmatrix} 0 & 0 & 0 & 0 & 0 & 0 \\ 0 & 0 & 0 & 0 & 0 & 0 \\ 0 & -1 & 1 & 0 & 0 & 0 \\ 1 & 1 & 0 & 1 & 0 & 0 \\ 1 & 1 & 0 & 0 & 1 & 0 \\ 1 & 1 & 0 & 0 & 0 & 1 \end{bmatrix} \begin{bmatrix} \mu \\ s_1 \\ s_2 \\ a_1 \\ a_2 \\ a_3 \end{bmatrix} \begin{bmatrix} 0 \\ 0 \\ s_2 - s_1 \\ \mu + s_1 + a_1 \\ \mu + s_1 + a_2 \\ \mu + s_1 + a_3 \end{bmatrix} \neq b$$

R 代码

```
season <-factor (c (rep (1, 4), rep (2, 4) ) )
   age <-factor (c (1, 1, 2, 3, 2, 2, 2, 3) )
   y <-c (144, 150, 143, 145, 109, 163, 117, 103)
   data <-data.frame (season, age, y)
   X <-model.matrix ( ~ season + age, data=data,
+ contrasts.arg = list ( season = diag ( nlevels ( season ) ), age = diag ( nlevels
(age) ) ) )
   XX <-crossprod (X)
```

```
Xy <-crossprod (X, y)
XXginv <-matrix (0, nr=6, nr=6)          # a generalized inverse of XX
XXginv [3:6, 3:6] <-solve (XX [3:6, 3:6] )
  solution <-XXginv %*% Xy
```

关于例 2 和例 3 模型的进一步说明

（1）它们都是固定模型。

（2）例 2 的模型是一个多元回归模型，其中的因子均为连续型因子（协变量）。

（3）例 3 的模型是一个二因子方差分析模型，其中的因子（季节和年龄组）均为分类型因子。

（4）一个模型可以既有分类型因子，也有连续型因子。

（5）在 X 矩阵中，连续型因子对应的值为协变量的观测值，分类型因子对应的值为 0 或 1（称为哑元变量或虚变量）。

（6）分类型变量对应的 X 阵称为设计矩阵（design matrix）或关联矩阵。

（7）当模型阵中分类型因子数（包括 μ）≥2 时，X 不是满秩的，$rank(X)$ = 列数-分类型因子数+1。

（8）最小二乘方程组的形式是相同的。

（9）$rank(X'X) = rank(X)$。

可估性（Estimability）

可估计函数（estimable function）：对于被估计量 $k'b$

（1）如果对于任意的 $\hat{b}$，$k'\hat{b}$ 是唯一的，则 $k'b$ 是可估计函数，或说 $k'b$ 是可估计的。

（2）如果存在某个 t，使得 $k'b = E(t'y) = t'E(y) = t'Xb$，则 $k'b$ 是可估计函数。

（3）如果 $k'(X'R^{-1}X)^{-}X'R^{-1}X = k'$，则 $k'b$ 是可估计函数。

注意：

（1）在例 2 中，因为 $\hat{b}$ 是唯一的，故任意的 $k'b$ 都是可估的。

（2）在例 3 中，因为 $\hat{b}$ 不是唯一的，所以 b 本身是不可估的，但它的某些线性组合 $k'b$ 是可估的。

对于例 3，可以证明，

$$s_2 - s_1 = [0 \quad -1 \quad 1 \quad 0 \quad 0 \quad 0]\begin{bmatrix}\mu \\ s_1 \\ s_2 \\ a_1 \\ a_2 \\ a_3\end{bmatrix}$$

是一个可估计函数，因为

$$k'(X'X)^{-}X'X=[0\ \ -1\ \ 1\ \ 0\ \ 0\ \ 0]\begin{bmatrix}0&0&0&0&0&0\\0&0&0&0&0&0\\0&-1&1&0&0&0\\1&1&0&1&0&0\\1&1&0&0&1&0\\1&1&0&0&0&1\end{bmatrix}$$

$$=[0\ \ -1\ \ 1\ \ 0\ \ 0\ \ 0]$$

能否找到一个 t，使得 $t'Xb=s_2-s_1$?

其他的解

在 $\hat{b}=(X'X)^{-}X'y$ 的基础上，可得到任一其他的解：

$$\tilde{b}=\hat{b}+(I-(X'X)^{-}X'X)z$$

其中 z 是任意的常数向量。

例如

令

$$z=\begin{bmatrix}1\\3\\2\\5\\7\\3\end{bmatrix}$$

则

$$\tilde{b}=\begin{bmatrix}0\\0\\-24.8\\147\\151.6\\136.4\end{bmatrix}+\begin{bmatrix}1&0&0&0&0&0\\0&1&0&0&0&0\\0&1&0&0&0&0\\-1&-1&0&0&0&0\\-1&-1&0&0&0&0\\-1&-1&0&0&0&0\end{bmatrix}\begin{bmatrix}1\\3\\2\\5\\7\\3\end{bmatrix}=\begin{bmatrix}1\\3\\-21.8\\143\\147.6\\132.4\end{bmatrix}$$

注意：对于

$$k'=[0\ \ -1\ \ 1\ \ 0\ \ 0\ \ 0]$$

$$k'\hat{b}=k'\tilde{b}$$

关于可估性的一些基本结果。

(1) 如果一个因子与其他因子间没有互作，它的不同水平效应之差是可估的。

(2) 回归系数是可估的。

(3) 任何一个观测值的期望 $E(y_{ijk})=\mu+s_i+a_j$ 都是可估的。

(4) 可估计函数的任意线性组合也是可估计函数。

(5) 如果 $k'b$ 是可估的，则对于任意的 $\hat{b}$，$k'\hat{b}$ 是 $k'b$ 的最佳线性无偏估计量。

(6) 只有可估函数是有意义和有价值的。

（7）只有可估函数是可以被检验的。

最小二乘均数（least squares mean，LSM）

（1）某效应的最小二乘均数是校正了其他因子的影响后的平均数。

（2）最小二乘均数是可估计函数（因此是唯一的）。

例 3 中

$$\begin{bmatrix}\hat{\mu}\\ \hat{s}_1\\ \hat{s}_2\\ \hat{a}_1\\ \hat{a}_2\\ \hat{a}_3\end{bmatrix}=\begin{bmatrix}0\\ 0\\ -24.8\\ 147\\ 151.6\\ 136.4\end{bmatrix}$$

s_1 的最小二乘均数为

$$LSM(s_1)=\hat{\mu}+\hat{s}_1+\frac{1}{3}(\hat{a}_1+\hat{a}_2+\hat{a}_3)=145$$

a_1 的最小二乘均数为

$$LSM(a_1)=\hat{\mu}+\hat{a}_1+\frac{1}{2}(\hat{s}_1+\hat{s}_2)=134.6$$

估计量的抽样方差

如果 $K'b$ 是可估计函数，则 $K'\hat{b}$ 的抽样方差为：

$Var(K'\hat{b})=Var[K'(X'R^{-1}X)^{-}X'R^{-1}y]$

$=\sigma_e^2K'(X'R^{-1}X)^{-}X'R^{-1}RR^{-1}X(X'R^{-1}X)^{-}K$

$=\sigma_e^2K'(X'R^{-1}X)^{-}K$

注意：它对于任意 $(X'R^{-1}X)^{-}$ 是唯一的。

当 R=I

$$Var(K'\hat{b})=\sigma_e^2K'(X'X)^{-}K$$

当 σ_e^2 未知，用 $\hat{\sigma}_e^2=MSE=SSE/(N-rank(X))$ 代替，

$$\widehat{Var}(K'\hat{b})=\sigma_e^2K'(X'X)^{-}K$$

例 2 中 $\hat{b}$ 的抽样方差

$$b\hat{b}=I\hat{b}\qquad K'=I\quad K'(X'R^{-1}X)^{-}K=(X'X)^{-1}$$

Ib 是可估计函数。

$$\widehat{Var}(\hat{b})=\sigma_e^2K'(X'X)^{-1}$$

$$=629.975\times\begin{bmatrix}72.5049 & -0.0179 & -0.3427 & -0.3028 & -1.0443 & -4.6238\\ -0.0179 & 0.0001 & -0.0001 & 0.0002 & 0.0000 & -0.0013\\ -0.3427 & -0.0001 & 0.0054 & -0.0029 & 0.0082 & 0.0274\\ -0.3028 & 0.0002 & -0.0029 & 0.0087 & -0.0053 & -0.0200\\ -1.0443 & 0.0000 & 0.0082 & -0.0053 & 0.1027 & 0.1129\\ -4.6238 & -0.0013 & 0.0274 & -0.0200 & 0.1129 & 1.0332\end{bmatrix}$$

例 3 中 $\hat{s}_2 - \hat{s}_1$ 的抽样方差

$$k'(X'X)^- k = \begin{bmatrix}0 & -1 & 1 & 0 & 0 & 0\end{bmatrix}\begin{bmatrix}0 & 0 & 0 & 0 & 0 & 0\\ 0 & 0 & 0 & 0 & 0 & 0\\ 0 & 0 & 0.8 & 0 & -0.6 & -0.4\\ 0 & 0 & 0 & 0.5 & 0 & 0\\ 0 & 0 & -0.6 & 0 & 0.7 & 0.3\\ 0 & 0 & -0.4 & 0 & 0.3 & 0.7\end{bmatrix}\begin{bmatrix}0\\ -1\\ 1\\ 0\\ 0\\ 0\end{bmatrix} = 0.8$$

$$SST = \sum_i y_i^2 - \frac{1}{N}(\sum_i y_i)^2 = 147\ 458 - 144\ 184.5 = 3\ 273.5$$

$$SSR = \hat{b}'X'y - \frac{1}{N}(\sum_i y_i)^2 = 145\ 494.8 - 144\ 184.5 = 1\ 310.3$$

$$SSE = SST - SSR = 1\ 963.2$$

$$\hat{\sigma}_e^2 = MSE = \frac{SSE}{N - rank(X)} = \frac{1\ 963.2}{8-4} = 490.8$$

$$\widehat{Var}(\hat{s}_2 - \hat{s}_1) = \hat{\sigma}_e^2 k'(X'X)^- k = 490.8 \times 0.9 = 392.64$$

加约束条件求解

（1）通过对 b 施加某些约束条件，使方程组系数矩阵满秩。

（2）常用的约束条件：

① 和约束条件；

② 0 约束条件；

③ 在 $X'X$ 中有几个线性相关就加几个约束条件。

在例 3 中：

$$X'X = \begin{bmatrix}8 & 4 & 4 & 2 & 4 & 2\\ 4 & 4 & 0 & 2 & 1 & 1\\ 4 & 0 & 4 & 0 & 3 & 1\\ 2 & 2 & 0 & 2 & 0 & 0\\ 4 & 1 & 3 & 0 & 4 & 0\\ 2 & 1 & 1 & 0 & 0 & 2\end{bmatrix}$$

有 2 个线性相关：第 1 列=第 2 列+第 3 列=第 4 列+第 5 列+第 6 列

和约束条件

（1）假定某因子各个水平的效应之和等于 0。

（2）各水平的平均效应为 0，各水平的效应是与 0 的离差，它们的相对大小不变。

在例 3 中，根据 $X'X$ 中存在的线性关系，可假定：

$s_1 + s_2 = 0 \qquad a_1 + a_2 + a_3 = 0$

即，在方程组中加入约束条件：

$$\begin{bmatrix} 0 & 1 & 1 & 0 & 0 & 0 \\ 0 & 0 & 0 & 1 & 1 & 1 \end{bmatrix} \begin{bmatrix} \hat{\mu} \\ \hat{s}_1 \\ \hat{s}_2 \\ \hat{a}_1 \\ \hat{a}_2 \\ \hat{a}_3 \end{bmatrix} = \begin{bmatrix} 0 \\ 0 \end{bmatrix} \text{ 或}$$

$$H\hat{b} = 0$$

加和约束条件的方法

（1）直接将 $H\hat{b} = 0$ 加入方程组 $X'X\hat{b} = X'y$

$$\begin{bmatrix} X'X \\ H \end{bmatrix} \hat{b} = \begin{bmatrix} X'y \\ 0 \end{bmatrix}$$

$$\begin{array}{c} X'X \rightarrow \\ \\ H \rightarrow \end{array} \begin{bmatrix} 8 & 4 & 4 & 2 & 4 & 2 \\ 4 & 4 & 0 & 2 & 1 & 1 \\ 4 & 0 & 4 & 0 & 3 & 1 \\ 2 & 2 & 0 & 2 & 0 & 0 \\ 4 & 1 & 3 & 0 & 4 & 0 \\ 2 & 1 & 1 & 0 & 0 & 2 \\ \hdashline 0 & 1 & 1 & 0 & 0 & 0 \\ 0 & 0 & 0 & 1 & 1 & 1 \end{bmatrix} \begin{bmatrix} \hat{\mu} \\ \hat{s}_1 \\ \hat{s}_2 \\ \hat{a}_1 \\ \hat{a}_2 \\ \hat{a}_3 \end{bmatrix} = \begin{bmatrix} 1\,074 \\ 582 \\ 492 \\ 294 \\ 532 \\ 248 \\ \hdashline 0 \\ 0 \end{bmatrix} \begin{array}{c} \leftarrow X'y \\ \\ \leftarrow 0 \end{array}$$

此方程组有唯一解，其解为

$$\hat{b}' = [132.6 \quad 12.4 \quad -12.4 \quad 2 \quad 6.6 \quad -8.6]$$

（2）将 $H\hat{b} = 0$ 加入方程组后，从 3 组有线性关系的方程中任选 2 组，各去掉一个方程，例如去掉第 2（s_1对应的方程）和第 4 个方程（a_1对应的方程）。

$$\begin{bmatrix} 8 & 4 & 4 & 2 & 4 & 2 \\ \cancel{4} & \cancel{4} & \cancel{0} & \cancel{2} & \cancel{1} & \cancel{1} \\ 4 & 0 & 4 & 0 & 3 & 1 \\ \cancel{2} & \cancel{2} & \cancel{0} & \cancel{2} & \cancel{0} & \cancel{0} \\ 4 & 1 & 3 & 0 & 4 & 0 \\ 2 & 1 & 1 & 0 & 0 & 2 \\ 0 & 1 & 1 & 0 & 0 & 0 \\ 0 & 0 & 0 & 1 & 1 & 1 \end{bmatrix} \begin{bmatrix} \hat{\mu} \\ \hat{s}_1 \\ \hat{s}_2 \\ \hat{a}_1 \\ \hat{a}_2 \\ \hat{a}_3 \end{bmatrix} = \begin{bmatrix} 1074 \\ \cancel{582} \\ 492 \\ \cancel{294} \\ 532 \\ 248 \\ 0 \\ 0 \end{bmatrix} \Rightarrow \begin{bmatrix} 8 & 4 & 4 & 2 & 4 & 2 \\ 4 & 0 & 4 & 0 & 3 & 1 \\ 4 & 1 & 3 & 0 & 4 & 0 \\ 2 & 1 & 1 & 0 & 0 & 2 \\ 0 & 1 & 1 & 0 & 0 & 0 \\ 0 & 0 & 0 & 1 & 1 & 1 \end{bmatrix} \begin{bmatrix} \hat{\mu} \\ \hat{s}_1 \\ \hat{s}_2 \\ \hat{a}_1 \\ \hat{a}_2 \\ \hat{a}_3 \end{bmatrix} = \begin{bmatrix} 1074 \\ 492 \\ 532 \\ 248 \\ 0 \\ 0 \end{bmatrix}$$

其解为

$$\hat{b}' = [132.6 \quad 12.4 \quad -12.4 \quad 2 \quad 6.6 \quad -8.6]$$

（3）对约束条件作变换，并对 X 作相应变换，然后用变换后的 X 建立方程组。

$$s_1 + s_2 = 0 \longrightarrow s_2 = -s_1$$

$$a_1 + a_2 + a_3 = 0 \longrightarrow a_3 = -a_1 - a_2$$

$$X=\begin{bmatrix}1&1&0&1&0&0\\1&1&0&1&0&0\\1&1&0&0&1&0\\1&1&0&0&0&1\\1&0&1&0&1&0\\1&0&1&0&1&0\\1&0&1&0&1&0\\1&0&1&0&0&1\end{bmatrix}\longrightarrow X_r=\begin{bmatrix}1&1&1&0\\1&1&1&0\\1&1&0&1\\1&1&-1&-1\\1&-1&0&1\\1&-1&0&1\\1&-1&0&1\\1&-1&-1&-1\end{bmatrix}$$

$$X'_rX_r\hat{b}_r=X'_ry$$

$$\begin{bmatrix}8&0&0&2\\0&8&2&-2\\0&2&4&2\\2&-2&2&6\end{bmatrix}\begin{bmatrix}\hat{\mu}\\\hat{s}_1\\\hat{a}_1\\\hat{a}_2\end{bmatrix}=\begin{bmatrix}1\,074\\90\\46\\284\end{bmatrix}$$

其解为

$$\hat{b}'=[132.6\quad 12.4\quad 2\quad 6.6]$$

$$\hat{s}_2=-\hat{s}_1=-12.4$$

$$\hat{a}_3=-\hat{a}_1-\hat{a}_2=-2-6.6=-8.6$$

0约束条件（多数软件的默认约束条件）

（1）假定某因子的某个水平的效应为0。

（2）其他水平的效应为与该水平效应的离差，相对大小不变。

在例2中，根据$X'X$中存在的线性关系，可在3个有线性关系的因子中任选2个因子，假定其中任一水平的效应为0。

如：

$$s_1=0,\ a_1=0$$

或

$$\mu=0,\ s_1=0$$

或

$$\mu=0,\ a_1=0$$

方法：将原方程组中与设为0的效应对应的方程去掉。

原方程组

$$\begin{bmatrix}8&4&4&2&4&2\\4&4&0&2&1&1\\4&0&4&0&3&1\\2&2&0&2&0&0\\4&1&3&0&4&0\\2&1&1&0&0&2\end{bmatrix}\begin{bmatrix}\hat{\mu}\\\hat{s}_1\\\hat{s}_2\\\hat{a}_1\\\hat{a}_2\\\hat{a}_3\end{bmatrix}=\begin{bmatrix}1\,074\\582\\492\\294\\532\\248\end{bmatrix}$$

对于

$$s_1 = 0,\ a_1 = 0$$

$$\begin{bmatrix} 8 & 4 & 4 & 2 \\ 4 & 4 & 3 & 1 \\ 4 & 3 & 4 & 0 \\ 2 & 1 & 0 & 2 \end{bmatrix} \begin{bmatrix} \hat{\mu} \\ \hat{s}_2 \\ \hat{a}_2 \\ \hat{a}_3 \end{bmatrix} = \begin{bmatrix} 1\,074 \\ 492 \\ 532 \\ 248 \end{bmatrix}$$

$$[\hat{\mu} \quad \hat{s}_2 \quad \hat{a}_2 \quad \hat{a}_3 = [147.0 \quad -24.8 \quad 4.6 \quad -10.6]$$

对于

$$\mu = 0,\ s_1 - 0$$

$$\begin{bmatrix} 4 & 0 & 3 & 1 \\ 0 & 2 & 0 & 0 \\ 3 & 0 & 4 & 0 \\ 1 & 0 & 0 & 2 \end{bmatrix} \begin{bmatrix} \hat{s}_2 \\ \hat{a}_1 \\ \hat{a}_2 \\ \hat{a}_3 \end{bmatrix} = \begin{bmatrix} 1\,074 \\ 294 \\ 532 \\ 248 \end{bmatrix}$$

$$[\hat{s}_2 \quad \hat{a}_1 \quad \hat{a}_2 \quad \hat{a}_3] = [-24.8 \quad 147.0 \quad 151.6 \quad 136.4]$$

注意：每因子内各水平效应的相对大小不变。

混合模型中固定效应的估计

模型

$$y = Xb + Zu + e$$

$E(y) = Xb \quad Var(u) = G \quad Var(e) = R \quad Var(y) = Var(Zu) + Var(e) = ZGZ' + R$

令

$$e^* = Zu + e$$

$$y = Xb + e^* \longleftarrow \text{与固定模型有相同形式}$$

$Var\ (y)\ = Var\ (e^*)\ = ZGZ'+R=V$

b 的估计值可由以下广义最小二乘方程组得到：

$$(XV^{-1}X)\ \hat{b} = X'V^{-1}y$$

对固定效应的线性假设检验

在方差分析的基础上，可对固定效应进行线性假设检验。

对于模型

$$y = Xb + e$$

$$y \sim N(Xb,\ R\sigma_e^2)$$

欲对 b 进行的线性假设检验，原假设可一般地表示为：

$$H_0:\ K'b = c$$

注意：K'必须满行秩，$K'b$ 必须是可估计函数。

例如对于例 3，可检验

H_0:

$$\begin{bmatrix} 0 & -1 & 1 & 0 & 0 & 0 \\ 0 & 0 & 0 & 1 & -1 & 0 \end{bmatrix} \begin{bmatrix} \mu \\ s_1 \\ s_2 \\ a_1 \\ a_2 \\ a_3 \end{bmatrix} = \begin{bmatrix} 0 \\ 0 \end{bmatrix}$$

检验统计量

$$F = \frac{s/r(K')}{SSE/(N - r(X))} \sim F[r(K'), N - r(X)]$$

$$s = (K'\hat{b} - c)'[K'(X'R^{-1}X)^{-}K]^{-1}(K'\hat{b} - c)$$

对于 H_0：

$$K'b = 0 \quad \text{（最常用的检验）}$$

$$s = \hat{b}'K[K'(X'R^{-1}X)^{-}K]^{-1}K'\hat{b}$$

当 R=I

$$s = \hat{b}'K[K'(X'X)^{-}K]^{-1}K'\hat{b}$$

对例 2 中 $b_1=0$ 的检验

$$k' = [0 \quad 1 \quad 0 \quad 0 \quad 0 \quad 0]$$

$$\hat{b} = \begin{pmatrix} -4\,909.611560 \\ 4.158675 \\ 14.335441 \\ 20.833125 \\ 1.493961 \\ 327.871209 \end{pmatrix}$$

$$k'\hat{b} = 4.158675$$

$$s = \hat{b}'k[k'(X'X)^{-}k]^{-1}k'\hat{b} = 47.158675 \times (5.05877e-05)^{-1} \times 4.158675 = 341873.2$$

$$F = \frac{s/r(K')}{SSE/(N - r(X))} = \frac{341\,873.2/1}{329.975} = 542.6774$$

P=2.012572e-05

R 语言代码：

P <-pf（F，df1，df2，lower.tail=FALSE）

对例 3 中 $s_2-s_1=0$（$i.e.,\ s_2=s_1$）的检验

$$k' = [0 \quad -1 \quad 1 \quad 0 \quad 0 \quad 0]$$

$$\hat{b} = \begin{bmatrix} 0 \\ 0 \\ -24.8 \\ 147 \\ 151.6 \\ 136.4 \end{bmatrix}$$

$$k'\hat{b} = -24.8$$

$$s = \hat{b}'k[k'(X'X)^{-}k]^{-1}k'\hat{b} = -24.8 \times 0.8^{-1} \times (-24.8) = 768.8$$

$$F = \frac{s/r(K')}{SSE/(N - r(X))} = \frac{768.8/1}{490.8} = 1.5664$$

计算得 $P=0.2789274$。

练习

7 头牛 200 日龄的体重数据

牛只	性别	出生重（kg）	200 日龄体重（kg）
1	M	35	198
2	M	38	211
3	M	40	220
4	F	32	187
5	F	34	194
6	F	36	202
7	F	33	185

（1）写出模型（3 个部分）；

（2）建立最小二乘方程组；

（3）解方程组；

（4）进行方差分析；

（5）检验性别是否对 200 日龄体重有显著影响。

参考答案

```
sex<-factor（c（1，1，1，2，2，2，2））
weight<-c（35，38，40，32，34，36，33）
y<-c（198，211，220，187，194，202，185）
data <-data.frame（sex，weight，y）
X <-model.matrix（~ sex + weight，data = data，contrasts.arg = list（sex = diag
（nlevels（sex））））
XX <-crossprod（X）
Xy <-crossprod（X，y）
```

```
XXginv <-matrix (0, 4, 4)
XXginv [2:4, 2:4] <-solve (XX [2:4, 2:4] )
solution <-XXginv %*% Xy
solution
summary (lm (y ~ sex+weight) )
#方差分析
N <-length (y)
rankX <-qr (X) $ rank
CT <-sum (y) ^2/N
SST <-crossprod (y) -CT
SSR <-crossprod (solution, Xy) -CT
SSE <-SST-SSR
DFR <-rankX-1
DFE <-N-rankX
F_Value <- (SSR/DFR) / (SSE/DFE)
P_Value <-pf (F, DFR, DFE, lower.tail=T)
```

第六章　遗传参数估计

一、传统的估计方法

半同胞分析：基于半同胞资料通过方差分析估计方差组分。

家系（父亲）	半同胞后代表型值	合计
1	y_{11}　y_{12}　$\cdots$　y_{1n_1}	$y_{1\cdot}$
2	y_{21}　y_{22}　$\cdots$　y_{2n_2}	$y_{2\cdot}$
$\vdots$	$\vdots$	$\vdots$
q	y_{q1}　y_{q2}　$\cdots$　y_{qn_q}	$y_{q\cdot}$
总和		$y_{\cdot\cdot}$

y_ (i ·) = ∑ _ (j = 1)^(n_ i)▤▤y_ ij

模型：此模型也称为公畜模型（sire model）。

$$y_{\cdot\cdot} = \sum_{i=1}^{q} \sum_{j=1}^{ni} y_{ij} = \sum_{i=1}^{q} y_{i\cdot}$$

N = ∑ _ (i = 1)^q▤▤n_ i

$$y_{ij} = \mu + s_i + e_{ij}$$

y_{ij}：半同胞后代表型值

s_i：父亲效应=半同胞家系效应（随机）

$$\sigma_y^2 = \sigma_s^2 + \sigma_e^2 = 表型方差(\sigma_s^2 和 \sigma_e^2 称为方差组分)$$

$$\sigma_s^2 = 父亲效应方差 \approx \frac{1}{4}\sigma_a^2 \longrightarrow h^2 = \frac{\sigma_a^2}{\sigma_y^2} \approx \frac{4\sigma_s^2}{\sigma_s^2 + \sigma_e^2}$$

$$y = 1\mu + Zs + e$$

$$E(y) = 1\mu \qquad Var(s) = I\sigma_s^2 \qquad Var(y) = V = ZZ'\sigma_s^2 + I\sigma_e^2$$

估计 σ_s^2 和σ_e^2 的方法

（1）通过方差分析方法求父亲效应和残差效应的均方：MS_S 和 MS_E 。

（2）求均方的期望：$E(MS_S)$ 和 $E(MS_E)$ 。

（3）令 $MS_S = E(MS_S)$，$MS_E = E(MS_E)$ ，解方程组得到 σ_s^2 和σ_e^2 的估计值。

变异来源	自由度	平方和	均方
总平均	1	$CT = y_{..}^2/N$	
父亲	$df_S = q - 1$	$SS_S = \sum_{i=1}^{q} y_{i.}^2/n_i - CT$	$MS_S = SS_S/df_S$
残差	$df_E = N - q$	$SS_E = \sum^{q} i = 1 \sum_{j=1}^{n_i} y_{ij}^2 - \sum^{q} i = 1\, y_{i.}^2/n_i$	$MS_E = SS_E/df_E$

以上平方和也可用矩阵形式表示为

$$CT = y'1(1'1)^{-1}1'y$$

$$SS_S = y'Z(Z'Z)^{-1}Z'y - CT$$

$$SS_E = y'y - y'Z(Z'Z)^{-1}Z'y$$

它们都是二次型函数。

求均方的期望

注意：$E(y'Ay) = tr(AV) + \mu'A\mu$

$$E(y'y) = tr(V) + \mu^2 1'1 = \sigma_S^2 tr(ZZ') + \sigma_e^2 tr(I_N) + \mu^2 1'1$$

$$= \sigma_S^2 tr(Z'Z) + N\sigma_e^2 + N\mu^2 = N\sigma_S^2 + N\sigma_e^2 + N\mu^2$$

$$E(y'1(1'1)^{-1}1'y) = \frac{1}{N}E(y'11'y) = \frac{1}{N}[tr(11'V) + \mu^2 1'11'1]$$

$$= \frac{1}{N}[tr(11'ZZ')\sigma_S^2 + tr(11')\sigma_e^2 + N^2\mu^2]$$

$$= \frac{1}{N}tr(1'ZZ'1)\sigma_S^2 + \sigma_e^2 + N\mu^2$$

$$= \frac{1}{N}\sum_{i=1}^{q} n_i^2\sigma_S^2 + \sigma_e^2 + N\mu^2$$

$$E(y'Z(Z'Z)^{-1}Z'y) = tr(Z(Z'Z)^{-1}Z'V) + \mu^2 1'Z(Z'Z)^{-1}Z'1$$

$$= \sigma_S^2 tr(Z(Z'Z)^{-1}Z'ZZ') + \sigma_e^2 tr(Z(Z'Z)^{-1}Z') + N\mu^2$$

$$= \sigma_S^2 tr(Z'Z) + \sigma_e^2 tr(I_q) + N\mu^2$$

$$= N\sigma_S^2 + q\sigma_e^2 + N\mu^2$$

求均方的期望

$$E(SS_S) = E(y'Z(Z'Z)^{-1}Z'y) - E(y'1(1'1)^{-1}1'y)$$

$$\left(N - \frac{1}{N}\sum_{i=1}^{q} n_i^2\right)\sigma_S^2 + (q - 1)\sigma_e^2$$

$$E(SS_E) = E(y'y) - E(y'Z(Z'Z)^{-1}Z'y)$$

$$= (N - q)\sigma_e^2$$

$$E(MS_S) = \frac{1}{q - 1}\left(N - \frac{1}{N}\sum_{i=1}^{q} n_i^2\right)\sigma_S^2 + \sigma_e^2$$

$$E(MS_E) = \sigma_e^2$$

令

$$MS_S = E(MS_S)$$

$$\hat{\sigma}_e^2 = MS_E$$

$$MS_E = E(MS_E)$$

$$\hat{\sigma}_S^2 = \frac{1}{n_0}(MS_S - MS_E)$$

$$n_o = \frac{1}{q-1}\left(N - \frac{1}{N}\sum_{i=1}^{q} n_i^2\right)$$

$\hat{\sigma}_e^2$ 和$\hat{\sigma}_S^2$ 是$\hat{\sigma}_S^2$ 和$\hat{\sigma}_e^2$ 的无偏估计，因为

$$E(\hat{\sigma}_e^2) = E(MS_E) = \sigma_e^2$$

$$E(\hat{\sigma}_S^2) = E\left[\frac{1}{n_0}(MS_S - MS_E)\right] = \sigma_S^2$$

例 1

公牛号	校正后的女儿成绩（kg）	合计
93	−48，−27，−7，10	−72
97	3，5	8
124	37，−15，−36，−24，−36	−74
129	31，−7，29	53
131	47，−4，−15，2，21	51
	N = 19	总和 = −34

$$y_{ij} = \mu + s_i + e_{ij}$$

$$y = 1\mu + Zs + e$$

$$1 = \begin{bmatrix} 1 \\ 1 \\ 1 \\ 1 \\ \vdots \\ \vdots \\ 1 \\ 1 \end{bmatrix}_{19\times 1}$$

$$Z=\begin{bmatrix}1&0&0&0&0\\1&0&0&0&0\\1&0&0&0&0\\1&0&0&0&0\\0&1&0&0&0\\0&1&0&0&0\\0&0&1&0&0\\0&0&1&0&0\\0&0&1&0&0\\0&0&1&0&0\\0&0&1&0&0\\0&0&0&1&0\\0&0&0&1&0\\0&0&0&1&0\\0&0&0&0&1\\0&0&0&0&1\\0&0&0&0&1\\0&0&0&0&1\\0&0&0&0&1\end{bmatrix}$$

$$1'Z=[n_1\quad n_2\quad n_3\quad n_4\quad n_5]=[4\quad 2\quad 5\quad 3\quad 5]$$

$$Z'Z=\begin{bmatrix}n_1&0&0&0&0\\0&n_2&0&0&0\\0&0&n_3&0&0\\0&0&0&n_4&0\\0&0&0&0&n_5\end{bmatrix}=\begin{bmatrix}4&0&0&0&0\\0&2&0&0&0\\0&0&5&0&0\\0&0&0&3&0\\0&0&0&0&5\end{bmatrix}$$

$$y'y=\sum y_{ij}^2=12\ 724\quad 1'1=N=19\quad 1'y=y_{..}=-34\quad Z'y=\begin{bmatrix}y_{1.}\\y_{1.}\\y_{1.}\\y_{1.}\\y_{1.}\end{bmatrix}=\begin{bmatrix}-72\\8\\-74\\53\\51\end{bmatrix}$$

方差分析

变因	SS	df	MS
公牛间（s）	3 818.9	4	954.73
误差（e）	8 844.3	14	631.73
总和（y）		18	

$$\hat{\sigma}_e^2 = MS_E = 631.73$$

$$\hat{\sigma}_S^2 = \frac{1}{n_0}(MS_S - MS_E) = 87.06$$

$$n_0 = \frac{1}{q-1}\left(N - \frac{1}{N}\sum_{i=1}^{q} n_i^2\right) = 3.71$$

$$\hat{h}^2 = \frac{4\hat{\sigma}_S^2}{\hat{\sigma}_S^2 + \hat{\sigma}_e^2} = 0.4845$$

半同胞分析的基本假设

（1）没有系统和随机环境效应；

（2）父亲之间、父亲和母亲之间、母亲之间没有亲缘关系；

（3）父亲与母亲之间的交配是随机的；

（4）每个母亲只有一个后代；

（5）每个个体只有一个观测值。

二、基于线性混合模型估计遗传参数

模型

$$y = Xb + Zu + e$$

$$E(y) = Xb \qquad Var(u) = G \qquad Var(e) = R$$

$$Var(y) = Var(Zu) + Var(e) = ZGZ' + R$$

u 中可包含多种随机效应，如加性遗传效应、永久环境效应等。

目前常用的方法

（1）约束最大似然法（restricted maximum likelihood，REML）

（2）贝叶斯法（Bayes methods）

最大似然法的一般原理

（1）设 $f(y;\ \theta)$ 是随机变量 Y 的概率函数，θ 是有关参数

① θ 是已知常量，y 是 θ 的函数；

② 当 Y 是离散型变量时，$f(y;\ \theta)$ 给出了 $Y=y$ 的发生概率；

③ 当 Y 是连续型变量时，$f(y;\ \theta)$ 给出了 $Y=y$ 的概率密度。

（2）似然函数（likelihood function）

① 当 θ 未知，但有 Y 的样本观测值 y；

② 可将 $f(y;\ \theta)$ 反过来看作是 θ 对于给定 y 的函数；

③ 这个函数称为似然函数（likelihood function），表示为 $L(\theta;\ y)$；

④ 可看作是 θ 取不同值时，$Y=y$ 发生的可能性（似然性）的一个度量；

⑤ 与概率函数有相同的形式。

最大似然估计寻找使得 $Y=y$ 发生可能性最大的 θ 取值，$\hat{\theta}$，即 $\hat{\theta}$ 满足

$$L(\hat{\theta};\ y) = max\{L(\theta;\ y):\ \theta \in \Omega\}$$

Ω 为 θ 的参数空间

如果这样的 $\hat{\theta}$ 存在，称 $\hat{\theta}$（或它的函数 $q(\hat{\theta})$）为 θ（或 $q(\theta)$）的最大似然估计量。

最大似然法要求：

（1）总体的分布已知（不限于正态分布）；

（2）似然函数的关于未知参数的最大值存在。

例 1：设有一正态总体，其总体均数 μ 和方差 σ^2 均未知，从该总体随机抽取一样本，$y' = (y_1 \quad y_2 \quad \cdots \quad y_n)$，欲用最大似然法估计 μ 和 σ^2

正态分布的密度函数

$$f(y;\ \mu,\ \sigma^2) = \frac{1}{\sigma\sqrt{2\pi}} e^{-\frac{(y-\mu)^2}{2\sigma^2}}$$

当 n 个观测值相互独立，则它们的似然函数（等价于联合密度函数）为

$$L(\mu,\ \sigma^2;\ y) = \prod_{i=1}^{n} \frac{1}{\sigma\sqrt{2\pi}} e^{-\frac{(y_i-\mu)^2}{2\sigma^2}}$$

μ 和 σ^2 的最大似然估计值是使该函数达到最大的 μ 和 σ^2 的取值。求 $L(\mu,\ \sigma^2;\ y)$ 关于 μ 和 σ^2 的最大值，等价于求 $\ln L(\mu,\ \sigma^2;\ y)$ 关于 μ 和 σ^2 的最大值。

$$\ln L(\mu,\ \sigma^2;\ y) = -n\frac{1}{2} ln(2\pi\sigma^2) - \frac{1}{2\sigma^2}\sum_{i=1}^{n}(y_i - \mu)^2$$

$$\frac{\partial lnL}{\partial\mu} = \frac{1}{\sigma^2}\sum(y_i - \mu) = 0$$

$$\frac{\partial lnL}{\partial\sigma^2} = -\frac{n}{2\sigma^2} + \frac{1}{2\sigma^4}\sum(y_i - \mu) = 0$$

解这 2 个方程，得

$$\hat{\mu} = \frac{1}{n}\sum y_i = \bar{y}(=\text{样本平均数})$$

$$\hat{\sigma}^2 = \frac{1}{n}\sum(y_i - \bar{y})^2(\neq\text{样本方差})$$

例 2：基因频率的最大似然估计

2 个等位基因、共显性，HWE 群体

基因型	AA	Aa	aa	合计
理论频率	p^2	$2p(1-p)$	$(1-p)^2$	1
观察频数	n_{AA}	n_{Aa}	n_{aa}	N

各种基因型出现次数服从多项分布（multinomial distribution），概率函数为

$$P(n_{AA},\ n_{Aa},\ n_{aa} \mid p) = \frac{N!}{n_{AA}!\ n_{Aa}!\ n_{aa}!}(p^2)^{n_{AA}}(2p(1-p))^{n_{Aa}}((1-p)^2)^{n_{aa}}$$

$$= \frac{N!}{n_{AA}!\ n_{Aa}!\ n_{aa}!} 2^{n_{Aa}} p^{2n_{AA}+n_{Aa}} (1-p)^{n_{Aa}+2n_{aa}}$$

观察频数关于基因频率 p 的似然函数为

$$L(p \mid n_{AA},\ n_{Aa}n_{aa}) = \frac{N!}{n_{AA}!\ n_{Aa}!\ n_{aa}!}2^{n_{Aa}}p^{2n_{AA}+n_{Aa}}(1-p)^{n_{Aa}+2n_{aa}}$$

$$\propto p^{2n_{AA}+n_{Aa}}(1-p)^{n_{Aa}+2n_{aa}}$$

对数似然函数

$$L_1 = (2n_{AA}+n_{Aa})\log(p) + (n_{Aa}+2n_{aa})\log(1-p)$$

求该函数关于 p 的最大值

$$\frac{dL_1}{dp} = \frac{2n_{AA}+n_{Aa}}{p} - \frac{n_{Aa}+2n_{aa}}{1-p} = 0 \Rightarrow \hat{p}\ \frac{n_{AA}}{N} + \frac{1}{2}\frac{n_{Aa}}{N}$$

例 3

ABO 血型基因频率估计（HWE 群体）

基因型	理论频率	表型	观察频数
AA	p_A^2	A	$n_A = 725$
AO	$2p_A p_o$	A	
AB	$2p_A p_B$	AB	$n_{AB} = 72$
BB	p_B^2	B	$n_B = 258$
BO	$2p_B p_o$	B	
OO	p_O^2	O	$n_O = 1073$

设 6 种基因型的频数为

$$n_{AA},\ n_{AO},\ n_{AB},\ n_{BB},\ n_{BO},\ n_{OO}$$

但只有 n_{AB} 和 n_{OO} 是可观察的，n_{AA}、n_{AO}、$n_{BB}n_{BO}$为缺失观察值。

$$n_A = n_{AA} + n_{AO}$$

$$n_B = n_{BB} + n_{BO} \quad (p_O = 1 - p_A - p_B)$$

$$n_O = n_{OO}$$

需要估计 p_A 和 p_B。

基因型频数关于基因频率的似然函数（多项分布）为

$$L \propto (p_A^2)^{n_{AA}}(2p_Ap_O)^{n_{AO}}(2p_AP_B)^{n_{AB}}(p_B^2)^{n_{BB}}(2p_Bp_O)^{n_{BO}}(p_O^2)^{n_{OO}}$$

对数似然函数为

$$L_1 = n_{AA}log(p_A^2) + n_{AO}log(2p_Ap_O) + n_{AB}log(2p_Ap_B) + n_{BB}log(p_B^2) + n_{BO}log(2p_Bp_O) + n_{oo}log(p_O^2)$$

$$\frac{\partial L_1}{\partial p_A} = 2n_{AA}\frac{1}{p_A} + n_{AO}\frac{1-2p_A-p_B}{p_A(1-p_A-p_B)} + n_{AB}\frac{1}{p_A} - n_{BO}\frac{1}{1-p_A-p_B} - 2n_{OO}\frac{1}{1-p_A-p_B}$$

$$\frac{\partial L_1}{\partial p_B} = 2n_{BB}\frac{1}{p_B} + n_{BO}\frac{1-p_A-2p_B}{p_B(1-p_A-p_B)} + n_{AB}\frac{1}{p_B} - n_{AO}\frac{1}{1-p_A-p_B} - 2n_{OO}\frac{1}{1-p_A-p_B}$$

令偏导数为 0，可得

$$\hat{p}_A = \frac{2n_{AA} + n_{AB} + n_{AO}}{2(n_A + n_{AB} + n_B + n_O)}$$

$$\hat{p}_B = \frac{2n_{BB} + n_{AB} + n_{BO}}{2(n_A + n_{AB} + n_B + n_O)}$$

但是 n_{AA}、n_{AO}、n_{BB} n_{BO} 未知，用 $\hat{p}_A$ 和 $\hat{p}_B$ 计算它们的期望值，作为它们的估计值。对于血型为 A 的个体（总数为 n_A），其基因型为 AA 的概率为

$$P(AA \mid 血型 = A) = \frac{p_A^2}{p_A^2 + 2p_A p_O} = \frac{p_A^2}{p_A^2 + 2p_A(1 - p_A - p_B)}$$

因此

$$\tilde{n}_{AA} = E(n_{AA} \mid (AA \mid 血型 = A, \hat{p}_A, \hat{p}_B) = n_A \frac{\hat{p}_A^2}{\hat{p}_A^2 + 2\hat{p}_A(1 - \hat{p}_A - \hat{p}_B)}$$

类似地，可得

$$\tilde{n}_{AO} = n_A \frac{2\hat{p}_A(1 - \hat{p}_A - \hat{p}_B)}{\hat{p}_A^2 + 2\hat{p}_A(1 - \hat{p}_A - \hat{p}_B)} = n_A - \tilde{n}_{AA}$$

$$\tilde{n}_{BB} = n_B \frac{\hat{p}_B}{\hat{p}_B^2 + 2\hat{p}_B(1 - \hat{p}_A - \hat{p}_B)}$$

$$\tilde{n}_{BB} = n_B - \tilde{n}_{BB}$$

需要迭代求解，如使用 EM（expectation maximization）算法。

先给 $\hat{p}_A$ 和 $\hat{p}_B$ 设一组初值，然后用 $\tilde{n}_{AA}$、$\tilde{n}_{AO}$、$\tilde{n}_{BB}$、$\tilde{n}_{BO}$ 的计算 公式和 $\hat{p}_A$、$\hat{p}_B$ 的计算公式进行迭代。

迭代	$\hat{p}_A$	$\hat{p}_B$	$\tilde{n}_{AA}$	$\tilde{n}_{AO}$	$\tilde{n}_{BB}$	$\tilde{n}_{BO}$
0	0.2	0.2	103.5714	621.4286	36.85714	221.1429
1	0.2116	0.086198	94.93187	630.0681	14.91947	243.0805
2	0.20957	0.081043	93.30869	631.6913	13.94113	244.0589
3	0.209189	0.080813	93.0908	631.9092	13.89239	244.1076
4	0.209138	0.080802	93.06378	631.9362	13.88936	244.1106
5	0.209132	0.080801	93.06051	631.9395	13.88912	244.1109
6	0.209131	0.080801	93.06012	631.9399	13.88909	244.1109
7	0.209131	0.080801	93.06007	631.9399	13.88909	244.1109
8	0.209131	0.080801	93.06007	631.9399	13.88909	244.1109

REML 的基本方法

REML：求似然函数在特定约束条件下的最大值。

$$y = Xb + Zu + e$$

$E(y)=Xb \quad Var(u)=G \quad Var(e)=R \quad Var(y)=V=ZGZ'+R$

如有多个随机效应，模型可表示为

$$y=Xb+Z_1u_1+Z_2u_2+\cdots+Z_pu_p+e$$

假设：

$$Var(u_i)=G_i=I\sigma_i^2 \qquad Cov(u_i, u'_j)=0 \qquad Var(e)=I\sigma_0^2$$

$$Var(y)=V=Z_1G_1Z'_1+Z_1G_2Z'_2+\cdots+Z_pG_pZ'_p+R$$

$$=V_1\sigma_1^2+V_2\sigma_2^2+\cdots+V_p\sigma_p^2+I\sigma_0^2=\sum_{i=0}^{p}V_i\sigma_i^2$$

$$(V_i=Z_iZ'_i, V_0=I)$$

假设 y 服从正态分布 $y\sim N(\mathrm{Xb}, \mathrm{V})$，则 y 的似然函数

$$L(\sigma_0^2, \sigma_1^2, \cdots, \sigma_p^2; y)=\frac{1}{(2\pi)^{N/2}|V|^{1/2}}exp\left\{-\frac{1}{2}(y-Xb)'V^{-1}(y-Xb)\right\}$$

$N=y$ 的长度。约束条件：对 y 作线性变换，使得

$$K'X=0 \text{ 且 } r(K')=N-r(X)$$

$$K'y=K'Xb+K'Zu+K'e=K'Zu+K'e$$

$$E(K'y)=0 \qquad Var(K'y)=K'VK=K'ZGZ'K+K'RK$$

$K'y$ 的似然函数

$$L(\sigma_0^2, \sigma_1^2, \cdots, \sigma_p^2; K'y)=\frac{1}{(2\pi)^{\frac{1}{2}(N-r(X))}|K'VK|^{1/2}}exp\left\{-\frac{1}{2}y'K(K'VK)^{-1}K'y\right\}$$

$$\propto\frac{1}{|K'VK|^{1/2}}exp\left\{\frac{1}{2}y'K(K'VK)^{-1}K'y\right\}$$

求该函数关于方差组分（包含在 V 中）的最大值。

对数似然函数

$$L_1=-0.5ln|K'VK|-0.5y'K(K'VK)^{-1}K'y$$

令

$$P=V^{-1}-V^{-1}X(X'V^{-1}X)-X'V^{-1}$$

则

$$PX=V^{-1}X-V^{-1}X(X'V^{-1}X)-X'V^{-1}X=V^{-1}X-V^{-1}X=0$$

$$PVP=P \quad (\because X(X'V^{-1}X)^{-}X'V^{-1}X=X)$$

$$Py=V^{-}(y-X\hat{b}) \qquad \hat{b}=(X'V^{-1}X)-X'V^{-1}y$$

可以证明（详见 Searle，1992：《Variance Components》）。

$$\ln|K'VK|=\ln|V|+\ln|X'V^{-1}X| \qquad K(K'VK)^{-1}K'=P$$

于是

$$y'K(K'VK)^{-1}K'y=y'Py=y'PVPy=(y-X\hat{b})'V^{-1}(y-X\hat{b})$$

$$L_2=-0.5\ln|V|-0.5\ln|X'V^{-1}X|-0.5(y-X\hat{b})'V^{-1}(y-X\hat{b})$$

似然函数关于方差组分的偏导数

$$\frac{\partial L_2}{\partial\sigma_i^2}=-0.5tr\left(V^{-1}\frac{\partial V}{\partial\sigma_i^2}\right)-0.5tr\left[(X'V^{-1}X)-X'V^{-1}\frac{\partial v}{\partial\sigma_i^2}V^{-1}X\right]+0.5(y-X\hat{b})'V^{-1}$$

$$\frac{\partial V}{\partial \sigma_i^2} V^{-1}(y - X\hat{b})$$

$$= 0.5tr\left[(V^{-1} - V^{-1}X(X'V^{-1}X) - X'V^{-1})\frac{\partial V}{\partial \sigma_i^2}\right] + 0.5y'P\frac{\partial V}{\partial \sigma_i^2}Py$$

$$= -0.5tr\left(P\frac{\partial V}{\partial \sigma_i^2}\right) + 0.5y'P\frac{\partial V}{\partial \sigma_i^2}Py$$

$$= -0.5tr(PV_i) + 0.5y'PV_iPy$$

Note：一般地，如果 W 是 θ 的函数，则有：

$$\frac{\partial}{\partial \theta} ln\,|\,W\,| = tr\left(W^{-1}\frac{\partial W}{\partial \theta}\right)$$

$$\frac{\partial}{\partial \theta}W^{-1} = -W^{-1}\frac{\partial W}{\partial \theta}W^{-1}$$

令偏导数等于 0，得 σ_i^2 的 REML 估计方程：

$$tr(PV_i) = y'PV_iPy$$

当 $i = 0$，

$$V_i = I$$

$$tr(P) = y'PPy$$

当 $i = 1, 2, \cdots, p$，

$$G_i = I\sigma_i^2,\ V_i = Z_iZ'_i$$

$$tr(PZ_iZ'_i) = y'PZ_iZ'_iPy$$

注意：这些方程很难直接求解，可借助混合模型方程组的解来求解。

与该模型相应的 MME 为

$$\begin{bmatrix} X'X & X'Z_1 & X'Z_2 & \cdots & X'Z_p \\ Z'_1X & Z'_1Z_1 + \sigma_0^2G_1^{-1} & Z'_1Z_2 & \cdots & Z'_1Z_P \\ Z'_2X & Z'_2Z_1 & Z'_2Z_2 + \sigma_0^2G_2^{-1} & \cdots & Z'_2Z_p \\ Z'_pX & Z'_1Z_p & Z'_pZ_2 & \cdots & Z'_pZ_p + \sigma_0^2G_p^{-1} \end{bmatrix} \begin{bmatrix} \hat{b} \\ \hat{u}_1 \\ \hat{u}_2 \\ \vdots \\ \hat{u}_p \end{bmatrix} = \begin{bmatrix} X'y \\ Z'_1y \\ Z'_2X \\ \vdots \\ Z'_pX \end{bmatrix}$$

令其系数矩阵的逆矩阵为

$$C = \begin{bmatrix} C_{xx} & C_{x1} & C_{x2} & \cdots & C_{xp} \\ & C_{11} & C_{12} & \cdots & C_{1p} \\ & & C_{22} & \cdots & C_{2p} \\ & sym. & & \cdots & \vdots \\ & & & & C_{pp} \end{bmatrix}$$

对于 $i = 0$

$$tr(P) = y'PPy$$

先改写 $tr(PV_i) = y'PV_iPy$

$$tr\left(P\sum_{i=1}^{p}V_i\sigma_i^2\right) = y'P\sum_{i=1}^{p}V_i\sigma_i^2Py \text{（等式两边同乘 } \sigma_i^2\text{，再累加）}$$

$$tr[P(V - I\sigma_0^2)] = y'P(V - I\sigma_0^2)Py(\because V = \sum_{i=0}^{p} V_i\sigma_i^2 + I\sigma_0^2)$$

$$tr(PV) - \sigma_0^2 tr(P) = y'Py - \sigma_0^2 y'PPy \quad (\because PVP = P)$$

因而

$$tr(P) = y'PPy$$

等价于

$$tr(PV) = y'Py$$

$$tr(PV) = tr(V^{-1} - V^{-1}X(X'V^{-1}X)^{-}X'V^{-1})V$$
$$= tr(I) - tr(V^{-1}X(X'V^{-1}X)^{-}X')$$
$$= N - rank(x)$$

$$y'Py = (y - X\hat{b})'V^{-1}(y - X\hat{b}) = y'V^{-1}(y - X\hat{b}) - \hat{b}'X'V^{-1}y + \hat{b}'X'V^{-1}X\hat{b}$$
$$= y'V^{-1}(y - X\hat{b}) - \hat{b}'X\hat{b}V^{-1}y + \hat{b}'X'V^{-1}X(X'V^{-1}X)^{-}X'V^{-1}y$$
$$= y'V^{-1}(y - X\hat{b}) - \hat{b}'X'V^{-1}y + \hat{b}'X'V^{-1}y(\because X'V^{-1}X(X'V^{-1}X)^{-}X' = X')$$
$$= y'V^{-1}(y - X\hat{b})$$
$$= \frac{1}{\sigma_0^2}y'(y - X\hat{b} - \sum_{i=1}^{p} Z_i\hat{u}_i)(\because V^{-1}(y - X\hat{b}) = \frac{1}{\sigma_0^2}(y - X\hat{b} - \sum_{i=1}^{p} Z_i\hat{u}_i))$$

（证明见后）

$$tr(PV) = y'Py \Longrightarrow \hat{\sigma}_0^2 = \frac{1}{N - rank(X)}(y'y - \hat{b}X'y - \sum_{i=1}^{p} \hat{u}'_i Z'_i y)$$

对 $V^{-1}(y - X\hat{b}) = \frac{1}{\sigma_0^2}(y - X\hat{b} - \sum_{i=1}^{p} Z_i\hat{u}_i)$ 的证明：

根据 Schur complement（Searle *et al.*，1992）定理

$$(D + CA^{-1}B)^{-1} = D^{-1} - D^{-1}C(BD^{-1}C + A)^{-1}BD^{-1}$$

$$V^{-1} = (R + ZGZ')^{-1} = R^{-1} - R^{-1}Z(Z'R^{-1}Z + G^{-1})^{-1}Z'R^{-1}$$

$$V^{-1}(y - X\hat{b}) = [R^{-1} - R^{-1}Z(Z'R^{-1}Z + G^{-1})^{-1}Z'R^{-1}](y - X\hat{b})$$
$$= R^{-1}(y - X\hat{b}) - R^{-1}Z(Z'R^{-1}Z + G^{-1})^{-1}(Z'R^{-1}y - Z'R^{-1}X\hat{b})$$
$$= R^{-1}(y - X\hat{b}) - R^{-1}Z\hat{u}$$
$$= R^{-1}(y - X\hat{b} - Z\hat{u})$$
$$= \frac{1}{\sigma_0^2}(y - X\hat{b} - Z\hat{u})$$
$$= \frac{1}{\sigma_0^2}(y - X\hat{b} - \sum_{i=1}^{p} Z_i\hat{u}_i)$$

对于 $i=1, 2, \cdots, p$

$$tr(PZ_iZ'_i) = y'PZ_iZ'_iPy$$

$$\hat{u} = GZ'V^{-1}(y - X\hat{b}) = GZ'Py$$

$$\hat{u}_i = G_iZ'_iV^{-1}(y - X\hat{b}) = G_iZ'_iPy$$

$$y'PZ_iZ'_iPy = y'PZ_iG_iG_i^{-1}G^{-1_i}G_iZ'_iPy = \hat{u}'_iG_i^{-2}\,\hat{u}_i = \hat{u}'_i\,\hat{u}_i/\sigma_i^4$$

$$tr(PZ_iZ'_i) = \frac{q_i}{\sigma_i^2} - tr(C_{ii})\,\frac{\sigma_0^2}{\sigma_i^4}$$

（详细证明见 Searle，1992：《Variance Components》）

$C_{ii}=MME$ 系数矩阵逆矩阵中与 u_i 对应的对角子矩阵

$q_i=u_i$ 的水平数

$$tr(PZ_iZ'_i) = y'PZ_iZ'_iPy \Longrightarrow \hat{\sigma}_i^2 = (\hat{u}'_i\,\hat{u}_i + tr(C_{ii}))\sigma_0^2)/q_i$$

$\hat{\sigma}_0^2$ 和$\hat{\sigma}_i^2$ 需要通过迭代方式得到：

（1）给 $\hat{\sigma}_0^2$ 和 $\hat{\sigma}_i^2$ 赋初值；

（2）代入 MME 中，求系数矩阵逆矩阵 C，解 $\hat{b}$ 和 $\hat{u}_i(i=1，2，\cdots，p)$；

（3）计算新的 $\hat{\sigma}_0^2$ 和 $\hat{\sigma}_i^2$；

（4）重复 2~3，直至收敛（两次迭代的估计值之差小于给定的标准）。

以上算法称为 EM（expectation maximization）算法，还有 2 个常用的算法：DF（derivative-free）和 AI（average information）算法。

动物模型 REML

对于简单的动物模型

$$y = Xb + Za + e$$

$$E(y) = Xb \quad Var(a) = A\sigma_a^2 \quad Var(e) = I\sigma_e^2 \quad Var(y) = V = ZAZ'\sigma_a^2 + I\sigma_e^2$$

MME 为

$$\begin{bmatrix} X'X & X'Z \\ Z'X & Z'Z + kA^{-1} \end{bmatrix}\begin{bmatrix} \hat{b} \\ \hat{a} \end{bmatrix} = \begin{bmatrix} X'y \\ Z'X \end{bmatrix}$$

$$k = \sigma_e^2/\sigma_a^2$$

系数矩阵的逆矩阵

$$C = \begin{bmatrix} C_{xx} & C_{xz} \\ C_{zx} & C_{zz} \end{bmatrix}$$

$$\frac{\partial V}{\partial \sigma_a^2} = ZAZ' \qquad \frac{\partial V}{\partial \sigma_e^2} = I \qquad \frac{\partial L_2}{\partial \sigma_a^2} = -0.5tr(PZAZ') + 0.5y'PZAZ'Py$$

$$\frac{\partial L_2}{\partial \sigma_e^2} = -0.5tr(P) + 0.5y'PPy$$

迭代公式为

$$\hat{\sigma}_a^2 = (\hat{a}'A^{-1}\,\hat{a} + tr(C_{ZZ}A^{-1})\sigma_e^2)/q$$

$$\hat{\sigma}_e^2 = \frac{1}{N - rank(X)}(y'y - \hat{b}'X'y - \hat{a}'Z'y$$

$$\hat{a} = GZ'Py = \sigma_a^2AZ'Py$$

$$y'PZAZ'Py = \frac{1}{\sigma_a^4}\,\hat{a}'A^{-1}\,\hat{a}$$

$$tr(PZAZ') = \frac{q}{\sigma_a^2} - tr(C_{ZZ}A^{-1})\frac{\sigma_e^2}{\sigma_a^4}$$

$$tr(PV) = N - rank(X)$$

$$y'Py = \frac{1}{\sigma_e^2}[y'y - \hat{b}'X'y - \hat{a}'Z'y]$$

例 1

4 头公牛的 9 个女儿的头胎乳脂量成绩

		公牛			
		1	2	3	4
牛场	1	240	180		170
			200		
	2	190		140	100
		170			130

公牛 1 和 2 为半同胞，所有公牛均为非近交个体

$$y_{ijk} = h_i + s_j + e_{ijk}(\text{公畜模型})$$

$$y = Xh + Zs + e$$

$$\begin{bmatrix} X'X & X'Z \\ Z'X & Z'Z + kA^{-1} \end{bmatrix}\begin{bmatrix} \hat{h} \\ \hat{s} \end{bmatrix} = \begin{bmatrix} X'y \\ Z'x \end{bmatrix}$$

$$A = \begin{bmatrix} 1 & 0.25 & 0 & 0 \\ 0.25 & 1 & 0 & 0 \\ 0 & 0 & 1 & 0 \\ 0 & 0 & 0 & 1 \end{bmatrix}$$

$$A^{-1} = \begin{bmatrix} 1.0667 & -0.2667 & 0 & 0 \\ -0.26675 & 1.0667 & 0 & 0 \\ 0 & 0 & 1 & 0 \\ 0 & 0 & 0 & 1 \end{bmatrix}$$

$$k = \sigma_e^2/\sigma_S^2$$

设初值 $k^{(0)} = 12$，MME：

$$\begin{bmatrix} 4 & 0 & 1 & 2 & 0 & 1 \\ 0 & 5 & 2 & 0 & 1 & 2 \\ 1 & 2 & 15.8 & -3.2 & 0 & 0 \\ 2 & 0 & -3.2 & 14.8 & 0 & 0 \\ 0 & 1 & 0 & 0 & 13 & 0 \\ 1 & 2 & 0 & 0 & 0 & 15 \end{bmatrix}\begin{bmatrix} \hat{h}_1 \\ \hat{h}_2 \\ \hat{s}_1 \\ \hat{s}_2 \\ \hat{s}_3 \\ \hat{s}_4 \end{bmatrix} = \begin{bmatrix} 790 \\ 730 \\ 600 \\ 380 \\ 140 \\ 400 \end{bmatrix}$$

$$C=\left[\begin{array}{cc:cccc} 0.28543 & 0.02099 & -0.02984 & 0.04502 & -0.00162 & -0.02183 \\ & 0.22925 & -0.03234 & -0.00983 & -0.00173 & -0.03197 \\ \hdashline & & 0.07330 & 0.01988 & 0.00249 & 0.00630 \\ & & & 0.07795 & 0.00076 & 0.00431 \\ & & & & 0.07828 & 0.00246 \\ \text{对称} & & & & & 0.07238 \end{array}\right]$$

$$=\begin{bmatrix} C_{xx} & C_{xz} \\ C_{zx} & C_{zz} \end{bmatrix}$$

$$y'y=\sum y_{ijk}^2=270\ 400$$

$$\hat{h}'X'y=[196.84118 \quad 145.54084]\begin{bmatrix}790\\730\end{bmatrix}=261\ 749.34$$

$$\hat{s}'Z'y=[7.22253 \quad 0.63715 \quad -0.42622 \quad -5.86152]\begin{bmatrix}600\\380\\140\\400\end{bmatrix}=2\ 171.35$$

$$\hat{s}'A^{-1}\hat{s}=88.16048 \quad tr(C_{ZZ}A^{-1})=0.30139 \quad rank(X)=2 \quad q=4 \quad N=9$$

$$\hat{\sigma}_e^2=(270\ 400-261\ 749.34-2\ 171.35)/(9-2)=925.6157$$

$$\hat{\sigma}_S^2=(88.16048+0.30139\times 925.6148)/4=91.78288$$

$$k^{(1)}=\hat{\sigma}_e^2/\hat{\sigma}_S^2=10.0848$$

迭代	$\hat{\sigma}_e^2$	$\hat{\sigma}_s^2$	k
1	925.6157	91.7829	10.0848
2	897.9372	108.1905	10.0848
3	863.6173	129.5595	6.6658
4	820.9699	157.6943	5.2609
5	768.2845	194.8748	3.9425
…	…	…	…
39	206.3389	848.3312	0.2432
40	206.3088	848.3215	0.2433
41	206.3387	848.3217	0.2432
42	206.3387	848.3218	0.2432
43	206.3387	848.3218	0.2432

$$\hat{\sigma}_e^2=206.3387$$

$$\hat{\sigma}_S^2=848.3218$$

$$\hat{h}^2 = \frac{4 \times 848.3218}{848.3218 + 206.3387}$$

$= 3.2174$

R 程序如下：

```
herd <-factor (c (1, 2, 2, 1, 1, 2, 1, 2, 2) )
sire <-factor (c (1, 1, 1, 2, 2, 3, 4, 4, 4) )
y <-c (240, 190, 170, 180, 200, 140, 170, 100, 130)
REML_data <-data.frame (herd, sire, y)
X <-model.matrix (y~herd-1)
Z <-model.matrix (y~sire-1)
XX <-crossprod (X)
XZ <-crossprod (X, Z)
ZX <-t (XZ)
ZZ <-crossprod (Z)
LHS <-rbind (cbind (XX, XZ), cbind (ZX, ZZ) )
Xy <-crossprod (X, y)
Zy <-crossprod (Z, y)
RHS <-rbind (Xy, Zy)
A <-matrix (c (1, 0.25, 0, 0, 0.25, 1, 0, 0, 0, 0, 1, 0, 0, 0, 0, 1), nr
=4)
Ainv <-solve (A)
yy <-crossprod (y)
N <-length (y)
rankX <-qr (X) $ rank
q <-length (unique (sire) )
nh <-length (unique (herd) )
k0 <-12
threshold <-0.00000001
write.table (t (c ("sigmaE","sigmaS","k") ), file =" results.txt", row.names =
FALSE, col.names = FALSE)
repeat {
    LHS1 <-LHS
    k <-k0
    LHS1 [ (nh+1): (nh+q), (nh+1): (nh+q) ] <-LHS1 [ (nh+1): (nh+q),
(nh+1): (nh+q) ] +Ainv * k
    sol <-solve (LHS1, RHS)
  C <-solve (LHS1)
  Czz <-C [ (nh+1): (nh+q), (nh+1): (nh+q) ]
```

```
sigmaE <- (yy-crossprod (sol, RHS) ) / (N-rankX)
sAs <-t (sol [ (nh+1): (nh+q) ] )%*% Ainv %*% sol [ (nh+1): (nh+q) ]
trCA <-sum (diag (Czz %*% Ainv) )
sigmaS <- (sAs + trCA * sigmaE) /q
    k0 <-as.numeric (sigmaE/sigmaS)
    out <-c (sigmaE, sigmaS, k0)
write.table ( t ( out ), file = " results.txt ", append = TRUE, row.names = FALSE,
col.names=FALSE)
    if (abs (k-k0) < threshold) break
}
results <-read.table ("results.txt", header=TRUE)
```

协方差组分估计

同一模型中的不同随机效应间的协方差估计

例如

$$y = Xb + Z_1a + Z_2m_g + Z_3m_e + e$$

m_g：母体遗传效应　$Var(M_g) = A\sigma^2_{m_g}$

m_e：母体环境效应　$Var(M_e) = I\sigma^2_{m_e}$

$$Cov(a,\ m'_g) = A\sigma^{am} \qquad \sigma^2_y = \sigma^2_a + \sigma^2_{m_g} + 2\sigma_{am} + \sigma^2_{m_e} + \sigma^2_e$$

MME

$$\begin{bmatrix} X'X & X'Z_1 & X'Z_2 & X'Z_3 \\ Z'_1X & Z'_1Z_1 + k_{11}A^{-1} & Z'_1Z_2 + k_{12}A^{-1} & Z'_1Z_3 \\ Z'_2X & Z'_2Z_1 + k_{12}A^{-1} & Z'_2Z_2 + k_{22}A^{-1} & Z'_2Z_3 \\ Z'_3X & Z'_3Z_1 & Z'_3Z_2 & Z'_3Z_3 + k_{33}I \end{bmatrix} \begin{bmatrix} \hat{b} \\ \hat{a} \\ \hat{m}_g \\ \hat{m}_e \end{bmatrix} = \begin{bmatrix} X'y \\ Z'_1y \\ Z'_2y \\ Z'_3 \end{bmatrix}$$

$$k_{11} = \sigma^2_e r^{11} \qquad k_{12} = \sigma^2_e r^{12} \qquad k_{22} = \sigma^2_e r^{22} \qquad k_{33} = \sigma^2_e/\sigma^2_{m_e}$$

$$\begin{bmatrix} r^{11} & r^{12} \\ r^{21} & r^{22} \end{bmatrix} = \begin{bmatrix} \sigma^2_a & \sigma_{am} \\ \sigma_{am} & \sigma^2_{m_g} \end{bmatrix}$$

REML 迭代公式：

$$\hat{\sigma}^2_e = \frac{1}{N - rank(X)}(y'y - \hat{b}'X'y - \hat{a}'Z'_1y - \hat{m}'_gZ'_2y - \hat{m}'_eZ'_3y)$$

$$\hat{\sigma}^2_a = (\hat{a}'A^{-1}\hat{a} + tr(C_{11}A^{-1})\sigma^2_e)/q_1 \qquad q_1 = a \text{ 的长度}$$

$$\hat{\sigma}^2_{m_g} = (\hat{m}'_gA^{-1}\hat{m}_g + tr(C_{22}A^{-1})\sigma^2_e)/q_2 \qquad q_2 = m_g \text{ 的长度}$$

$$\hat{\sigma}^2_{m_e} = (\hat{m}'_e\hat{m}'_e + tr(C_{33})\sigma^2_e)/q_3 \qquad q_3 = m_e \text{ 的长度}$$

$$\hat{\sigma}_{am} = (\hat{a}'A^{-1}\hat{m}'_g + tr(C_{12}A^{-1})\sigma^2_e)/q_1$$

多性状模型的协方差组分估计

假设有 2 个性状，它们的模型分别为

性状 1：

$$y_1 = X_1 b_1 + Z_1 a_1 + e_1$$

性状 2：

$$y_2 = X_2 b_2 + Z_2 a_2 + e_2$$

或

$$\begin{bmatrix} y_1 \\ y_2 \end{bmatrix} = \begin{bmatrix} X_1 & 0 \\ 0 & X_2 \end{bmatrix} \begin{bmatrix} b_1 \\ b_2 \end{bmatrix} + \begin{bmatrix} Z_1 & 0 \\ 0 & Z_2 \end{bmatrix} \begin{bmatrix} a_1 \\ a_2 \end{bmatrix} + \begin{bmatrix} e_1 \\ e_2 \end{bmatrix}$$

$$y = Xb + Za + e$$

注意：不同的性状可有不同的模型。

一般情况下，不是所有个体都有 2 个性状的观测值，可将 y_1 和 y_2 分解为

$$y_1 = \begin{bmatrix} y_{11} \\ y_{12} \end{bmatrix} \qquad y_2 = \begin{bmatrix} y_{21} \\ y_{22} \end{bmatrix}$$

y_{11}：只有性状 1 观测值的个体的观测值向量，长度为 n_1

y_{12}：有 2 个性状观测值的个体的性状 1 的观测值向量，长度为 m

y_{21}：有 2 个性状观测值的个体的性状 2 的观测值向量，长度为 m

y_{22}：只有性状 2 观测值的个体的观测值向量，长度为 n_2

$$\begin{bmatrix} y_{11} \\ y_{12} \\ y_{21} \\ y_{22} \end{bmatrix} = \begin{bmatrix} X_{11} & 0 \\ X_{12} & 0 \\ 0 & X_{21} \\ 0 & X_{22} \end{bmatrix} \begin{bmatrix} b_1 \\ b_1 \end{bmatrix} + \begin{bmatrix} Z_{11} & 0 \\ Z_{12} & 0 \\ 0 & Z_{21} \\ 0 & Z_{22} \end{bmatrix} \begin{bmatrix} a_1 \\ a_2 \end{bmatrix} + \begin{bmatrix} e_{11} \\ e_{12} \\ e_{21} \\ e_{22} \end{bmatrix}$$

可以表示为：

$$y = Xb + Za + e$$

定义

$$W = [X \quad Z]$$

对应于 y 的分解，W 可分解为：

$$W = \begin{bmatrix} W_{11} & 0 \\ W_{12} & 0 \\ 0 & W_{21} \\ 0 & W_{22} \end{bmatrix} \qquad W_{11} = [X_{11} \quad Z_{11}]$$

$$Var\begin{bmatrix} e_{11} \\ e_{12} \\ e_{21} \\ e_{22} \end{bmatrix} = \begin{bmatrix} Ir_{11} & 0 & 0 & 0 \\ 0 & Ir_{11} & Ir_{21} & 0 \\ 0 & Ir_{12} & Ir_{22} & 0 \\ 0 & 0 & 0 & Ir_{22} \end{bmatrix} = R$$

$$R^{-1} = \begin{bmatrix} Ir_{11}^{-1} & 0 & 0 & 0 \\ 0 & Ir^{11} & Ir^{12} & 0 \\ 0 & Ir^{12} & Ir^{22} & 0 \\ 0 & 0 & 0 & Ir_{22}^{-1} \end{bmatrix} \begin{bmatrix} r_{11} & r_{12} \\ r_{12} & r_{22} \end{bmatrix} = \begin{bmatrix} r^{11} & r^{12} \\ r^{12} & r^{22} \end{bmatrix}$$

$$Var\begin{bmatrix} a_1 \\ a_2 \end{bmatrix} = \begin{bmatrix} Ag_{11} & Ag_{12} \\ Ag_{12} & Ag_{22} \end{bmatrix} = G$$

$$G^{-1} = \begin{bmatrix} A^{-1}g^{11} & A^{-1}g^{12} \\ A^{-1}g^{12} & A^{-1}g^{22} \end{bmatrix}$$

$$\begin{bmatrix} g_{11} & g_{12} \\ g_{12} & g_{22} \end{bmatrix}^{-1} = \begin{bmatrix} g^{11} & g^{12} \\ g^{12} & g^{22} \end{bmatrix}$$

MME

$$\begin{bmatrix} X'R^{-1}X & X'R^{-1}Z \\ Z'R^{-1}X & Z'R^{-1}Z + G^{-1} \end{bmatrix}\begin{bmatrix} \hat{b} \\ \hat{a} \end{bmatrix} = \begin{bmatrix} X'R^{-1}y \\ Z'R^{-1}y \end{bmatrix} \longrightarrow$$

$$\begin{bmatrix} X'_{11}X_{11}r_{11}^{-1}+X'_{12}X_{12}r^{11} & X'_{11}Z_{11}r_{11}^{-1}+X'_{12}Z_{12}r^{11} & X'_{12}X_{21}r^{12} & X'_{12}Z_{21}r^{12} \\ & Z'_{11}Z_{11}r_{11}^{-1}+Z'_{12}Z_{12}r^{11}+A^{-1}g^{11} & Z'_{21}X_{12}r^{12} & Z'_{12}Z_{21}r^{12}+A^{-1}g^{12} \\ & & X'_{21}X_{21}r^{22}+X'_{22}X_{22}r_{22}^{-1} & X'_{21}Z_{21}r^{22}+X'_{22}Z_{22}r_{22}^{-1} \\ symm. & & & Z'_{21}Z_{21}r^{22}+Z'_{22}Z_{22}r_{22}^{-1}A^{-1}g^{22} \end{bmatrix} \times$$

$$\begin{bmatrix} \hat{b}_1 \\ \hat{a}_1 \\ \hat{b}_2 \\ \hat{a}_2 \end{bmatrix} = \begin{bmatrix} X'_{11}y_{11}r_{11}^{-1} + X'_{12}y_{12}r^{11} + X'_{12}y_{21}r^{12} \\ Z'_{11}y_{11}r_{11}^{-1} + Z'_{12}y_{12}r^{11} + Z'_{12}y_{21}r^{12} \\ X'_{21}y_{12}r_{11}^{12} + X'_{21}y_{21}r^{22} + X'_{22}y_{22}r_{22}^{-1} \\ Z'_{21}y_{12}r_{11}^{12} + Z'_{21}y_{21}r^{22} + Z'_{22}y_{22}r_{22}^{-1} \end{bmatrix}$$

MME 系数矩阵的逆矩阵：

$$C = \begin{bmatrix} C_{b_1b_1} & C_{b_1a_1} & C_{b_1b_2} & C_{b_1a_2} \\ & C_{a_1a_1} & C_{a_1a_2} & C_{a_1a_2} \\ \cdots\cdots & \cdots\cdots & \cdots\cdots & \cdots\cdots \\ & & C_{b_2b_2} & C_{b_2a_2} \\ symm. & & & C_{a_2a_2} \end{bmatrix} = \begin{bmatrix} C_{11} & C_{12} \\ C'_{12} & C_{22} \end{bmatrix}$$

REML 迭代公式

遗传方差（协方差）：

$$\hat{g}_{ij} = [\hat{a}'_i A^{-1}\hat{a}_j + tr(A^{-1}C_{a_ia_j})]/q$$

残差方差（协方差）：

$$QF\hat{\theta} = Qd + Qh \qquad \hat{\theta}' = [\hat{r}_{11} \quad \hat{r}_{22} \quad \hat{r}_{12}]$$

$$Q = \begin{bmatrix} r_{11}^{-1}\ r_{11}^{-1} & r^{11}\ r^{11} & 2r^{11}\ r^{12} & r^{12}\ r^{12} & 0 \\ 0 & r^{12}\ r^{12} & 2r^{22}\ r^{12} & r^{22}\ r^{22} & r_{22}^{-1}\ r_{22}^{-1} \\ 0 & 2r^{11}\ r^{12} & 2(r^{12}\ r^{12} + r^{11}\ r^{22}) & 2\,r^{22}\ r^{12} & 0 \end{bmatrix}$$

$$F=\begin{bmatrix} n_1 & 0 & 0 \\ m & 0 & 0 \\ 0 & 0 & m \\ 0 & m & 0 \\ 0 & n_2 & 0 \end{bmatrix}$$

$$d=\begin{bmatrix} \hat{e}'_{11}\hat{e}_{11} \\ \hat{e}'_{12}\hat{e}_{12} \\ \hat{e}'_{12}\hat{e}_{21} \\ \hat{e}'_{21}\hat{e}_{21} \\ \hat{e}'_{22}\hat{e}_{22} \end{bmatrix}$$

$$\hat{e}_{ij}=y_{ij}-X_{ij}\hat{b}_j-Z_{ij}\hat{a}_i$$

$$h=\begin{bmatrix} tr(W'_{11}W_{11}C_{11}) \\ tr(W'_{12}W_{12}C_{11}) \\ tr(W'_{12}W_{21}C_{12}) \\ tr(W'_{21}W_{21}C_{22}) \\ tr(W'_{22}W_{22}C_{22}) \end{bmatrix}$$

练　习

20 只动物的系谱和生产数据如下。

动物	公畜	母畜	群	记录
1	—	—		
2	—	—		
3	—	—		
4	—	—		
5	1	2	1	28
6	1	2	1	40
7	3	4	1	30
8	1	2	1	35
9	1	4	2	17
10	3	2	2	41
11	1	4	2	23

（续表）

动物	公畜	母畜	群	记录
12	3	2	2	38
13	1	2	2	37
14	3	4	2	27
15	5	7	3	24
16	6	14	3	31
17	8	7	3	42
18	1	10	3	47
19	3	13	3	26
20	5	9	3	33

$$y_{ij} = g_i + a_{ij} + e_{ij}$$

此处 g_i是群效应（固定），a_{ij}加性遗传效应，$k = \sigma_e^2 / \sigma_a^2$。

R 代码如下：

```
library (pedigree)     #安装"pedigree"
ID <-1 : 20
SIRE <-c (NA, NA, NA, NA, 1, 1, 3, 1, 1, 3, 1, 3, 1, 3, 5, 6, 8, 1, 3, 5)
DAM <-c (NA, NA, NA, NA, 2, 2, 4, 2, 4, 2, 4, 2, 2, 4, 7, 14, 7, 10, 13, 9)
group<-factor (c (1, 1, 1, 1, 2, 2, 2, 2, 2, 2, 3, 3, 3, 3, 3, 3) )
y<-c (NA, NA, NA, NA, 28, 40, 30, 35, 17, 41, 23, 38, 37, 27, 24, 31, 42, 47, 26, 33)
y1<-na. omit (y)
ped<-data.frame (ID, SIRE, DAM, y)
makeA (ped, which=rep (TRUE, 20) )     # results stored in file A. txt
A <-read. table ("A. txt")
nInd <-nrow (ped)
Amatrix <-Matrix (0, nrow=nInd, ncol=nInd)
Amatrix [as. matrix (A [, 1 : 2] ) ] <-A [, 3]
dd <-diag (Amatrix)
Amatrix <-Amatrix + t (Amatrix)
diag (Amatrix) <-dd
Amatrix
X <-model. matrix (y1~group-1)
```

```
ID<-factor (ID)
Z <-Matrix (model.matrix (y ~ ID-1) )
XX <-crossprod (X)
XZ <-crossprod (X, Z)
ZX <-t (XZ)
ZZ <-crossprod (Z)
LHS <-rbind (cbind (XX, XZ), cbind (ZX, ZZ) )
Xy1 <-crossprod (X, y1)
Zy1 <-crossprod (Z, y1)
RHS <-rbind (Xy1, Zy1)
Ainv <-solve (Amatrix)
yy <-crossprod (y1)
N <-length (y1)
rankX <-qr (X) $ rank
q <-length (ID)
nh <-length (unique (group) )
k0 <-10
threshold <-0.00000001
write.table (t (c ("sigmaE","sigmaA","k") ), file = "results.txt", row.names =
FALSE, col.names=FALSE)
tip<-0
repeat {
  LHS1 <-LHS
  k <-k0
  LHS1 [ (nh+1): (nh+q), (nh+1): (nh+q) ] <-LHS1 [ (nh+1): (nh+q),
(nh+1): (nh+q) ] +Ainv * k
  sol <-solve (LHS1, RHS)
  C <-solve (LHS1)
Czz <-C [ (nh+1): (nh+q), (nh+1): (nh+q) ]
sigmaE <- (yy-crossprod (sol, RHS) ) / (N-rankX)
aAa <-t (sol [ (nh+1): (nh+q) ] )% * % Ainv % * % sol [ (nh+1): (nh+q) ]
trCA <-sum (diag (Czz % * % Ainv) )
sigmaA <- (aAa + trCA * sigmaE) /q
  k0 <-as.numeric (sigmaE/sigmaA)
sigmaE <-as.numeric (sigmaE)
sigmaA <-as.numeric (sigmaA)
  out <-c (sigmaE, sigmaA, k0)
write.table ( t (out), file = " results.txt", append = TRUE, row.names = FALSE,
```

```
col. names=FALSE)
        tip=tip+1
        if (abs (k-k0) < threshold) break
    }
    results <-read. table ("results. txt", header=TRUE)
    print (paste ('迭代次数为:', tip, sep=""))
```

第七章　最佳线性无偏预测（BLUP）

一、预测和估计

预测（Prediction）：根据从具有已知方差-协方差结构的总体中采样的数据估计随机变量的实现值。

估计（Estimation）：估计非随机变量的值（例如固定效应、方差分量、遗传力等）。

二、线性混合模型（Linear mixed model）

线性混合模型的一般形式

$$y=Xb+Zu+e$$

y：观察值向量

b：固定（因子）效应向量

u：随机（因子）效应向量

e：随机残差效应向量

X：b 的设计矩阵

Z：u 的设计矩阵

$$E(u)=0 \qquad E(e)=0 \quad \Rightarrow \quad E(y)=Xb$$

$$Var\begin{pmatrix} u \\ e \end{pmatrix}=\begin{bmatrix} G & 0 \\ 0 & R \end{bmatrix} \quad \Rightarrow \quad \begin{matrix} Var(y)=Aar(Zu+e)=ZGZ'+R=V \\ Cov(y,\ u')=ZG \qquad Cov(y,\ e')=R \end{matrix}$$

目的是对 u 或 u 的函数进行预测，一般可将要预测的函数表示为：

$$K'b+M'u$$

对于某些 K 和 M，只要 K′b 是可估函数。要求预测值为最佳线性无偏预测（best linear unbiased predictor，BLUP）。

BLUP 的推导

（1）线性（linear），预测值是观测值 y 的线性函数，例如 $L'y$。

（2）无偏（unbiased），$L'y$ 的期望等于 $K'b+M'u$ 的期望，例如

$$E(L'y)=E(K'b+M'u)$$

因为：

$$E(L'y)=L'Xb \qquad E(K'b+M'u)=K'b$$

这样，只要

$$L'X=K'$$

或

$$L'X - K' = 0$$

$E(L'y) = E(K'b + M'u)$　对所有可能的 b 都成立。

(3) 最佳 (best)

预测误差方差 (variance of the prediction error, PE) 最小，即

$$Var(PE) = Var(K'b + M'u - L'y) \text{ 最小}$$

在无偏见的条件下，如 $L'X - K' = 0$。

$Var(K'b + M'u - L'y) = Var(M'u - L'y)$

$= Var(M'u) + Var(L'y) - 2Cov(M'u,\ y'L)$

$= M'GM + L'VL - 2M'GZ'L$

最小化函数

$$F = M'GM + L'VL - 2M'GZ'L + 2(L'X - K')\lambda$$

λ: LaGrange 乘子，约束其无偏性。F 对 L 和 λ 求一阶偏导数，并令其为 0。

$$\frac{\partial F}{\partial L} = 2VL - 2ZGM + 2X\lambda = 0 \qquad \frac{\partial F}{\partial \lambda} = 2(X'L - K) = 0 \quad \Longrightarrow \quad VL + X\lambda = ZGM,\quad X'L = K,\quad \begin{bmatrix} V & X \\ X' & 0 \end{bmatrix}\begin{bmatrix} L \\ \lambda \end{bmatrix} = \begin{bmatrix} ZGM \\ K \end{bmatrix}$$

则

$$L = V^{-1}X(X'V^{-1}X) - K + V^{-1}ZGM - V^{-1}X(X'V^{-1}X)^{-} X'V^{-1}ZGM$$

其中$(X'V^{-1}X)^{-}$ 是$X'V^{-1}X$ 的广义逆。

$$L'y = K'(X'V^{-1}X)^{-} X'V^{-1}y + M'GZ'V^{-1}(y - X((X'V^{-1}X)^{-} X'V^{-1}y)$$
$$= K'\hat{b} + M'GZ'V^{-1}(y - X\hat{b})$$

b 的广义最小二乘估计：

$$\hat{b} = (X'V^{-1}X) - X'V^{-1}y$$

当 $K = 0$ 和 $M = I$ 时，预测的一个特例为：

$$K'b + M'u = u \qquad L'y = GZ'V^{-1}(y - X\hat{b}) = \hat{u}$$

因此，一般来说

$$L'y = K'\hat{b} + M'\hat{u}$$

因为

$$V = ZGZ' + R$$

$$VL + X\lambda = ZGM \quad \Longrightarrow \quad RL + X\lambda + ZG(Z'L - M) = 0$$

令 $S = G(Z'L - M)$ 则

$$M = Z'L - G^{-1}S$$

$$\begin{bmatrix} V & X \\ X' & 0 \end{bmatrix}\begin{bmatrix} L \\ \lambda \end{bmatrix} = \begin{bmatrix} ZGM \\ K \end{bmatrix} \quad \Longrightarrow \quad \begin{bmatrix} R & X & Z \\ X' & 0 & 0 \\ Z' & 0 & -G^{-1} \end{bmatrix}\begin{bmatrix} L \\ \lambda \\ S \end{bmatrix} = \begin{bmatrix} 0 \\ K \\ M \end{bmatrix}$$

$$L = -R^{-1}X\lambda - R^{-1}ZS$$

$$-\begin{bmatrix} X'R^{-1}X & X'R^{-1}Z \\ Z'R^{-1}X & Z'R^{-1}Z+G^{-1} \end{bmatrix}\begin{bmatrix} \lambda \\ S \end{bmatrix}=\begin{bmatrix} K \\ M \end{bmatrix}$$

$$\begin{bmatrix} \lambda \\ S \end{bmatrix}=-\begin{bmatrix} X'R^{-1}X & X'R^{-1}Z \\ Z'R^{-1}X & Z'R^{-1}Z+G^{-1} \end{bmatrix}^{-}\begin{bmatrix} K \\ M \end{bmatrix}=-\begin{bmatrix} C_{XX} & C_{XZ} \\ C_{ZX} & C_{ZZ} \end{bmatrix}\begin{bmatrix} K \\ M \end{bmatrix}$$

广义逆

$$L=-R^{-1}X\lambda-R^{-1}ZS=-[R^{-1}X \quad R^{-1}Z]\begin{bmatrix} \lambda \\ S \end{bmatrix}=[R^{-1}X \quad R^{-1}Z]\begin{bmatrix} C_{XX} & C_{XZ} \\ C_{ZX} & C_{ZZ} \end{bmatrix}\begin{bmatrix} K \\ M \end{bmatrix}$$

$$L'y=[K' \quad M']\begin{bmatrix} C_{xx} & C_{xz} \\ C_{zx} & C_{z}z \end{bmatrix}\begin{bmatrix} X'R^{-1}y \\ Z'R^{-1}y \end{bmatrix}=[K' \quad M']\begin{bmatrix} \hat{b} \\ \hat{u} \end{bmatrix}$$

因此

$$\begin{bmatrix} \hat{b} \\ \hat{u} \end{bmatrix}=\begin{bmatrix} C_{XX} & C_{XZ} \\ C_{ZX} & C_{ZZ} \end{bmatrix}\begin{bmatrix} X'R^{-1}y \\ Z'R^{-1}y \end{bmatrix}=\begin{bmatrix} X'R^{-1}X & X'R^{-1}Z \\ Z'R^{-1}X & Z'R^{-1}Z+G^{-1} \end{bmatrix}^{-}\begin{bmatrix} X'R^{-1}y \\ Z'R^{-1}y \end{bmatrix}$$

或者等价于

$$\begin{bmatrix} X'R^{-1}X & X'R^{-1}Z \\ Z'R^{-1}X & Z'R^{-1}Z+G^{-1} \end{bmatrix}\begin{bmatrix} \hat{b} \\ \hat{u} \end{bmatrix}=\begin{bmatrix} X'R^{-1}y \\ Z'R^{-1}y \end{bmatrix}$$

混合模型方程组，MME

比较

$$\begin{bmatrix} X'R^{-1}X & X'R^{-1}Z \\ Z'R^{-1}X & Z'R^{-1}Z+G^{-1} \end{bmatrix}\begin{bmatrix} \hat{b} \\ \hat{u} \end{bmatrix}=\begin{bmatrix} X'R^{-1}y \\ Z'R^{-1}y \end{bmatrix}$$

和

$$\hat{b}=(X'V^{-1}X)^{-}X'V^{-1}y$$

$$\hat{u}=GZ'V^{-1}(y-X\hat{b})$$

R^{-1}比V^{-1}更容易计算，因为R通常是对角矩阵。需要计算G^{-1}，在大多数情况下并不困难。

例如多数情况下：$R=I\sigma_e^2$，$R^{-1}=I\dfrac{1}{\sigma_e^2}$。

MME为：

$$\begin{bmatrix} X'X & X'Z \\ Z'X & Z'Z+\sigma_e^2G^{-1} \end{bmatrix}\begin{bmatrix} \hat{b} \\ \hat{u} \end{bmatrix}=\begin{bmatrix} X'y \\ Z'y \end{bmatrix}$$

MME是一种常用的方法，用于获得$K'b+M'u$的BLUP。

注意：BLUP需要知道G和R，否则预测不是真正的BLUP。

预测值的方差

$$\begin{bmatrix} \hat{b} \\ \hat{u} \end{bmatrix}=\begin{bmatrix} C_{XX} & C_{XZ} \\ C_{ZX} & C_{ZZ} \end{bmatrix}\begin{bmatrix} X'R^{-1}y \\ Z'R^{-1}y \end{bmatrix}=\begin{bmatrix} C_{XX} & C_{XZ} \\ C_{ZX} & C_{ZZ} \end{bmatrix}\begin{bmatrix} X'R^{-1} \\ Z'R^{-1} \end{bmatrix}y$$

$$\hat{b}=(C_{xx}X'R^{-1}+C\,xzZ'R^{-1})\ y=C'_by$$

$$\hat{u}=(C_{zx}X'R^{-1}+C\,zzZ'R^{-1})\ y=C'_uy$$

为简单起见，假设 MME 的系数矩阵是满秩的。

$$\begin{bmatrix} C_{XX} & C_{XZ} \\ C_{ZX} & C_{ZZ} \end{bmatrix} \begin{bmatrix} X'R^{-1}X & X'R^{-1}Z \\ Z'R^{-1}X & Z'R^{-1}Z+G^{-1} \end{bmatrix} = \begin{bmatrix} I & 0 \\ 0 & I \end{bmatrix}$$

$$\begin{bmatrix} X'R^{-1}X & X'R^{-1}Z \\ Z'R^{-1}X & Z'R^{-1}Z+G^{-1} \end{bmatrix} = \begin{bmatrix} X'R^{-1} & X'R^{-1}Z \\ Z'R^{-1}X & Z'R^{-1}Z \end{bmatrix} + \begin{bmatrix} 0 & 0 \\ 0 & G^{-1} \end{bmatrix}$$

$$\begin{bmatrix} C_{XX} & C_{XZ} \\ C_{ZX} & C_{ZZ} \end{bmatrix} \begin{bmatrix} X'R^{-1} & X'R^{-1}Z \\ Z'R^{-1}X & Z'R^{-1}Z \end{bmatrix} = \begin{bmatrix} I & -C_{XZ}G^{-1} \\ 0 & I-C_{ZZ}G^{-1} \end{bmatrix}$$

$$\begin{aligned} Var(\hat{b}) &= Var(C'_{b}y) = C'_{b}VC_{b} = C'_{b}(ZGZ'+R)C_{b} \\ &= (C_{xx}X'R^{-1} + C_{xz}Z'R^{-1})(ZGZ'+R)C_{b} \\ &= (C_{xx}X'R^{-1}Z + C_{xz}Z'R^{-1})GZ'C_{b} + (C_{xx}X' + C_{xz}Z')C_{b} \\ &= -C_{xz}G^{-1}GZ'C_{b} + (C_{xx}X' + C_{xz}Z')(R^{-1}XC_{xx} + R^{-1}ZC_{zx}) \\ &= -C_{xz}Z'C_{b} + \begin{bmatrix} C_{xx} & C_{xz} \end{bmatrix} \begin{bmatrix} X'R^{-1}X & X'R^{-1}Z \\ Z'R^{-1}X & Z'R^{-1} \end{bmatrix} \begin{bmatrix} C_{xx} \\ C_{zx} \end{bmatrix} \\ &= -C_{xz}Z'(R^{-1}XC_{xx} + R^{-1}ZC_{zx}) + (I - C_{xz}G^{-1}] \begin{bmatrix} C_{xx} \\ C_{zx} \end{bmatrix} \\ &= C_{xz}G^{-1}C_{zx} + C_{xx} - C_{xz}G^{-1}C_{zx} \\ &= C_{xx} \end{aligned}$$

相似的

$$Var(\hat{u}) = Var(C'_{u}y) = C'_{u}VC_{u} = G - C_{ZZ}$$

$$Cov(\hat{b},\ \hat{u})' = 0$$

$$Cov(u,\ \hat{u}') = G - C_{ZZ} = Var(\hat{u})$$

$Var(\hat{u}-u) = Var(\hat{u}) + Var(u) - 2Cov(\hat{u},\ u) = C_{ZZ}$　预测误差方案（PEV）

三、动物模型 BLUP（Animal model BLUP）

动物模型 Animal model

（1）模型中包含提供观测值的动物个体的加性遗传效应（育种值）；

（2）可用于估计个体育种值；

（3）最简单的动物模型：模型中没有其他随机效应。

例 1

5 头犊牛的断乳前体重

犊牛	性别	公牛	母牛	WWG（kg）
4	公	1	—	4.5
5	母	3	2	2.9
6	母	1	2	3.9

（续表）

犊牛	性别	公牛	母牛	WWG（kg）
7	公	4	5	3.5
8	公	3	6	5.0

模型

$$y_{ij} = b_i + a_j + e_{ij}$$

b_i：性别效应（固定）

a_j：动物加性遗传效应或育种值（随机）

$$\begin{bmatrix} 4.5 \\ 2.9 \\ 3.9 \\ 3.5 \\ 5.0 \end{bmatrix} = \begin{bmatrix} 1 & 0 \\ 0 & 1 \\ 0 & 1 \\ 1 & 0 \\ 1 & 0 \end{bmatrix} \begin{bmatrix} b_1 \\ b_2 \end{bmatrix} + \begin{bmatrix} 0 & 0 & 0 & 1 & 0 & 0 & 0 & 0 \\ 0 & 0 & 0 & 0 & 1 & 0 & 0 & 0 \\ 0 & 0 & 0 & 0 & 0 & 1 & 0 & 0 \\ 0 & 0 & 0 & 0 & 0 & 0 & 1 & 0 \\ 0 & 0 & 0 & 0 & 0 & 0 & 0 & 1 \end{bmatrix} \begin{bmatrix} a_1 \\ a_2 \\ a_3 \\ a_4 \\ a_5 \\ a_6 \\ a_7 \\ a_8 \end{bmatrix} + e$$

注意：动物 1、2 和 3 没有观察结果。

$$y = Xb + Za + e$$

$$Var(e) = R = I\sigma_e^2$$

$$Var(a) = G = A\sigma_a^2$$

A = 加性遗传相关矩阵（additive genetic relationship matrix）

σ_a^2 = 性状的加性遗传方差

MME

$$\begin{bmatrix} X'X & X'Z \\ Z'X & Z'Z + \sigma_e^2 G^{-1} \end{bmatrix} \begin{bmatrix} \hat{b} \\ \hat{u} \end{bmatrix} = \begin{bmatrix} X'y \\ Z'y \end{bmatrix}$$

由于

$$G^{-1} = A^{-1}\sigma_a^{-2}$$

所以

$$\begin{bmatrix} X'X & X'Z \\ Z'X & Z'Z + kA^{-1} \end{bmatrix} \begin{bmatrix} \hat{b} \\ \hat{a} \end{bmatrix} = \begin{bmatrix} X'y \\ Z'y \end{bmatrix}$$

$$k = \frac{\sigma_e^2}{\sigma_a^2} = \frac{\sigma_y^2 - \sigma_a^2}{\sigma_a^2} = \frac{1 - \sigma_a^2/\sigma_y^2}{\sigma_a^2/\sigma_y^2} = \frac{1 - h^2}{h^2}$$

例 1 的 MME

$$X'X = \begin{bmatrix} 3 & 0 \\ 0 & 2 \end{bmatrix} \qquad X'Z = \begin{bmatrix} 0 & 0 & 0 & 1 & 0 & 0 & 1 & 1 \\ 0 & 0 & 0 & 0 & 1 & 1 & 0 & 0 \end{bmatrix}$$

$$Z'Z=\begin{bmatrix}0&0&0&0&0&0&0&0\\0&0&0&0&0&0&0&0\\0&0&0&0&0&0&0&0\\0&0&0&1&0&0&0&0\\0&0&0&0&1&0&0&0\\0&0&0&0&0&1&0&0\\0&0&0&0&0&0&1&0\\0&0&0&0&0&0&0&1\end{bmatrix}\quad X'y=\begin{bmatrix}13.0\\6.8\end{bmatrix}\quad Z'y=\begin{bmatrix}0\\0\\0\\4.5\\2.9\\3.9\\3.5\\5.0\end{bmatrix}$$

$$A^{-1}=\begin{bmatrix}1.833&0.500&0.000&-0.667&0.000&-1.000&0.000&0.000\\0.500&2.000&0.500&0.000&-1.000&-1.000&0.000&0.000\\0.000&0.500&2.000&0.000&-1.000&0.500&0.000&-1.000\\-0.667&0.000&0.000&1.833&0.500&0.000&-1.000&0.000\\0.000&-1.000&-1.000&0.500&2.500&0.000&-1.000&0.000\\-1.000&-1.000&0.500&0.000&0.000&2.500&0.000&-1.000\\0.000&0.000&0.000&-1.000&-1.000&0.000&2.000&0.000\\0.000&0.000&-1.000&0.000&0.000&-1.000&0.000&2.000\end{bmatrix}$$

假设 $k=\dfrac{\sigma_e^2}{\sigma_a^2}=2$

MME

$$\begin{bmatrix}3.000&0.000&0.000&0.000&0.000&1.000&0.000&0.000&1.000&1.000\\0.000&2.000&0.000&0.000&0.000&0.000&1.000&1.000&0.000&0.000\\0.000&0.000&3.667&1.000&0.000&-1.333&0.000&-2.000&0.000&0.000\\0.000&0.000&1.000&4.000&1.000&0.000&-2.000&-2.000&0.000&0.000\\0.000&0.000&0.000&1.000&4.000&0.000&-2.000&1.000&0.000&-2.000\\1.000&0.000&-1.333&0.000&0.000&4.667&1.000&0.000&-2.000&0.000\\0.000&1.000&0.000&-2.000&-2.000&1.000&6.000&0.000&-2.000&0.000\\0.000&1.000&-2.000&-2.000&1.000&0.000&0.000&6.000&0.000&-2.000\\1.000&0.000&0.000&0.000&0.000&-2.000&-2.000&0.000&5.000&0.000\\1.000&0.000&0.000&0.000&-2.000&0.000&0.000&-2.000&0.000&5.000\end{bmatrix}$$

$$\begin{bmatrix}\hat{b}_1\\\hat{b}_2\\\hat{a}_1\\\hat{a}_2\\\hat{a}_3\\\hat{a}_4\\\hat{a}_5\\\hat{a}_6\\\hat{a}_7\\\hat{a}_8\end{bmatrix}=\begin{bmatrix}13.0\\6.8\\0.0\\0.0\\0.0\\4.5\\2.9\\3.9\\3.5\\5.0\end{bmatrix}$$

$[\hat{b}_1 \quad \hat{b}_2 \quad \hat{a}_1 \quad \hat{a}_2 \quad \hat{a}_3 \quad \hat{a}_4 \quad \hat{a}_5 \quad \hat{a}_6 \quad \hat{a}_7 \quad \hat{a}_8] = [4.358 \quad 3.404 \quad 0.098 \quad -0.019 \quad -0.041 \quad -0.009 \quad -0.186 \quad 0.177 \quad -0.249 \quad 0.183]$

例 1 的 R 程序，在“pedigree”包中使用函数“blup”

```
library (pedigree)     #安装“pedigree”
ID <-4 : 8
SIRE <-c (1, 3, 1, 4, 3)
DAM <-c (NA, 2, 2, 5, 6)
SEX <-factor (c (1, 2, 2, 1, 1) )
y <-c (4.5, 2.9, 3.9, 3.5, 5.0)
example1 <-data.frame (ID, SIRE, DAM, SEX, y)
example1 <-add.Inds (example1)       # 将个体 1, 2, 3 加入系谱
sol <-blup (y~SEX-1, ped=example1, alpha=2)       # alpha= σe^2/ σa^2
```

估计育种值的可靠性（reliability，REL or r^2）

$$\begin{bmatrix} X'R^{-1}X & X'R^{-1}Z \\ Z'R^{-1}X & Z'R^{-1}Z+G^{-1} \end{bmatrix}\begin{bmatrix} \hat{b} \\ \hat{u} \end{bmatrix} = \begin{bmatrix} X'R^{-1}y \\ Z'R^{-1}y \end{bmatrix} \quad PEV = Var(\hat{u}-u) = C_{ZZ}$$

$$\begin{bmatrix} X'X & X'Z \\ Z'X & Z'Z+kA^{-1} \end{bmatrix}\begin{bmatrix} \hat{b} \\ \hat{a} \end{bmatrix} = \begin{bmatrix} X'y \\ Z'y \end{bmatrix} \quad PEV = Var(\hat{a}-a) = C_{ZZ}\sigma_e^2$$

对第 i 个个体

$$PEV_i = Var(\hat{a}_i - a_i) = \sigma_e^2 c_{ii} \qquad c_{ii} = C_{ZZ} \text{ 中与个体 } i \text{ 对应的对角线元素}$$

$$REL_i = \frac{[Var(a_i) - PEV_i]}{Var(a_i)} = 1 - \frac{\sigma_e^2 c_{ii}}{\sigma_a^2 a_{ii}} = 1 - k\frac{c_{ii}}{a_{ii}}$$

a_{ii} = A 中与个体 i 对应的对角线元素 = 1（如果该个体的近交系数为 0）。

估计育种值的准确性（accuracy，r）

估计值与真值的相关系数

$$r_{a_i\hat{a}_i} = \frac{Cov(a_i, \hat{a}_i)}{\sigma_{a_i}\sigma_{\hat{a}_i}} = \frac{\sigma_{\hat{a}_i}^2}{\sigma_{a_i}\sigma_{\hat{a}_i}} = \frac{\sigma_{\hat{a}_i}}{\sigma_{a_i}}$$

$$\sqrt{\frac{a_{ii}\sigma_a^2 - c_{ii}\sigma_e^2}{a_{ii}\sigma_a^2}} = \sqrt{1 - k\frac{c_{ii}}{a_{ii}}} = \sqrt{REL_i}$$

对于例 1

$$\begin{bmatrix} C_{xx} & C_{xz} \\ C_{zx} & C_{zz} \end{bmatrix} =$$

$$\begin{bmatrix} 0.596 & 0.157 & -0.164 & -0.084 & -0.131 & -0.265 & -0.148 & -0.166 & -0.284 & -0.238 \\ 0.157 & 0.802 & -0.133 & -0.241 & -0.112 & -0.087 & -0.299 & -0.306 & -0.186 & -1.199 \\ \cdots\cdots & \cdots\cdots & \cdots\cdots & \cdots\cdots & \cdots\cdots & \cdots\cdots & \cdots\cdots & \cdots\cdots & \cdots\cdots & \cdots\cdots \\ -0.164 & -0.133 & 0.471 & 0.007 & 0.033 & 0.220 & 0.045 & 0.221 & 0.139 & 0.134 \\ -0.084 & -0.241 & 0.007 & 0.492 & -0.010 & 0.020 & 0.237 & 0.245 & 0.120 & 0.111 \\ -0.131 & -0.112 & 0.033 & -0.010 & 0.456 & 0.048 & 0.201 & 0.023 & 0.126 & 0.218 \\ -0.265 & -0.087 & 0.220 & 0.020 & 0.048 & 0.428 & 0.047 & 0.128 & 0.243 & 0.123 \\ -0.148 & -0.299 & 0.045 & 0.237 & 0.201 & 0.047 & 0.428 & 0.170 & 0.220 & 0.178 \\ -0.166 & -0.306 & 0.221 & 0.245 & 0.023 & 0.128 & 0.170 & 0.442 & 0.152 & 0.219 \\ -0.284 & -0.186 & 0.139 & 0.120 & 0.126 & 0.243 & 0.220 & 0.152 & 0.442 & 0.168 \\ -0.238 & -0.199 & 0.134 & 0.111 & 0.218 & 0.123 & 0.178 & 0.219 & 0.168 & 0.422 \end{bmatrix}$$

$$REL_1 = 1 - k \times \frac{c_{11}}{a_{11}} = 1 - 2 \times \frac{0.471}{1} = 0.058$$

$$REL = [0.058 \quad 0.016 \quad 0.088 \quad 0.144 \quad 0.144 \quad 0.116 \quad 0.116 \quad 0.156]$$

对 MME 的进一步理解

$$\begin{bmatrix} X'X & X'Z \\ Z'X & Z'Z + kA^{-1} \end{bmatrix} \begin{bmatrix} \hat{b} \\ \hat{a} \end{bmatrix} = \begin{bmatrix} X'y \\ Z'y \end{bmatrix}$$

$$[Z'Z + kA^{-1}][\hat{a}] = Z'y - Z'X\hat{b}$$
$$= Z'(y - X\hat{b})$$

根据 A^{-1}的结构，个体 i 的估计育种值可表示为

$$(Z'_i Z_i + k u_{ii})\hat{a}_i = Z'_i(y - X\hat{B}) - k(u_{is}\hat{a}_s + u_{id}\hat{a}_d) - k\sum_j (u_{io_j}\hat{a}_{o_j} + 0.5\hat{a}_{m_j})$$

↑个体本身信息　　↑亲本信息　　↑后代信息

Z'_i：Z' 的第 i 行

$\hat{a}_s$、$\hat{a}_d$：个体 i 的父亲和母亲的估计育种值

$\hat{a}_{o_j}$：个体 i 的第 j 个后代的估计育种值

$\hat{a}_{m_j}$：第 j 个后代的另一亲本（i 的配偶）的估计育种值

u_{ii}、u_{is}、u_{id}、u_{io_j}：A^{-1} 中相应的元素

加性遗传相关矩阵（A）

任意 2 个个体（X and Y）的遗传协方差（基因型值的协方差）

$$Cov(G_X, G_Y) = a_{XY}\sigma_a^2 + d_{XY}\sigma_d^2 + \cdots\cdots$$

↑

X 和 Y 育种值的协方差

$$G = A + D + I$$

a_{XY} = X 和 Y 间的加性遗传相关 = $2f_{XY}$

f_{XY} = X 和 Y 间的共亲系数（coefficient of coancestry）：随机携带两个配子的概率，每个配子携带 IBD 等位基因。

特别当

$$f_{XX} = \frac{1}{2}(1 + F_X)$$

$F_X = X$ 的近交系数

$$Var(a) = A\sigma_a^2 = \{a_{ij}\}\sigma_a^2$$

a_{ij}=个体 i 和 j 之间的加性遗传相关

注意：a_{ij} 也等于亲缘系数的分子，所以 A 也称为分子亲缘相关矩阵（Numerator Relationship Matrix）。

A 的计算

可根据共亲系数的计算规则用下面的递归公式计算 A

$$a_{ii} = \begin{cases} 1 + 0.5\,a_{s_i d_i} & \text{如果}s_i\text{ 和}d_i\text{ 都已知} \\ 1 & \text{如果}s_i\text{ 和}d_i\text{ 都未知} \end{cases}$$

$$a_{ij} = a_{ji} = \begin{cases} 0.5(a_{is_j} + a_{id_j}) & \text{如果}s_j\text{ 和}d_j\text{ 都已知} \\ 0.5\,a_{is_j} & \text{如果}s_j\text{ 已知，}d_j\text{ 未知} \\ 0.5\,a_{id_j} & \text{如果}d_j\text{ 已知，}s_j\text{ 未知} \\ 0 & \text{如果}s_j\text{ 和}d_j\text{ 都未知} \end{cases}$$

s_i（s_j）是个体 i（j）的父亲，d_i（d_j）是个体 i（j）的母亲。

按下述规则准备系谱表。

（1）三列：动物、父亲、母亲；

（2）动物列应包含所有个体，包括出现在父亲和母亲列中的个体；

（3）在动物列中排序动物，使后代永远不会出现在他们的父母面前；

（4）用从 1 开始的自然数编码动物。

例 1 中

动物	父亲	母亲
1	—	—
2	—	—
3	—	—
4	1	—
5	3	2
6	1	2
7	4	5
8	3	6

从系谱表中的第一个个体开始依次计算

$$a_{11} = aa_{22} = a_{33} = 1$$

$$a_{12}=a_{13}=a_{23}=0 \quad (\text{个体 1、2 和 3 的双亲未知})$$

$$a_{14}=0.5\times a_{11}=0.5$$

$$a_{15}=0.5\times(a_{13}+a_{12})=0$$

……

$$a_{24}=0.5\times a_{21}=0$$

$$a_{25}=0.5\times(a_{23}+a_{22})=0.5$$

……

$$a_{36}=0.5\times(a_{31}+a_{32})=0$$

……

$$a_{88}=1+0.5\times a_{36}=1$$

例 1 的完整 A 阵为

$$A=\begin{bmatrix}1 & 0 & 0 & 0.5 & 0 & 0.5 & 0.25 & 0.25\\ & 1 & 0 & 0 & 0.5 & 0.5 & 0.25 & 0.25\\ & & 1 & 0 & 0.5 & 0 & 0.25 & 0.5\\ & & & 1 & 0 & 0.25 & 0.5 & 0.125\\ & & & & 1 & 0.25 & 0.5 & 0.375\\ & symm. & & & & 1 & 0.25 & 0.5\\ & & & & & & 1 & 0.25\\ & & & & & & & 1\end{bmatrix}$$

例如 1 的 R 程序，在“pedigree”包中使用函数“makeA”

```
makeA (example1, which=rep (TRUE, 8) )     # results stored in file A. txt
A <-read. table ( "A. txt" )
# restore A in a matrix calledAmatrix
nInd <-nrow (example1)
Amatrix <-Matrix (0, nrow=nInd, ncol=nInd)
Amatrix [as. matrix (A [, 1 : 2] ) ] <-A [, 3]
dd <-diag (Amatrix)
Amatrix <-Amatrix + t (Amatrix)
diag (Amatrix) <-dd
Amatrix
```

A^{-1}的计算注意问题

（1）在 MME 中，需要的是 A^{-1}，而不是 A 本身。

（2）通过对 A 求逆得到 A^{-1}非常困难。

对 A 进行分解，由于 A 是对称的正定矩阵，它可以被分解为

$$A=LL'$$

其中 L 是下三角矩阵，可以进一步分解为

$$L=TD$$

其中 T 也是一个下三角矩阵，$t_{ii}=1$，D 是一个对角矩阵 $d_i=l_{ii}$

$$A = TDDT' = TD^2T' \Longrightarrow A^{-1} = (T^{-1})'D^{-2}T^{-1}$$

个体育种值的分解

$$a_i = \frac{1}{2}(a_s + a_d) + m_i \text{ 如果我的父母（s 和 d）都知道}$$

$$a_i = \frac{1}{2}a_p + m_i \text{ 如果只知道一个父母（p）}$$

$$a_i = m_i \text{ 如果父母双方都不知道}$$

此处 m_i 为孟德尔抽样离差。

$$a = Pa + m \longrightarrow$$

$$(I - P)a = m \longrightarrow$$

$$a = (I - P)^{-1}m \longrightarrow$$

$$Var(a) = A\sigma_a^2 = (I - P)^{-1}Var(m)[(I - P)^{-1}]'$$

$$A = (1 - P)^{-1}\left[Var(m)\frac{1}{\sigma_a^2}\right][(I - P)^{-1}]' \Longrightarrow (I - P)^{-1} = T$$

$$Var(m)\frac{1}{\sigma_a^2} = D^2$$

$$A^{-1} = \sigma_a^2(I - P)'[Var(m)]^{-1}(I - P)$$

此处，$Var(m)$ 为对角线矩阵。

对于例 1

$$a = \begin{bmatrix} a_1 \\ a_2 \\ a_3 \\ a_4 \\ a_5 \\ a_6 \\ a_7 \\ a_8 \end{bmatrix} \quad P = \begin{bmatrix} 0 & 0 & 0 & 0 & 0 & 0 & 0 & 0 \\ 0 & 0 & 0 & 0 & 0 & 0 & 0 & 0 \\ 0 & 0 & 0 & 0 & 0 & 0 & 0 & 0 \\ 0.5 & 0 & 0 & 0 & 0 & 0 & 0 & 0 \\ 0 & 0.5 & 0.5 & 0 & 0 & 0 & 0 & 0 \\ 0.5 & 0.5 & 0 & 0 & 0 & 0 & 0 & 0 \\ 0 & 0 & 0 & 0.5 & 0.5 & 0 & 0 & 0 \\ 0 & 0 & 0.5 & 0 & 0 & 0.5 & 0 & 0 \end{bmatrix}$$

$$I-P = \begin{bmatrix} 1 & 0 & 0 & 0 & 0 & 0 & 0 & 0 \\ 0 & 1 & 0 & 0 & 0 & 0 & 0 & 0 \\ 0 & 0 & 1 & 0 & 0 & 0 & 0 & 0 \\ -0.5 & 0 & 0 & 1 & 0 & 0 & 0 & 0 \\ 0 & -0.5 & -0.5 & 0 & 1 & 0 & 0 & 0 \\ -0.5 & -0.5 & 0 & 0 & 0 & 1 & 0 & 0 \\ 0 & 0 & 0 & -0.5 & -0.5 & 0 & 1 & 0 \\ 0 & 0 & -0.5 & 0 & 0 & -0.5 & 0 & 1 \end{bmatrix}$$

如果 i 的双亲（s 和 d）已知

$$m_i = a_i - 0.5(a_s + a_d)$$

$$V(m_i) = V(a_i) + 0.25V(a_s + a_d) - 2Cov(a_i,\ 0.5(a_s + a_d))$$

$$= V(a_i) + 0.25[V(a_s) + V(a_d) + 2Cov(a_s,\ a_d)] - [Cov(a_i,\ a_s) + Cov(a_i,\ a_d)]$$

$$= a_{ii}\sigma_a^2 + 0.25[a_{ss} + a_{dd} + 2a_{sd}]\sigma_a^2 - 0.5[(a_{ss} + a_{sd}) + (a_{dd} + a_{sd})]\sigma_a^2$$

$$= \sigma_a^2(a_{ii} - 0.25a_{ss} - 0.25a_{dd} - 0.5a_{sd})$$

$$= \sigma_a^2[1 + F_i - 0.25(1 + F_s) - 0.25(1 + F_d) - F_i]$$

$$= \sigma_a^2[0.5 - 0.25(F_s + F_d)]$$

如果只有一个亲本（p）已知

$$m_i = a_i - 0.5a_p$$

$$V(m_i) = V(a_i) + 0.25V(a_p) - 2Cov(a_i,\ 0.5a_p)$$

$$= a_{ii}\sigma_a^2 + 0.25a_{pp}\sigma_a^2 - 0.5a_{pp}\sigma_a^2$$

$$= \sigma_a^2(a_{ii} - 0.25a_{pp})$$

$$= \sigma_a^2[1 - 0.25(1 + F_p)]$$

$$= \sigma_a^2(0.75 - 0.25F_p)$$

如果双亲均未知

$$m_i = a_i$$

$$V(m_i) = \sigma_a^2$$

$$Var(m)\frac{1}{\sigma_a^2} = D^2 = diag\{d_i^2\} \quad \Rightarrow \quad d_i = \left[Var(m_i)\frac{1}{\sigma_a^2}\right]^{0.5}$$

$$d_i = \begin{cases} [0.5 - 0.25[F_s + F_d]]^{0.5} & \text{如果亲本都已知} \\ (0.75 - 0.25F_p)^{0.5} & \text{如果一个亲本已知} \\ 1 & \text{如果亲本均未知} \end{cases}$$

如果所有的 F 都等于 0

$$d_i = \begin{cases} \sqrt{0.5} & \text{如果亲本都已知} \\ \sqrt{0.75} & \text{如果一个亲本已知} \\ 1 & \text{如果亲本均未知} \end{cases}$$

对于例 1

$$diag\{d_i\} = diag[1 \quad 1 \quad 1 \quad \sqrt{0.75} \quad \sqrt{0.5} \quad \sqrt{0.5} \quad \sqrt{0.5} \quad \sqrt{0.5}]$$

$$A^{-1} = (T^{-1})'D^{-2}T^{-1} = \sigma_a^2(I - P)'[Var(m)]^{-1}(I - P)$$

$$T^{-1} = I - P = \{t_{ij}^*\}$$

$$t_{ii}^* = 1$$

$$t_{\substack{ij \\ j<i}}^* = \begin{cases} -0.5 & \text{如果 } j \text{ 是 } i \text{ 的已知亲本} \\ 0 & \text{其他} \end{cases}$$

F 中的 d_i 的计算办法

$$d_i=\begin{cases}[0.5-0.25(F_S+F_d)]^{0.5}\\(0.75-0.25F_p)^{0.5}\\1\end{cases}\xrightarrow{F_i=a_{ii}-1}d_i=\begin{cases}[1-0.25(a_{SS}+a_{dd})]^{0.5}\\(1-0.25a_{pp})^{0.5}\\1\end{cases}$$

$$A=LL'\longrightarrow$$

$$a_{ii}=\sum_{k=1}^{i}l_{ik}^2$$

$$L=TD\longrightarrow$$

$$l_{ii}=d_i$$

$$l_{ij}=t_{ij}d_j$$

$$\underset{(i>j)}{t_{ij}}=\begin{cases}0.5(t_{sj}+t_{dj}) & \text{如 } i \text{ 的双亲已知且 } s \text{ 和 } d\geqslant j\\0.5\,t_{pj} & \text{如 } i \text{ 的一个亲本已知且 } p\geqslant j\\0 & \text{其他}\end{cases}$$

$$\underset{(i>j)}{l_{ij}}=t_{ij}d_j=\begin{cases}0.5(l_{sj}+l_{dj}) & \text{如 } i \text{ 的双亲已知且 } s \text{ 和 } d\geqslant j\\0.5\,l_{pj} & \text{如 } i \text{ 的一个亲本已知且 } p\geqslant j\\0 & \text{其他}\end{cases}$$

计算步骤

1）建立如前所述的系谱文件；

2）令初始 $A^{-1}=0$；

3）For $i=1,2,\cdots,n$；

For$j=1,2,\cdots,i-1$

计算 l_{ij}；

计算 $d_i(=l_{ii})$，a_{ii}，

令 $d_i^*=\dfrac{1}{d_i^2}$

增加 d_i^* 到 A^{-1}，规则如下

① 如果 i 的二个亲本都已知

$$d_i^*\rightarrow(i,i)$$

$$-0.5\,d_i^*\rightarrow(i,s),(s,i),(i,d),(d,i)$$

$$0.25\,d_i^*\rightarrow(s,s),(d,d),(s,d),(d,s)$$

② 如果 i 的一个亲本已知

$$d_i^*\rightarrow(i,i)$$

$$-0.5\,d_i^*\rightarrow(i,p),(p,i)$$

$$0.25\,d_i^*\rightarrow(p,p)$$

③ 如果 i 的二个亲本都未知

$$d_i^*\rightarrow(i,i)$$

对于例 1

$i=1$：

$$d_1 = l_{11} = 1,\ d_1^* = 1,\ a_{11} = l_{11}^2 = 1$$

$i = 2$:

$$l_{21} = 0$$

$$d_2 = l_{22} = 1,\ d_2^* = 1,\ a_{22} = l_{21}^2 + l_{22}^2 = 1$$

$i=3$:

$$l_{31} = 0 \qquad l_{32} = 0$$

$$d_3 = l_{33} = 1,\ d_3^* = 1,\ a_{33} = l_{31}^2 + l_{32}^2 + l_{33}^2 = 1$$

$i=4$:

$$l41 = 0.5l_{11} = 0.5 \qquad l_{42} = 0.5l_{12} = 0 \qquad l_{43} = 0.5l_{13} = 0$$

$$d_4 = l_{44} = (1-0.25a_{11})^{0.5} = \sqrt{0.75},\ d_4^* = 4/3,\ a_{44} = \sum_{k=1}^{4} l_{4k}^2 = 1$$

$i=5$:

$$l_{51} = 0.5(l_{31} + l_{21}) = 0 \qquad l_{52} = 0.5(l_{32} + l_{22}) = 0.5$$

$$l_{53} = 0.5(l_{33} + l_{23}) = 0.0 \qquad l_{54} = 0.5(l_{34} + l_{24}) = 0$$

$$d_5 = l_{55} = [1 - 0.25(a_{33} + a_{22})]^{0.5} = \sqrt{0.5},\ d_5^* = 2,\ a_{55} = \sum_{k=1}^{5} l_{5k}^2 = 1$$

$i=6$:

$$l_{61} = 0.5(l_{11} + l_{21}) = 0.5 \qquad l_{62} = 0.5(l_{12} + l_{22}) = 0.5$$

$$l_{63} = 0.5(l_{13} + l_{23}) = 0 \qquad l_{64} = 0.5(l_{14} + l_{24}) = 0$$

$$l_{65} = 0.5(l_{15} + l_{25}) = 0$$

$$d_6 = l_{66} = [1 - 0.25(a_{11} + a_{22})]^{0.5} = \sqrt{0.5},\ d_6^* = 2,\ a_{66} = \sum_{k=1}^{6} l_{6k}^2 = 1$$

……

$i = 1, 2, 3$ $\qquad\qquad$ $i = 4$

$$\begin{bmatrix} 1 & 0 & 0 & 0 & 0 & 0 & 0 & 0 \\ & 1 & 0 & 0 & 0 & 0 & 0 & 0 \\ & & 1 & 0 & 0 & 0 & 0 & 0 \\ & & & 0 & 0 & 0 & 0 & 0 \\ & & & & 0 & 0 & 0 & 0 \\ & & sym. & & & 0 & 0 & 0 \\ & & & & & & 0 & 0 \\ & & & & & & & 0 \end{bmatrix} \quad \begin{bmatrix} 1+1/3 & 0 & 0 & -2/3 & 0 & 0 & 0 & 0 \\ & 1 & 0 & 0 & 0 & 0 & 0 & 0 \\ & & 1 & 0 & 0 & 0 & 0 & 0 \\ & & & 4/3 & 0 & 0 & 0 & 0 \\ & & & & 0 & 0 & 0 & 0 \\ & & sym. & & & 0 & 0 & 0 \\ & & & & & & 0 & 0 \\ & & & & & & & 0 \end{bmatrix}$$

$i=5$

$$\begin{bmatrix} 4/3 & 0 & 0 & -2/3 & 0 & 0 & 0 & 0 \\ & 1+1/2 & 1/2 & 0 & -1 & 0 & 0 & 0 \\ & & 1+1/2 & 0 & -1 & 0 & 0 & 0 \\ & & & 4/3 & 0 & 0 & 0 & 0 \\ & & & & 2 & 0 & 0 & 0 \\ & & sym. & & & 0 & 0 & 0 \\ & & & & & & 0 & 0 \\ & & & & & & & 0 \end{bmatrix}$$

$$i = 6$$

$$\begin{bmatrix} 4/3+1/2 & 1/2 & -1 & -2/3 & 0 & -1 & 0 & 0 \\ & 3/2+1/2 & 1/2 & 0 & 0 & -1 & 0 & 0 \\ & & 3/2 & 0 & 0 & 0 & 0 & 0 \\ & & & 4/3 & 0 & 0 & 0 & 0 \\ & & & & 2 & 0 & 0 & 0 \\ & & sym. & & & 2 & 0 & 0 \\ & & & & & & 0 & 0 \\ & & & & & & & 0 \end{bmatrix}$$

最终的 A^{-1}

$$A^{-1} = \begin{bmatrix} 1.833 & 0.500 & 0.000 & -0.667 & 0.000 & -1.000 & 0.000 & 0.000 \\ 0.500 & 2.000 & 0.500 & 0.000 & -1.000 & -1.000 & 0.000 & 0.000 \\ 0.000 & 0.500 & 2.000 & 0.000 & -1.000 & 0.500 & 0.000 & -1.000 \\ -0.667 & 0.000 & 0.000 & 1.833 & 0.500 & 0.000 & -1.000 & 0.000 \\ 0.000 & -1.000 & -1.000 & 0.500 & 2.500 & 0.000 & -1.000 & 0.000 \\ -1.000 & -1.000 & 0.500 & 0.000 & 0.000 & 2.500 & 0.000 & -1.000 \\ 0.000 & 0.000 & 0.000 & -1.000 & -1.000 & 0.000 & 2.000 & 0.000 \\ 0.000 & 0.000 & -1.000 & 0.000 & 0.000 & -1.000 & 0.000 & 2.000 \end{bmatrix}$$

注意：在非对角线元素中，非零元素只出现在个体的亲本、后代和配偶对应的位置上。

例 1 的 R 程序，在“pedigree”包中使用函数“makeAinv”

```
makeAinv (example1)     # results stored in file Ainv. txt
Ai <-read. table ( “Ainv. txt” )
# restore Ai in a matrix called Ainv
nInd <-nrow (example1)
Ainv <-Matrix (0, nrow=nInd, ncol=nInd)
Ainv [as. matrix (Ai [, 1 : 2] ) ] <-Ai [, 3]
dd <-diag (Ainv)
Ainv <-Ainv + t (Ainv)
diag (Ainv) <-dd
```

Ainv

动物模型 BLUP

几个相关概念

（1）YD（yield deviation）：校正了所有固定环境效应的动物个体的（平均）表型值。

$$YD=(Z'Z)^{-1}Z'(y-X\hat{b})$$

PYD（progeny yield deviation）或 DYD（daughter yield deviation）

（2）一个个体的所有后代的加权平均 YD

$$PYD \text{ 或 } DYD = \frac{\sum_1^n q_{prog} w_{prog}(YD_{prog} - 0.5\hat{a}_m)}{\sum_1^n q_{prog} w_{prog}}$$

$$q_{prog} = \begin{cases} 1 & \text{如果该后代的另一亲本已知} \\ 2/3 & \text{否则} \end{cases}$$

n：该个体的后代数

$w_{prog}=m(m+2q_{progk})$

m：该后代的记录数

对于例 1

$$YD_4 = y_4 - b_1 = 4.5 - 4.358 = 0.142$$

$$YD_5 = y_5 - b_2 = 2.9 - 3.404 = -0.504$$

$$YD_6 = y_6 - b_2 = 3.9 - 3.404 = 0.496$$

$$YD_7 = y_7 - b_1 = 3.5 - 4.358 = -0.858$$

$$YD_8 = y_8 - b_1 = 5.0 - 4.358 = 0.642$$

$$DY_3 = \frac{q_5 w_5(YD_5 - 0.5\hat{a}_2) + q_8 w_8(YD_8 - 0.5\hat{a}_6)}{q_5 w_5 + q_8 w_8}$$

$$= \frac{1 \times 0.2 \times (-0.504 - 0.5(-0.019)) + 1 \times 0.2 \times (0.642 - 0.5(0.177))}{1 \times 0.2 + 1 \times 0.1}$$

$$= 0.0295$$

$$w_5 = \frac{1}{1 + 2 \times q_5 \times k} = \frac{1}{5} \qquad w_8 = \frac{1}{1 + 2 \times q_8 \times k} = \frac{1}{5}$$

（3）DRP（de-regressed proof）或 dEBV（de-regressed EBV）：对估计育种值（EBV）进行逆回归，得到去除了亲本影响的校正表型值。

VanRaden（2009）的方法

$$DRP_i = PA + \frac{EBV_i - PA}{R_i}$$

$$PA = (EBV_S + EBV_d)/2$$

$$R_i = \frac{EDC_i - EDC_{PA}}{EDC_i}$$

其中，EDC=有效后代贡献（effective daughter contributions）（也称为有效后代数）。

$$DC_i = k\frac{REL_i}{1 - REL_i} \qquad REL_{PA} = \frac{REL_S + REL_d}{4}$$

$$k = (1 - h^2)/h^2$$

$REL = EBV$ 的可靠性

Garrick（2009）的方法

$$\begin{bmatrix} Z'_{PA}Z_{PA} + 4k & -2k \\ -2k & Z'_iZ_i + 2k \end{bmatrix} \begin{bmatrix} PA \\ EBV_i \end{bmatrix} = \begin{bmatrix} y^*_{PA} \\ y^*_i \end{bmatrix}$$

$$Z'_{PA}Z_{PA} = k(0.5a - 4) + 0.5k\sqrt{\alpha^2 + 16/\delta}$$

$$Z'_iZ_i = \delta Z'_{PA}Z_{PA} + 2k(2\delta - 1)$$

$$k = (1 - h^2)/h^2 \quad \alpha = 1/(0.5 - REL_{PA}),\ \delta = (0.5 - REL_{PA})/(1 - REL_i)$$

$$DRP_i = y^*_i/(Z'_iZ_i + k)$$

练　习

动物	父亲	母亲	牧场	观察值
1				
2				
3				
4	1	3	1	6
5	2	4	1	15
6	1		1	9
7	2	6	2	11
8	1	3	2	8
9	2	4	2	13
10	5	8	3	7
11	5	3	3	10
12	2	7	3	5

（1）计算 12 个个体的 A 矩阵和 A^{-1}

（2）根据模型

$$y_{ij} = CG_i + a_j + e_{ij}$$

其中 CG_i 是固定环境效应，a_j 是随机个体加性遗传效应，并假设 $\sigma_e^2 = 1.2\,\sigma_a^2$。建立 MME 并求解。

（3）计算 EBV 的可靠性

R 代码

计算 12 个个体的 A 矩阵和 A^{-1}

```
library (pedigree)    #安装"pedigree"
ID <-4 : 12
SIRE <-c (1, 2, 1, 2, 1, 2, 5, 5, 2)
DAM <-c (3, 4, NA, 6, 3, 4, 8, 3, 7)
CG<-factor (c (1, 1, 1, 2, 2, 2, 3, 3, 3) )
y<-c (NA, NA, NA, 6, 15, 9, 11, 8, 13, 7, 10, 5)
y1<-na. omit (y)
ped<-data. frame (ID, SIRE, DAM, CG, y1)
ped<-add. Inds (ped)
makeA (ped, which=rep (TRUE, 12) )    # results stored in file A. txt
A <-read. table ("A. txt")
makeAinv (example1)    # results stored in file Ainv. txt
Ai <-read. table ('Ainv. txt')
```

建立 MME 并求解

```
nInd <-nrow (ped)
Amatrix <-Matrix (0, nrow=nInd, ncol=nInd)
Amatrix [as. matrix (A [, 1 : 2] ) ] <-A [, 3]
dd <-diag (Amatrix)
Amatrix <-Amatrix + t (Amatrix)
diag (Amatrix) <-dd
Amatrix
Ainv <-solve (Amatrix)
k=1. 2
X <-model. matrix (y1~CG-1)
ID<-factor (1 : 12)
Z <-Matrix (model. matrix (y ~ ID-1) )
XX <-crossprod (X)
XZ <-crossprod (X, Z)
ZX <-t (XZ)
ZZ <-crossprod (Z)
LHS <-rbind (cbind (XX, XZ), cbind (ZX, ZZ+Ainv * k) )
Xy1 <-crossprod (X, y1)
Zy1 <-crossprod (Z, y1)
RHS <-rbind (Xy1, Zy1)
sol <-solve (LHS, RHS)
```

计算 EBV 的可靠性

```
q <-length (ID)
nh <-length (unique (CG) )
C <-solve (LHS)
Czz <-C [ (nh+1) : (nh+q), (nh+1) : (nh+q) ]
dd<-diag (Czz)
aa<-diag (Amatrix)
REL<-c ()
for (i in (1: q) ) {
rel<-1- (k * dd [i] /aa [i] )
  REL<-rbind (REL, rel)
}
REL
```

第八章　其他模型下的 BLUP

一、重复力模型

当动物个体在同一性状上有多个观测值时（如猪各个胎次的产仔数、奶牛各胎次的产奶量等），通常要在模型中加入永久环境效应。

$$y = \sum_i b_i + a + p + e \qquad p - \text{永久环境效应（随机）}$$

$$\sigma_y^2 = \sigma_a^2 + \sigma_p^2 + \sigma_e^2 \qquad \sigma_p^2 - \text{永久环境方差}$$

$$y = Xb+Z_1a+Z_2p+e = Xb+ \begin{bmatrix} Z_1 & Z_2 \end{bmatrix} \begin{bmatrix} a \\ p \end{bmatrix} +e$$

$$= Xb+Zu+e$$

$$Var(a) = A\sigma_a^2 \qquad Var(p) = I\sigma_p^2 \qquad Var(e) = I\sigma_e^2$$

$$Var(u) = G = \begin{bmatrix} A\sigma_a^2 & 0 \\ 0 & I\sigma_p^2 \end{bmatrix} \qquad G^{-1} = \begin{bmatrix} A^{-1}\sigma_a^{-2} & 0 \\ 0 & I\sigma_p^{-2} \end{bmatrix}$$

MME

$$\begin{bmatrix} X'X & X'Z \\ Z'X & Z'Z+\sigma_e^2 G^{-1} \end{bmatrix} \begin{bmatrix} \hat{b} \\ \hat{u} \end{bmatrix} = \begin{bmatrix} X'y \\ Z'y \end{bmatrix}$$

即

$$\begin{bmatrix} X'X & X'Z_1 & X'Z_2 \\ Z'_1X & Z'_1Z_1+k_1A^{-1} & Z'_1Z_2 \\ Z'_2X & Z'_2Z_1 & Z'_2Z_2+k_2I \end{bmatrix} \begin{bmatrix} \hat{b} \\ \hat{a} \\ \hat{p} \end{bmatrix} = \begin{bmatrix} X'y \\ Z'_1y \\ Z'_2y \end{bmatrix}$$

$$k_1 = \frac{\sigma_e^2}{\sigma_a^2} = \frac{\sigma_y^2 - (\sigma_a^2 + \sigma_p^2)}{\sigma_a^2} = \frac{1-r}{h^2} \qquad k_2 = \frac{\sigma_e^2}{\sigma_p^2} = \frac{1-r}{r-h^2}$$

$$r = \frac{\sigma_a^2 + \sigma_p^2}{\sigma_y^2} = \text{重复力}$$

例 2

6 头母猪的产仔记录

母猪	父亲	母亲	猪场	产仔年份	胎次	产仔数	场—年
3	—	—	1	1	2	10	1
4	1	—	1	1	1	6	1

（续表）

母猪	父亲	母亲	猪场	产仔年份	胎次	产仔数	场—年
			1	2	2	7	2
5	2	3	2	2	2	8	3
			2	2	2	13	4
6	—	3	2	1	1	12	3
			1	2	2	10	2
7	2	6	2	2	1	10	4
8	1	3	1	2	1	5	2

场和年份合并

模型：

$$y_{ijk} = h_i + l_j + a_k + p_k + e_{ijk}$$

假设 $h^2=0.1$，$r=0.2$

$$\begin{bmatrix}10\\6\\7\\8\\13\\12\\10\\10\\5\end{bmatrix} = \begin{bmatrix}1&0&0&0&0&1\\1&0&0&0&1&0\\0&1&0&0&0&1\\0&0&1&0&1&0\\0&0&0&1&0&1\\0&0&1&0&1&0\\0&1&0&0&0&1\\0&0&0&1&1&0\\0&1&0&0&1&0\end{bmatrix}\begin{bmatrix}h_1\\h_2\\h_3\\h_4\\l_1\\l_2\end{bmatrix} + \begin{bmatrix}0&0&1&0&0&0&0&0\\0&0&0&1&0&0&0&0\\0&0&0&1&0&0&0&0\\0&0&0&0&1&0&0&0\\0&0&0&0&1&0&0&0\\0&0&0&0&0&1&0&0\\0&0&0&0&0&1&0&0\\0&0&0&0&0&0&1&0\\0&0&0&0&0&0&0&1\end{bmatrix}\begin{bmatrix}a_1\\a_2\\a_3\\a_4\\a_5\\a_6\\a_7\\a_8\end{bmatrix} +$$

$$\begin{bmatrix}1&0&0&0&0&0\\0&1&0&0&0&0\\0&1&0&0&0&0\\0&0&1&0&0&0\\0&0&1&0&0&0\\0&0&0&1&0&0\\0&0&0&1&0&0\\0&0&0&0&1&0\\0&0&0&0&0&1\end{bmatrix}\begin{bmatrix}p_3\\p_4\\p_5\\p_6\\p_7\\p_8\end{bmatrix} + [e_{ijk}]$$

$$y=Xb+Z_1a+Z_2p+e$$

$$A^{-1}=\begin{bmatrix}
1.833 & 0.000 & 0.500 & -0.667 & 0.000 & 0.000 & 0.000 & -1.000\\
0.000 & 2.333 & 0.667 & 0.000 & -1.333 & 0.667 & -1.333 & 0.000\\
0.500 & 0.667 & 2.367 & 0.000 & -1.067 & -0.533 & -0.267 & -1.000\\
-0.667 & 0.000 & 0.000 & 1.333 & 0.000 & 0.000 & 0.000 & 0.000\\
0.000 & -1.333 & -1.067 & 0.000 & 2.133 & -0.267 & 0.533 & 0.000\\
0.000 & 0.667 & -0.533 & 0.000 & -0.267 & 1.867 & -1.067 & 0.000\\
0.000 & -1.333 & -0.267 & 0.000 & 0.533 & -1.067 & 2.133 & 0.000\\
-1.000 & 0.000 & -1.000 & 0.000 & 0.000 & 0.000 & 0.000 & 2.000
\end{bmatrix}$$

$$k_1=\frac{1-r}{h^2}=\frac{1-0.2}{0.1}=8 \qquad k_2=\frac{1-r}{r-h^2}=\frac{1-0.2}{0.2-0.1}=8$$

重复力模型

$$\begin{bmatrix}
2.00 & 0.00 & 0.00 & 0.00 & 1.00 & 1.00 & 0.00 & 0.00 & 1.00 & 1.00 & 0.00 & 0.00 & 0.00 & 0.00 & 1.00 & 1.00 & 0.00 & 0.00 & 0.00 & 0.00\\
0.00 & 3.00 & 0.00 & 0.00 & 1.00 & 2.00 & 0.00 & 0.00 & 0.00 & 1.00 & 0.00 & 1.00 & 0.00 & 1.00 & 0.00 & 1.00 & 0.00 & 1.00 & 0.00 & 1.00\\
0.00 & 0.00 & 2.00 & 0.00 & 2.00 & 0.00 & 0.00 & 0.00 & 0.00 & 0.00 & 1.00 & 1.00 & 0.00 & 0.00 & 0.00 & 0.00 & 1.00 & 1.00 & 0.00 & 0.00\\
0.00 & 0.00 & 0.00 & 2.00 & 1.00 & 1.00 & 0.00 & 0.00 & 0.00 & 0.00 & 1.00 & 0.00 & 1.00 & 0.00 & 0.00 & 0.00 & 1.00 & 0.00 & 1.00 & 0.00\\
1.00 & 1.00 & 2.00 & 1.00 & 5.00 & 0.00 & 0.00 & 0.00 & 0.00 & 1.00 & 1.00 & 1.00 & 1.00 & 1.00 & 0.00 & 1.00 & 1.00 & 1.00 & 1.00 & 1.00\\
1.00 & 2.00 & 0.00 & 1.00 & 0.00 & 4.00 & 0.00 & 0.00 & 1.00 & 1.00 & 1.00 & 1.00 & 0.00 & 0.00 & 1.00 & 1.00 & 1.00 & 1.00 & 0.00 & 0.00\\
0.00 & 0.00 & 0.00 & 0.00 & 0.00 & 0.00 & 14.67 & 0.00 & 4.00 & -5.33 & 0.00 & 0.00 & 0.00 & -8.00 & 0.00 & 0.00 & 0.00 & 0.00 & 0.00 & 0.00\\
0.00 & 0.00 & 0.00 & 0.00 & 0.00 & 0.00 & 0.00 & 18.67 & 5.33 & 0.00 & -10.67 & 5.33 & -10.67 & 0.00 & 0.00 & 0.00 & 0.00 & 0.00 & 0.00 & 0.00\\
1.00 & 0.00 & 0.00 & 0.00 & 0.00 & 1.00 & 4.00 & 5.33 & 19.93 & 0.00 & -8.53 & -4.27 & -2.13 & -8.00 & 1.00 & 0.00 & 0.00 & 0.00 & 0.00 & 0.00\\
1.00 & 1.00 & 0.00 & 0.00 & 1.00 & 1.00 & -5.33 & 0.00 & 0.00 & 12.67 & 0.00 & 0.00 & 0.00 & 0.00 & 0.00 & 2.00 & 0.00 & 0.00 & 0.00 & 0.00\\
0.00 & 0.00 & 1.00 & 1.00 & 1.00 & 1.00 & 0.00 & -10.67 & -8.53 & 0.00 & 19.07 & -2.13 & 4.27 & 0.00 & 0.00 & 0.00 & 2.00 & 0.00 & 0.00 & 0.00\\
0.00 & 1.00 & 1.00 & 0.00 & 1.00 & 1.00 & 0.00 & 5.33 & -4.27 & 0.00 & -2.13 & 16.93 & -8.53 & 0.00 & 0.00 & 0.00 & 0.00 & 2.00 & 0.00 & 0.00\\
0.00 & 0.00 & 0.00 & 1.00 & 1.00 & 0.00 & 0.00 & -10.67 & -2.13 & 0.00 & 4.27 & -8.53 & 18.07 & 0.00 & 0.00 & 0.00 & 0.00 & 0.00 & 1.00 & 0.00\\
0.00 & 1.00 & 0.00 & 0.00 & 1.00 & 0.00 & -8.00 & 0.00 & -8.00 & 0.00 & 0.00 & 0.00 & 0.00 & 17.00 & 0.00 & 0.00 & 0.00 & 0.00 & 0.00 & 1.00\\
1.00 & 0.00 & 0.00 & 0.00 & 0.00 & 1.00 & 0.00 & 0.00 & 1.00 & 0.00 & 0.00 & 0.00 & 0.00 & 0.00 & 9.00 & 0.00 & 0.00 & 0.00 & 0.00 & 0.00\\
1.00 & 1.00 & 0.00 & 0.00 & 1.00 & 1.00 & 0.00 & 0.00 & 0.00 & 2.00 & 0.00 & 0.00 & 0.00 & 0.00 & 0.00 & 10.00 & 0.00 & 0.00 & 0.00 & 0.00\\
0.00 & 0.00 & 1.00 & 1.00 & 1.00 & 1.00 & 0.00 & 0.00 & 0.00 & 0.00 & 2.00 & 0.00 & 0.00 & 0.00 & 0.00 & 0.00 & 10.00 & 0.00 & 0.00 & 0.00\\
0.00 & 1.00 & 1.00 & 0.00 & 1.00 & 1.00 & 0.00 & 0.00 & 0.00 & 0.00 & 0.00 & 2.00 & 0.00 & 0.00 & 0.00 & 0.00 & 0.00 & 10.00 & 0.00 & 0.00\\
0.00 & 0.00 & 0.00 & 1.00 & 1.00 & 0.00 & 0.00 & 0.00 & 0.00 & 0.00 & 0.00 & 0.00 & 1.00 & 0.00 & 0.00 & 0.00 & 0.00 & 0.00 & 9.00 & 0.00\\
0.00 & 1.00 & 0.00 & 0.00 & 1.00 & 0.00 & 0.00 & 0.00 & 0.00 & 0.00 & 0.00 & 0.00 & 0.00 & 1.00 & 0.00 & 0.00 & 0.00 & 0.00 & 0.00 & 9.00
\end{bmatrix}$$

$$\begin{bmatrix}\hat{h}_1\\ \hat{h}_2\\ \hat{h}_3\\ \hat{h}_4\\ \hat{l}_1\\ \hat{l}_2\\ \hat{a}_1\\ \hat{a}_2\\ \hat{a}_3\\ \hat{a}_4\\ \hat{a}_5\\ \hat{a}_6\\ \hat{a}_7\\ \hat{a}_8\\ \hat{p}_3\\ \hat{p}_4\\ \hat{p}_5\\ \hat{p}_6\\ \hat{p}_7\\ \hat{p}_8\end{bmatrix}=\begin{bmatrix}16\\ 22\\ 20\\ 23\\ 41\\ 40\\ 0\\ 0\\ 10\\ 13\\ 21\\ 22\\ 10\\ 5\\ 10\\ 13\\ 21\\ 22\\ 10\\ 5\end{bmatrix}$$

（1）方程组系数矩阵中有一个线性相关：与 h 对应的 4 行（列）之和等于与 l 对应的 2 行（列）之和；

（2）加一个约束条件：$\hat{l}_2 = 0$；

（3）方程组的解为

$$\begin{bmatrix} \hat{h}_1 \\ \hat{h}_2 \\ \hat{h}_3 \\ \hat{h}_4 \\ \hat{l}_1 \end{bmatrix} = \begin{bmatrix} 9.8300 \\ 8.3766 \\ 13.3085 \\ 13.3207 \\ -3.4577 \end{bmatrix} \quad \begin{bmatrix} \hat{a}_1 \\ \hat{a}_2 \\ \hat{a}_3 \\ \hat{a}_4 \\ \hat{a}_5 \\ \hat{a}_6 \\ \hat{a}_7 \\ \hat{a}_8 \end{bmatrix} = \begin{bmatrix} -0.0690 \\ -0.0967 \\ 0.0776 \\ -0.144 \\ -0.1076 \\ 0.2805 \\ 0.1174 \\ 0.0084 \end{bmatrix} \quad \begin{bmatrix} \hat{p}_3 \\ \hat{p}_4 \\ \hat{p}_5 \\ \hat{p}_6 \\ \hat{p}_7 \\ \hat{p}_8 \end{bmatrix} = \begin{bmatrix} 0.0103 \\ -0.1461 \\ -0.1956 \\ 0.3212 \\ 0.0022 \\ 0.0081 \end{bmatrix}$$

共同环境效应

有的性状会受共同环境效应影响，如仔猪哺乳期日增重会受到窝效应的影响，此时在模型中应加入共同环境效应。

模型

$$y = Xb + Z_1a + Z_2c + e$$

$$Var(a) = A\sigma_a^2 \qquad Var(c) = I\sigma_c^2 \qquad Var(e) = I\sigma_e^2$$

MME

$$\begin{bmatrix} X'X & X'Z_1 & X'Z_2 \\ Z'_1X & Z'_1Z_1 + k_1A^{-1} & Z'_1Z_2 \\ Z'_2X & Z'_2Z_1 & Z'_2Z_2 + k_2I \end{bmatrix} \begin{bmatrix} \hat{b} \\ \hat{a} \\ \hat{c} \end{bmatrix} = \begin{bmatrix} X'y \\ Z'_1y \\ Z'_2y \end{bmatrix}$$

$$k_1 = \frac{\sigma_e^2}{\sigma_a^2} \qquad k_2 = \frac{\sigma_e^2}{\sigma_c^2}$$

例 3

3 窝仔猪的断奶重

仔猪	父亲	母亲	性别	断乳重（kg）
6	1	2	公	90
7	1	2	母	70
8	1	2	母	65
9	3	4	母	98
10	3	4	公	106
11	3	4	母	60
12	3	4	母	80

（续表）

仔猪	父亲	母亲	性别	断乳重（kg）
13	1	5	公	100
14	1	5	母	85
15	1	5	公	68

$$y_{ijk} = s_i + a_j + l_k + e_{ijk}$$

l_k：窝效应（同母为一窝）

假设：$\sigma_a^2 = 20$，　$\sigma_c^2 = 15$，　$\sigma_e^2 = 65$

$$k_1 = \frac{\sigma_e^2}{\sigma_a^2} = 3.25$$

$$k_2 = \frac{\sigma_e^2}{\sigma_c^2} = 4.333$$

$$X = \begin{bmatrix} 1 & 0 \\ 0 & 1 \\ 0 & 1 \\ 0 & 1 \\ 1 & 0 \\ 0 & 1 \\ 0 & 1 \\ 1 & 0 \\ 0 & 1 \\ 1 & 0 \end{bmatrix} \qquad Z_2 = \begin{bmatrix} 1 & 0 & 0 \\ 1 & 0 & 0 \\ 1 & 0 & 0 \\ 0 & 1 & 0 \\ 0 & 1 & 0 \\ 0 & 1 & 0 \\ 0 & 1 & 0 \\ 0 & 0 & 1 \\ 0 & 0 & 1 \\ 0 & 0 & 1 \end{bmatrix}$$

$$Z_1 = \begin{bmatrix} 0 & 0 & 0 & 0 & 0 & 1 & 0 & 0 & 0 & 0 & 0 & 0 & 0 & 0 & 0 \\ 0 & 0 & 0 & 0 & 0 & 0 & 1 & 0 & 0 & 0 & 0 & 0 & 0 & 0 & 0 \\ 0 & 0 & 0 & 0 & 0 & 0 & 0 & 1 & 0 & 0 & 0 & 0 & 0 & 0 & 0 \\ 0 & 0 & 0 & 0 & 0 & 0 & 0 & 0 & 1 & 0 & 0 & 0 & 0 & 0 & 0 \\ 0 & 0 & 0 & 0 & 0 & 0 & 0 & 0 & 0 & 1 & 0 & 0 & 0 & 0 & 0 \\ 0 & 0 & 0 & 0 & 0 & 0 & 0 & 0 & 0 & 0 & 1 & 0 & 0 & 0 & 0 \\ 0 & 0 & 0 & 0 & 0 & 0 & 0 & 0 & 0 & 0 & 0 & 1 & 0 & 0 & 0 \\ 0 & 0 & 0 & 0 & 0 & 0 & 0 & 0 & 0 & 0 & 0 & 0 & 1 & 0 & 0 \\ 0 & 0 & 0 & 0 & 0 & 0 & 0 & 0 & 0 & 0 & 0 & 0 & 0 & 1 & 0 \\ 0 & 0 & 0 & 0 & 0 & 0 & 0 & 0 & 0 & 0 & 0 & 0 & 0 & 0 & 1 \end{bmatrix}$$

MME 的解

效应	解
性别	
公	91.493
母	75.764
动物	
1	−1.441
2	−1.175
3	1.441
4	1.441
5	−0.266
7	−1.667
8	−2.334
9	3.925
10	2.895
11	−1.141
12	1.525
13	0.448
14	0.545
15	−3.819
共同环境效应	
2	−1.762
4	2.161
5	−0.399

二、母体效应

母体效应：母亲对后代生活环境的影响（泌乳能力、母性等），也是一种共同环境效应。

（1）母体遗传效应：影响母亲此类性状的遗传效应。

（2）母体环境效应：影响母亲此类性状的环境效应，也称为母体永久环境效应。

模型

$$y = Xb + Z_1 a + Z_2 m_g + Z_3 m_e + e$$

m_g：母体遗传效应（随机）　　$Var(m_g) = A\sigma^2 m_g$

m_e：母体环境效应（随机）　　$Var(m_e) = I\sigma^2 m_e$

$$Cov(a,\ m'_g) = A\sigma_{am}$$

$$G = Var\begin{bmatrix} a \\ m_g \\ m_e \end{bmatrix} = \begin{bmatrix} A\sigma_a^2 & A\sigma_{am} & 0 \\ A\sigma_{am} & A\sigma_{m_g}^2 & 0 \\ 0 & 0 & I\sigma_{m_e}^2 \end{bmatrix}$$

设

$$\begin{bmatrix} \sigma_a^2 & \sigma_{am} \\ \sigma_{am} & \sigma_{m_g}^2 \end{bmatrix}^{-1} = \begin{bmatrix} r^{11} & r^{12} \\ r^{12} & r^{22} \end{bmatrix}$$

则

$$G^{-1} = \begin{bmatrix} A^{-1}r^{11} & A^{-1}r^{12} & 0 \\ A^{-1}r^{12} & A^{-1}r^{22} & 0 \\ 0 & 0 & I\sigma_{m_p}^{-2} \end{bmatrix}$$

MME

$$\begin{bmatrix} X'X & X'Z_1 & X'Z_2 & X'Z_3 \\ Z'_1X & Z'_1Z_1+k_{11}A^{-1} & Z'_1Z_2+k_{12}A^{-1} & Z'_1Z_3 \\ Z'_2X & Z'_2Z_1+k_{12}A^{-1} & Z'_2Z_2+k_{22}A^{-1} & Z'_2Z_3 \\ Z'_3X & Z'_3Z_1 & Z'_3Z_2 & Z'_3Z_3+k_{33}I \end{bmatrix}\begin{bmatrix} \hat{b} \\ \hat{a} \\ \hat{m}_g \\ \hat{m}_e \end{bmatrix} = \begin{bmatrix} X'y \\ Z'_1y \\ Z'_2y \\ Z'_3y \end{bmatrix}$$

$$k_{11} = \sigma_e^2 r^{11} \qquad k_{12} = \sigma_e^2 r^{12} \qquad k_{22} = \sigma_e^2 r^{22} \qquad k_{33} = \sigma_e^2/\sigma_{m_e}^2$$

例 4

犊牛初生重

犊牛	父亲	母亲	群	栏	初生重（kg)
5	1	2	1	1	35.0
6	3	2	1	2	20.0
7	4	6	1	2	25.0
8	3	5	1	1	40.0
9	1	6	2	1	42.0
10	3	2	2	2	22.0
11	3	7	2	2	35.0
12	8	7	3	2	34.0
13	9	2	3	1	20.0
14	3	6	3	2	40.0

模型

$$y = h + p + a + m_g + m_e + e$$

假设

$$\sigma_a^2 = 150 \qquad \sigma_{m_g}^2 = 90 \qquad \sigma_{am} = -40 \qquad \sigma_{m_e}^2 = 40 \qquad \sigma_e^2 = 350$$

$$\begin{bmatrix} \sigma_a^2 & \sigma_{am} \\ \sigma_{am} & \sigma_{m_g}^2 \end{bmatrix}^{-1} = \begin{bmatrix} r^{11} & r^{12} \\ r^{12} & r^{22} \end{bmatrix} = \begin{bmatrix} 0.00756 & 0.00336 \\ 0.00336 & 0.0126 \end{bmatrix}$$

$$X = \begin{matrix} h_1 & h_2 & h_3 & p_1 & p_2 \end{matrix}$$

$$X = \begin{bmatrix} 1 & 0 & 0 & 1 & 0 \\ 1 & 0 & 0 & 0 & 1 \\ 1 & 0 & 0 & 0 & 1 \\ 1 & 0 & 0 & 1 & 0 \\ 0 & 1 & 0 & 1 & 0 \\ 0 & 1 & 0 & 0 & 1 \\ 0 & 1 & 0 & 0 & 1 \\ 0 & 0 & 1 & 0 & 1 \\ 0 & 0 & 1 & 1 & 0 \\ 0 & 0 & 1 & 0 & 1 \end{bmatrix}$$

$$\begin{matrix} 1 & 2 & 3 & 4 & 5 & 6 & 7 & 8 & 9 & 10 & 11 & 12 & 13 & 14 \end{matrix}$$

$$Z_1 = \begin{bmatrix} 0 & 0 & 0 & 0 & 1 & 0 & 0 & 0 & 0 & 0 & 0 & 0 & 0 & 0 \\ 0 & 0 & 0 & 0 & 0 & 1 & 0 & 0 & 0 & 0 & 0 & 0 & 0 & 0 \\ 0 & 0 & 0 & 0 & 0 & 0 & 1 & 0 & 0 & 0 & 0 & 0 & 0 & 0 \\ 0 & 0 & 0 & 0 & 0 & 0 & 0 & 1 & 0 & 0 & 0 & 0 & 0 & 0 \\ 0 & 0 & 0 & 0 & 0 & 0 & 0 & 0 & 1 & 0 & 0 & 0 & 0 & 0 \\ 0 & 0 & 0 & 0 & 0 & 0 & 0 & 0 & 0 & 1 & 0 & 0 & 0 & 0 \\ 0 & 0 & 0 & 0 & 0 & 0 & 0 & 0 & 0 & 0 & 1 & 0 & 0 & 0 \\ 0 & 0 & 0 & 0 & 0 & 0 & 0 & 0 & 0 & 0 & 0 & 1 & 0 & 0 \\ 0 & 0 & 0 & 0 & 0 & 0 & 0 & 0 & 0 & 0 & 0 & 0 & 1 & 0 \\ 0 & 0 & 0 & 0 & 0 & 0 & 0 & 0 & 0 & 0 & 0 & 0 & 0 & 1 \end{bmatrix}$$

$$\begin{matrix} 1 & 2 & 3 & 4 & 5 & 6 & 7 & 8 & 9 & 10 & 11 & 12 & 13 & 14 \end{matrix}$$

$$Z_2 = \begin{bmatrix} 0 & 1 & 0 & 0 & 0 & 0 & 0 & 0 & 0 & 0 & 0 & 0 & 0 & 0 \\ 0 & 1 & 0 & 0 & 0 & 0 & 0 & 0 & 0 & 0 & 0 & 0 & 0 & 0 \\ 0 & 0 & 0 & 0 & 0 & 1 & 0 & 0 & 0 & 0 & 0 & 0 & 0 & 0 \\ 0 & 0 & 0 & 0 & 1 & 0 & 0 & 0 & 0 & 0 & 0 & 0 & 0 & 0 \\ 0 & 0 & 0 & 0 & 0 & 1 & 0 & 0 & 0 & 0 & 0 & 0 & 0 & 0 \\ 0 & 1 & 0 & 0 & 0 & 0 & 0 & 0 & 0 & 0 & 0 & 0 & 0 & 0 \\ 0 & 0 & 0 & 0 & 0 & 0 & 1 & 0 & 0 & 0 & 0 & 0 & 0 & 0 \\ 0 & 0 & 0 & 0 & 0 & 0 & 1 & 0 & 0 & 0 & 0 & 0 & 0 & 0 \\ 0 & 1 & 0 & 0 & 0 & 0 & 0 & 0 & 0 & 0 & 0 & 0 & 0 & 0 \\ 0 & 0 & 0 & 0 & 0 & 1 & 0 & 0 & 0 & 0 & 0 & 0 & 0 & 0 \end{bmatrix}$$

$$Z_2 = \begin{array}{c} \begin{matrix} 2 & 5 & 6 & 7 \end{matrix} \\ \begin{bmatrix} 1 & 0 & 0 & 0 \\ 1 & 0 & 0 & 0 \\ 0 & 0 & 1 & 0 \\ 0 & 1 & 0 & 0 \\ 0 & 0 & 1 & 0 \\ 1 & 0 & 0 & 0 \\ 0 & 0 & 0 & 1 \\ 0 & 0 & 0 & 1 \\ 1 & 0 & 0 & 0 \\ 0 & 0 & 1 & 0 \end{bmatrix} \end{array}$$

MME 的解

效应	解	效应	解	
场年季		动物	直接遗传	母体遗传
1	0.000	1	0.564	0.262
2	3.386	2	-1.244	-1.583
3	1.434	3	1.165	0.736
栏		4	-0.484	0.686
1	34.540	5	0.630	-0.507
2	27.691	6	-0.859	0.841
母体环境		7	-1.156	1.299
2	-1.701	8	1.917	-0.158
5	0.415	9	-0.553	0.660
6	0.825	10	-1.055	-0.153
7	0.461	11	0.385	0.916
		12	0.863	0.442
		13	-2.980	0.093
		14	1.751	0.362

三、公畜模型（sire model）

用于根据后代观测值估计父亲的育种值，多用于奶牛。模型：

$$y = Xb + Zs + e$$

y：后代的观测值向量

s：父亲效应（=1/2 父亲育种值）向量

$$Var(s) = A\sigma_S^2$$

A：父亲（公畜）间的加性遗传相关矩阵

σ_S^2：父亲效应方差 $=\frac{1}{4}\sigma_a^2$

MME

$$\begin{bmatrix} X'X & X'Z \\ Z'X & Z'Z+kA^{-1} \end{bmatrix}\begin{bmatrix} \hat{b} \\ \hat{s} \end{bmatrix} = \begin{bmatrix} X'y \\ Z'y \end{bmatrix}$$

$$k = \frac{\sigma_e^2}{\sigma_s^2} = \frac{\sigma_y^2 - \sigma_s^2}{\sigma_s^2} = \frac{\sigma_y^2 - \frac{\sigma_a^2}{4}}{\frac{\sigma_a^2}{4}} = \frac{4 - h^2}{h^2}$$

假设：

（1）随机交配；

（2）与配母畜间无亲缘关系；

（3）每个母畜只有一个后代；

（4）每个后代只有一个观测值。

四、公畜–母畜模型（sire–dam model）

用于根据后代观测值估计父亲和母亲育种值，模型

$$y = Xb + Z_s s + Z_d d + e$$

y：后代的观测值向量

s：父亲效应（=1/2 父亲育种值）向量

d：母亲效应（=1/2 母亲育种值）向量

$$Var(s) = A_s\sigma_s^2 \qquad Var(d) = A_d\sigma_d^2$$

$$\begin{bmatrix} X'X & X'Z_s & X'Z_d \\ Z'_sX & Z'_sZ_s + k_sA_s^{-1} & Z'_sZ_d \\ Z'_dX & Z'_dZ_s & Z'_dZ_d + k_dA_d^{-1} \end{bmatrix}\begin{bmatrix} \hat{b} \\ \hat{s} \\ \hat{d} \end{bmatrix} = \begin{bmatrix} X'y \\ Z'_sy \\ Z'_dy \end{bmatrix}$$

$$k_s = \frac{\sigma_e^2}{\sigma_s^2} = \frac{4 - 2h^2}{h^2} \qquad k_d = \frac{\sigma_e^2}{\sigma_d^2} = \frac{4 - 2h^2}{h^2}$$

假设：

（1）提供观测值的个体不是父亲或母亲；

（2）每个后代只有一个观测值。

五、外祖父模型（maternal grandsire model）

模型

$$y = Xb + Z_s s + Z_m m + e$$

m：外祖父效应（=1/4 外祖父育种值）向量

$$Var(m)=A_m\sigma_m^2 \qquad \sigma_m^2=\frac{1}{16}\sigma_a^2$$

因为外祖父也是公畜，可以设定 s 和 m 中包含相同的公畜，但外祖父对观测值的影响为父亲的一半，故可将模型改写为

$$y = Xb + Z_s s + 0.5Z_m s + e = Xb + (Z_s + 0.5Z_m)s + e$$
$$= Xb + Z^* s + e$$

$$\begin{bmatrix} X'X & X'Z^* \\ Z^{*\prime}X & Z^{*\prime}Z^* + kA^{-1} \end{bmatrix}\begin{bmatrix} \hat{b} \\ \hat{s} \end{bmatrix} = \begin{bmatrix} X'y \\ Z^{*\prime}y \end{bmatrix}$$

$$k=\frac{\sigma_e^2}{\sigma_s^2}=\frac{4-\frac{5}{4}h^2}{h^2}$$

动物模型与其他模型的比较

数量性状的基本模型

$$P = E_{Fixed} + G + E_{Random} = E_{Fixed} + A + D + I + E_{Random} = E_{Fixed} + A + R$$
$$A = 0.5A_S + 0.5A_d + m \qquad m = \text{孟德尔抽样离差}$$
$$Var(A) = 0.25Var(A_s) + 0.25Var(A_d) + Var(m)$$

动物模型：$P=E_{Fixed}+A+R$

公畜模型：$P=E_{Fixed}+0.5A_s+R^*$　　$R^*=R+0.5A_d+m$

公畜-母畜模型：$P=E_{Fixed}+0.5A_s+0.5A_d+R^*$　　$R^*=R+m$

外祖父模型：$P=E_{Fixed}+0.5A_s+0.25A_{sd}+R^*$

$$A_d = 0.5A_{sd} + 0.5A_{dd} + m_d$$
$$R^* = R + 0.25A_{dd} + 0.5m_d + m$$

模型	残差	残差方差	亲缘关系
动物模型	$R=D+I+E_{Random}$	$Var(R)$	全部亲缘关系
公畜模型	$R+0.5A_d+m$	$\frac{3}{4}Var(A)+Var(R)$	假设父亲和母亲之间、母亲之间没有亲缘关系
公畜-母畜模型	$R+m$	$\frac{1}{2}Var(A)+Var(R)$	假设父亲和母亲之间没有亲缘关系
外祖父模型	$R+0.25A_{dd}+0.5m_d+m$	$\frac{11}{16}Var(A)+Var(R)$	假设外祖母之间没有亲缘关系

动物模型的优势：（1）残差方差最小；（2）考虑了全部的亲缘关系。

六、随机回归模型（random regression model，RRM）

（1）回归系数为随机变量（不同个体有不同的回归系数）；

（2）主要用于纵向数据（longitudinal data）分析；

① 如奶牛一个泌乳期中多个测定日的数据；

② 动物不同日龄（测定日）的体重；

（3）每个个体有多个（在不同时间点的）观测值；

（4）性状值随时间的变化趋势（如泌乳曲线、生长曲线）因个体而异（因而是随机的）；

（5）更精确地校正不同测定日的环境效应。

基本模型

$$y_{tijk} = F_i + f(t)_j + r(a, x, m_1)_k + r(p, x, m_2)_k + e_{ijkt}$$

y_{tijk}：个体 k 在测定日 t 的测定值；

F_i：与时间尺度无关的固定环境效应，如场-测定日效应；

$g(t)_j$：固定回归函数，反映第 j 组动物的表型值随时间（t）的平均变化趋势（回归曲线）；

$r(a, x, m_1)_k$：随机回归函数，反映动物个体的加性遗传效应对回归曲线的影响，a 是加性遗传效应随机回归系数，x 是协变量，m_1 是回归函数的阶数；

$r(p, x, m_2)_k$：随机回归函数，反映动物个体的永久环境效应对回归曲线的影响，p 是永久环境效应随机回归系数，x 是协变量，m_2 是回归函数的阶数。

固定回归函数决定了回归曲线的基本形式，必要时可对动物进行适当分组，如按性别分组，以区分不同性别的回归曲线。随机回归函数反映了由个体加性遗传效应和永久环境效应决定的回归曲线的个体特异性，即每个个体的回归曲线与固定回归曲线的离差。固定回归函数和随机回归函数通常为某种形式的多项式函数，但何种形式应根据性状的特点而定，并没有固定的形式。

在奶牛产奶性状测定日数据的分析中，对固定回归和随机回归函数均常采用勒让德多项式（Legendre polynomials）回归

$$y_{tijk} = F_i + \sum_{l=0}^{m_f} b_{jl}\phi_{tjkl} + \sum_{l=0}^{m_r} a_{jkl}\phi_{tjkl} + \sum_{l=0}^{m_r} p_{jkl}\phi_{tjkl} + e_{ijkt}$$

其中：

b_{jl} 是固定回归系数；

a_{jkl} 是个体 k 的加性遗传随机回归系数；

p_{jkl} 是个体 k 的随机环境随机回归系数；

m_f 是固定回归函数的阶数；

m_r 是随机回归函数的阶数；

φ_{tjkl} 是勒让德多项式的数值（协变量）。

模型的矩阵表示

$$y = X_1 f + X_2 b + Z_1 a + Z_2 p + e$$

f：固定环境效应向量

X_1：固定环境效应的关联矩阵

b：固定回归函数的回归系数向量，长度为 $m_f + 1$

X_2：固定回归函数的协变量矩阵

a：加性遗传随机回归系数向量，长度为 $n \times (m_r + 1)$

p：永久环境随机回归系数向量，长度为 $m \times (m_r + 1)$

Z_1、Z_2：随机回归函数的协变量矩阵

$$Var(e) = R = I\sigma_e^2$$

$$Var\begin{bmatrix} a \\ p \end{bmatrix} = G = \begin{bmatrix} A \otimes D & 0 \\ 0 & I \otimes P \end{bmatrix}$$

A = 加性遗传相关矩阵

D = 加性遗传随机回归系数间的方差-协方差矩阵

P = 永久环境随机回归系数间的方差-协方差矩阵

$\otimes$ = 直积（Kronecker product）

n：系谱中的所有个体数

m：有测定值的个体数

MME

$$\begin{bmatrix} X'_1X_1 & X'_1X_2 & X'Z_1 & X'Z_2 \\ X'_2X_1 & X'_2X_2 & X'_2Z_1 & X'_2Z_2 \\ Z'_1X_1 & Z'_1X_2 & Z'_1Z_1 + \sigma_e^2A^{-1} \otimes D^{-1} & Z'_1Z_2 \\ Z'_2X_1 & Z'_2X_2 & Z'_2Z_1 & Z'_2Z_2 + \sigma_e^2 I \otimes P^{-1} \end{bmatrix} \begin{bmatrix} \hat{f} \\ \hat{b} \\ \hat{a} \\ \hat{p} \end{bmatrix} = \begin{bmatrix} X'_1y \\ X'_2y \\ Z'_1y \\ Z'_2y \end{bmatrix}$$

注意：

$$G^{-1} = \begin{bmatrix} A \otimes D & 0 \\ 0 & I \otimes P \end{bmatrix}^{-1} = \begin{bmatrix} A^{-1} \otimes D^{-1} & 0 \\ 0 & I \otimes P^{-1} \end{bmatrix}$$

将向量 a 分为 2 部分

$$a = \begin{bmatrix} a_1 \\ a_2 \end{bmatrix}$$

a_1：无测定值个体的加性遗传随机回归系数向量，长度为 $(n - m) \times (m_r + 1)$

a_2：有测定值个体的加性遗传随机回归系数向量，长度为 $m \times (m_r + 1)$

将 Z_1 也作相应剖分

$$Z_1 = [Z_{11} \quad Z_{12}]$$

由于 a_1 中的个体无测定值，所以 Z_{11} 中的元素全部为 0，此时 $Z_{12} = Z_2$。

将 A^{-1} 也作相应剖分

$$A^{-1} = \begin{bmatrix} A^{11} & A^{12} \\ A^{21} & A^{22} \end{bmatrix}$$

MME：

$$\begin{bmatrix} X'_1X_1 & X'_1X_2 & 0 & X'_1Z & X'_1Z \\ X'_2X_1 & X'_12_2 & 0 & X'_2Z & X'_2Z \\ 0 & 0 & \sigma_e^2A^{11}\otimes D^{-1} & \sigma_e^2A^{12}\otimes D^{-1} & 0 \\ Z'X_1 & Z'X_2 & \sigma_e^2A^{21}\otimes D^{-1} & Z'Z+\sigma_e^2A^{22}\otimes D^{-} & Z'Z \\ Z'X_1 & Z'X_2 & 0 & Z'Z & Z'Z+\sigma_e^2I\otimes P^{-1} \end{bmatrix} \begin{bmatrix} \hat{f} \\ \hat{b} \\ \hat{a}_1 \\ \hat{a}_2 \\ \hat{p} \end{bmatrix} = \begin{bmatrix} X'_1y \\ X'_2y \\ 0 \\ Z'y \\ Z'y \end{bmatrix}$$

其中

$$Z = Z_{12} = Z_2$$

勒让德多项式

需要先将各时间点的时间单位（如动物的日龄或奶牛的产后泌乳天数）标准化，计算公式为

$$w_t = \frac{2\times(t-t_{min})}{t_{max}-t_{min}} - 1$$

t：原时间单位

t_{min}：最小的时间单位

t_{max}：最大的时间单位

$$-1 < Wt < +1$$

对于时间点 t，m 阶勒让德多项式中的第 j 项（$j=0, 1, \cdots m$）为

$$p_j(t) = \frac{1}{2^j}\sum_{r=0}^{j/2}(-1)^r\frac{(2j-2r)!}{r!\ (j-r)!\ (j-2r)!}t^{j-2r}$$

其中，当 j 为奇数时，$j/2=(j-1)/2$

当 $m=4$，

$P_0(t)=1$　　$P_1(t)=t$　　$P_2(t)=0.5\times(3t^2-1)$　　$P_3(t)=0.5\times(5t^3-3t)$

$P_4(t)=1/8\times(35t^4-30t^2+3)$

进一步将这些系数正态化

$$\phi_j(t) = \sqrt{(j+0.5)}P_j(t)$$

$\phi_0(t) = \sqrt{0.5}P_0(t) = 0.707$ |　　$\phi_1(t) = \sqrt{1.5}P_1(t) = 1.2247t$　$\phi_2(t) = 2.3717t^2 - 0.7906$

$\phi_3(t) = -4.6771t^3 - 2.8067t$　$\phi_4(t) = 9.2808t^4 - 7.9550t^2 + 0.7955$

或

$[\phi_0(t)\quad \phi_1(t)\quad \phi_2(t)\quad \phi_3(t)\quad \phi_4(t)] =$

$$[1 \quad t \quad t^2 \quad t^3 \quad t^4]\begin{bmatrix} 0.7071 & 0 & -0.7906 & 0 & 0.7955 \\ 0 & 1.2247 & 0 & -2.8067 & 0 \\ 0 & 0 & 2.3717 & 0 & -7.9550 \\ 0 & 0 & 0 & 4.6771 & 0 \\ 0 & 0 & 0 & 0 & 9.2808 \end{bmatrix}$$

设共有 p 个时间点，并采用标准化的时间点，定义

$$M = \begin{bmatrix} 1 & w_1 & w_1^2 & w_1^3 & w_1^4 \\ 1 & w_2 & w_2^2 & w_2^3 & w_2^4 \\ \vdots & \vdots & \vdots & \vdots & \vdots \\ 1 & w_p & w_p^2 & w_p^3 & w_p^4 \end{bmatrix}$$

$$\Lambda = \begin{bmatrix} 0.7071 & 0 & -0.7906 & 0 & 0.7955 \\ 0 & 1.2247 & 0 & -2.8067 & 0 \\ 0 & 0 & 2.3717 & 0 & -7.9550 \\ 0 & 0 & 0 & 4.6771 & 0 \\ 0 & 0 & 0 & 0 & 9.2808 \end{bmatrix}$$

则

$$\Phi = M\Lambda(p\text{ 行} \times m\text{ 列})$$

为所有时间点的 m 阶勒让德多项式。

例 5

奶牛的脂肪产量测定日模型

	Animal									
	4		5		6		7		8	
DIM	HTD	TDY	HTD	TDY	HTD	TDY	HTD	TDY	HTD	TDY
4	1	17.0	1	23.0	6	10.4	4	22.8	1	22.2
38	2	18.6	2	21.0	7	12.3	5	22.4	2	20.0
72	3	24.0	3	18.0	8	13.2	6	21.4	3	21.0
106	4	20.0	4	17.0	9	11.6	7	18.8	4	23.0
140	5	20.0	5	16.2	10	8.4	8	18.3	5	16.8
174	6	15.6	6	14.0			9	16.2	6	11.0
208	7	16.0	7	14.2			10	15.0	7	13.0
242	8	13.0	8	13.4					8	17.0
276	9	8.2	9	11.8					9	13.0
310	10	8.0	10	11.4					10	12.6

TDY：测定日脂肪产量（test day fat yield）；DIM：挤奶日（days in milk）；HTD：

群测定日（herd test day）。

系谱

母牛	父亲	母亲
4	1	2
5	3	-
6	1	5
7	3	4
8	1	7

$$
A^{-1} = \begin{bmatrix} 2.50 & 0.50 & 0.00 & -1.00 & 0.50 & -1.00 & 0.50 & -1.00 \\ 0.50 & 1.50 & 0.00 & -1.00 & 0.00 & 0.00 & 0.00 & 0.00 \\ 0.00 & 0.00 & 1.83 & 0.50 & -0.67 & 0.00 & -1.00 & 0.00 \\ \cdots\cdots & \cdots\cdots & \cdots\cdots & \cdots\cdots & \cdots\cdots & \cdots\cdots & \cdots\cdots & \cdots\cdots \\ -1.00 & -1.00 & 0.50 & 2.50 & 0.00 & 0.00 & -1.00 & 0.00 \\ 0.50 & 0.00 & -0.67 & 0.00 & 1.83 & -1.00 & 0.00 & 0.00 \\ -1.00 & 0.00 & 0.00 & 0.00 & -1.00 & 2.00 & 0.00 & 0.00 \\ 0.50 & 0.00 & -1.00 & -1.00 & 0.00 & 0.00 & 2.50 & -1.00 \\ -1.00 & 0.00 & 0.00 & 0.00 & 0.00 & 0.00 & -1.00 & 2.00 \end{bmatrix}
$$

（左上为 A^{11}，右上为 A^{12}，左下为 A^{21}，右下为 A^{22}）

固定效应：HTD（场-测定日）

固定回归：TDY（测定日乳脂量）对 DIM（产后泌乳天数）的回归

共有 5 头母牛的 42 条测定日记录，共 10 个 DIM

假设

（1）固定回归的阶数为 4（$m_f=4$），随机回归的阶数为 2（$m_r=2$）；

（2）母牛间没有亲缘关系；

（3）$\sigma_e^2 = 3.710\ (kg^2)$

$$
D = \begin{bmatrix} 3.297 & 0.594 & -1.381 \\ 0.594 & 0.921 & -0.289 \\ -1.381 & -0.289 & 1.005 \end{bmatrix} \qquad P = \begin{bmatrix} 6.872 & -0.254 & -1.101 \\ -0.254 & 3.171 & 0.167 \\ -1.101 & 0.167 & 2.457 \end{bmatrix}
$$

标准化的 DIM 为

$$
w' = [w_1 \quad w_2 \quad \cdots \quad w_{10}]
$$

$= [-1.0 \quad -0.7778 \quad -0.5556 \quad -0.3333 \quad -0.1111 \quad 0.1111 \quad 0.3333 \quad 0.5556 \quad 0.7778 \quad 1.0]$

当 $m=4$

$$M=\begin{bmatrix} 1.0000 & -1.0000 & 1.0000 & -1.0000 & 1.0000 \\ 1.0000 & -0.7778 & 0.6049 & -0.4705 & 0.3660 \\ 1.0000 & -0.5556 & 0.3086 & -0.1715 & 0.0953 \\ 1.0000 & -0.3333 & 0.1111 & -0.0370 & 0.0123 \\ 1.0000 & -0.1111 & 0.0123 & -0.0014 & 0.0002 \\ 1.0000 & 0.1111 & 0.0123 & 0.0014 & 0.0002 \\ 1.0000 & 0.3333 & 0.1111 & 0.0370 & 0.0123 \\ 1.0000 & 0.5556 & 0.3086 & 0.1715 & 0.0953 \\ 1.0000 & 0.7778 & 0.6049 & 0.4705 & 0.3660 \\ 1.0000 & 1.0000 & 1.0000 & 1.0000 & 1.0000 \end{bmatrix}$$

$$\phi=\begin{bmatrix} 0.7071 & -1.2247 & 1.5811 & -1.8704 & 2.1213 \\ 0.7071 & -0.9525 & 0.6441 & -0.0176 & -0.6205 \\ 0.7071 & -0.6804 & -0.0586 & 0.7573 & -0.7757 \\ 0.7071 & -0.4082 & -0.5271 & 0.7623 & 0.0262 \\ 0.7071 & -0.1361 & -0.7613 & 0.3054 & 0.6987 \\ 0.7071 & 0.1361 & -0.7613 & -0.3054 & 0.6987 \\ 0.7071 & 0.4082 & -0.5271 & -0.7623 & 0.0262 \\ 0.7071 & 0.6804 & -0.0586 & -0.7573 & -0.7757 \\ 0.7071 & 0.9525 & 0.6441 & 0.0176 & -0.6205 \\ 0.7071 & 1.2247 & 1.5811 & 1.8704 & 2.1213 \end{bmatrix}\quad\begin{matrix}\text{DIM}\\ 4\\ 38\\ 72\\ 106\\ 140\\ 174\\ 208\\ 242\\ 276\\ 310\end{matrix}$$

MME

$X'_1X_1=diag\,[3, 3, 3, 4, 4, 5, 5, 5, 5, 5]$（每个测定日的记录数）

X_2 的第 i 行 = Φ 中与第 i 条测定日记录的 DIM 所对应的行。

$$X_2=\begin{bmatrix} 0.7071 & -1.2247 & 1.5811 & -1.8704 & 2.1213 \\ 0.7071 & -0.9525 & 0.6441 & -0.0176 & -0.6205 \\ 0.7071 & -0.6804 & -0.0586 & 0.7573 & -0.7757 \\ \vdots & \vdots & \vdots & \vdots & \vdots \\ 0.7071 & 0.6804 & -0.0586 & -0.7573 & -0.7757 \\ 0.7071 & 0.9525 & 0.6441 & -0.0176 & -0.6205 \\ 0.7071 & 1.2247 & 1.5811 & 1.8704 & 2.1213 \end{bmatrix}\begin{matrix}\text{母牛4的前3条记录}\\ \\ \\ \\ \text{母牛8的后3条记录}\end{matrix}$$

$$X'_2X_2=\begin{bmatrix}20.9996 & -4.4261 & 4.0568 & -0.8441 & 8.7149\\ -4.4261 & 24.6271 & -4.7012 & 11.1628 & -3.0641\\ 4.0568 & -4.7012 & 31.0621 & -6.6603 & 19.0867\\ -0.8441 & 11.1628 & -6.6603 & 38.6470 & -8.8550\\ 8.7149 & -3.0641 & 19.0867 & -8.8550 & 48.2930\end{bmatrix}$$

MME

Z 是一个分块对角矩阵，每个动物有一个分块子矩阵。

$$Z=\begin{bmatrix}\boldsymbol{\Phi}_4 & 0 & 0 & 0 & 0\\ 0 & \boldsymbol{\Phi}_5 & 0 & 0 & 0\\ 0 & 0 & \boldsymbol{\Phi}_6 & 0 & 0\\ 0 & 0 & 0 & \boldsymbol{\Phi}_7 & 0\\ 0 & 0 & 0 & 0 & \boldsymbol{\Phi}_8\end{bmatrix}$$

其中 $\boldsymbol{\Phi}_i$ 是一个 n 行（个体 i 的记录数）× 3 列（阶数+1）的子矩阵，其中的元素对应于 $\boldsymbol{\Phi}$ 中的相应元素。

例如

$$\boldsymbol{\Phi}=\begin{bmatrix}0.7071 & -1.2247 & 1.5811 & \\ 0.7071 & -0.9525 & 0.6441 & \\ 0.7071 & -0.6804 & -0.0586 & \\ 0.7071 & -0.4082 & 0.5271 & \\ 0.7071 & -0.1361 & -0.7613 & \end{bmatrix}\begin{matrix}4\\38\\72\\106\\140\end{matrix}$$

注意：因为 $m_2=2$，所以只要取 Φ 中的前 3 列。

$$Z'Z=\begin{bmatrix}\boldsymbol{\Phi}'_4\boldsymbol{\Phi}_4 & 0 & 0 & 0 & 0\\ 0 & \boldsymbol{\Phi}'_5\boldsymbol{\Phi}_5 & 0 & 0 & 0\\ 0 & 0 & \boldsymbol{\Phi}'_6\boldsymbol{\Phi}_6 & 0 & 0\\ 0 & 0 & 0 & \boldsymbol{\Phi}'_7\boldsymbol{\Phi}_7 & 0\\ 0 & 0 & 0 & 0 & \boldsymbol{\Phi}'_8\boldsymbol{\Phi}_8\end{bmatrix}$$

例如

$$\boldsymbol{\Phi}'_6\boldsymbol{\Phi}_6=\begin{bmatrix}2.5000 & -2.4055 & 0.6210\\ -2.4055 & 3.0552 & -2.1912\\ 0.6210 & -2.1912 & 3.7756\end{bmatrix}$$

MME 的解

效应	解
HTD	
1	10.0862
2	7.5908

（续表）

效应	解
3	8. 5601
4	8. 2430
5	6. 3161
6	3. 0101
7	3. 1085
8	3. 1718
9	0. 5044
10	0. 0000
固定回归	
1	16. 6384
2	−0. 6253
3	−0. 1346
4	0. 3479
5	−0. 4218

效应		解		
动物		回归系数		305 天育种值
1	−0. 0583	0. 0552	−0. 0442	−12. 3731
2	−0. 0728	−0. 0305	−0. 0244	−15. 7347
3	0. 1311	−0. 0247	0. 0686	28. 1078
4	0. 3445	0. 0063	−0. 3164	74. 8132
5	−0. 4537	−0. 0520	0. 2798	−98. 4153
6	−0. 5485	0. 0730	0. 1946	−118. 4265
7	0. 8518	−0. 0095	−0. 3131	184. 1701
8	0. 2209	0. 0127	−0. 0174	47. 6907
		永久环境效应		
奶牛		回归系数		305 天解
4	−0. 6487	−0. 3601	−1. 4718	−138. 4887
5	−0. 7761	0. 1370	0. 9688	−168. 5531
6	−1. 9927	0. 9851	−0. 0693	−427. 2378
7	3. 5188	−1. 0510	−0. 4048	756. 9415
8	−0. 1013	0. 2889	0. 9771	−22. 6619

估计育种值（EBV）

个体 k 在某个泌乳日 t 的育种值

$$EBV_{tk} = \sum_{l=0}^{m_r} \phi_{tl}\, \hat{a}_{kl} = \phi_t\, \hat{a}_k$$

φ_t：矩阵 Φ 中与时间点 t 对应的行

$\hat{a}_k$：个体 k 的加性遗传随机回归系数

例如，个体 4 在第 1 个测定日（DIM=4）的 EBV 为

$$EBV_{14} = [0.7071 \quad -1.2247 \quad 1.5811]\begin{bmatrix} 0.3445 \\ 0.0063 \\ -0.3164 \end{bmatrix} = -0.2644$$

个体 k 305 天的育种值：将 305 个泌乳日的育种值相加，例如从第 6 个泌乳日到第 310 个泌乳日（共 305 天），

$$EBV_{k(305)} = \sum_{t=6}^{310} \sum_{l=0}^{m_r} \phi_{tl}\, \hat{a}_{kl} \sum_{l=0}^{m_r} \sum_{t=6}^{305} \phi_{tl}\, \hat{a}_{kl} = \sum_{l=0}^{m_r} \phi_{\cdot l}\, \hat{a}_{kl}$$

$$\phi_{\cdot l} = \sum_{t=6}^{305} \phi_{tl}$$

需要重新计算 Φ 矩阵，它包含从第 4 天到第 310 天所有泌乳日的 φ_{tl} 值

$$[\phi_{\cdot 0} \quad \phi_{\cdot 1} \quad \phi_{\cdot 2}] = [215.6655 \quad 2.4414 \quad -1.5561]$$

$$EBV_{4(305)} = [215.6655 \quad 2.4414 \quad -1.5561]\begin{bmatrix} 0.3445 \\ 0.0063 \\ -0.3164 \end{bmatrix} = 74.8132$$

固定回归曲线

从第 4 天到第 310 天的日乳脂量估计值：

$$\hat{y} = \Phi\, \hat{b}$$

$\hat{b}$：固定回归系数

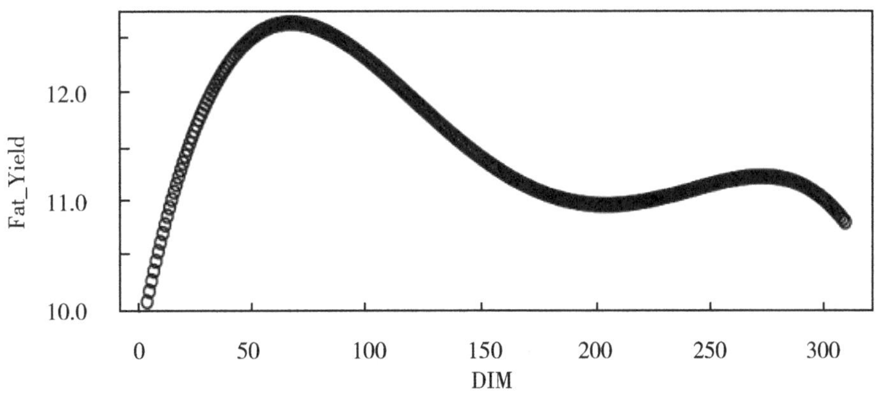

七、多性状动物模型 BLUP

考虑 2 个性状

模型

性状 1

$$y_1 = X_1 b_1 + Z_1 a_1 + e_1 \qquad Var(a_1) = Ag_{11} \qquad Var(e_1) = Ir_{11}$$

性状 2

$$y_2 = X_2 b_2 + Z_2 a_2 + e_2 \qquad Var(a_2) = Ag_{22} \qquad Var(e_2) = Ir_{22}$$

$$Cov(a_1,\ a'_2) = Ag_{12} \qquad Cov(e_1,\ e'_2) = Ir_{12}$$

g_{11}、g_{22}：加性遗传方差，g_{12}：加性遗传协方差

r_{11}、r_{22}：残差方差，r_{12}：残差协方差

$$\begin{bmatrix} y_1 \\ y_2 \end{bmatrix} = \begin{bmatrix} X_1 & 0 \\ 0 & X_2 \end{bmatrix} \begin{bmatrix} b_1 \\ b_2 \end{bmatrix} + \begin{bmatrix} Z_1 & 0 \\ 0 & Z_2 \end{bmatrix} \begin{bmatrix} a_1 \\ a_2 \end{bmatrix} + \begin{bmatrix} e_1 \\ e_2 \end{bmatrix}$$

$$y = Xb + Za + e$$

$$Var(a) = Var\begin{bmatrix} a_1 \\ a_2 \end{bmatrix} = \begin{bmatrix} Ag_{11} & Ag_{12} \\ Ag_{12} & Ag_{22} \end{bmatrix} = G$$

$$Var(e) = Var\begin{bmatrix} e_1 \\ e_2 \end{bmatrix} = \begin{bmatrix} Ir_{11} & Ir_{12} \\ Ir_{12} & Ir_{22} \end{bmatrix} = R$$

MME

$$\begin{bmatrix} X'R^{-1} & X'R^{-1}Z \\ Z'R^{-1}X & Z'R^{-1}Z + G^{-1} \end{bmatrix} \begin{bmatrix} \hat{b} \\ \hat{a} \end{bmatrix} = \begin{bmatrix} X'^{-1}y \\ Z'^{-1}y \end{bmatrix}$$

$$G^{-1} = \begin{bmatrix} A^{-1}g^{11} & A^{-1}g^{12} \\ A^{-1}g^{12} & A^{-1}g^{22} \end{bmatrix} \qquad \begin{bmatrix} g^{11} & g^{12} \\ g^{12} & g^{22} \end{bmatrix} = \begin{bmatrix} g_{11} & g_{12} \\ g_{12} & g_{22} \end{bmatrix}^{-1}$$

$$R^{-1} = \begin{bmatrix} Ir^{11} & Ir^{12} \\ Ir^{12} & Ir^{22} \end{bmatrix} \qquad \begin{bmatrix} r^{11} & r^{12} \\ r^{12} & r^{22} \end{bmatrix} = \begin{bmatrix} r_{11} & r_{12} \\ r_{12} & r_{22} \end{bmatrix}^{-1}$$

$$\begin{bmatrix} X'_1X_1r^{11} & X'_1X_2r^{12} & X'_1Z_1r^{11} & X'_1Z_2r^{12} \\ X'_2X_1r^{11} & X'_2X_2r^{12} & X'_2Z_1r^{11} & X'_2Z_2r^{12} \\ Z'_1X_1r^{11} & Z'_1X_2r^{12} & Z'_1Z_1r^{11} + A^{-1}g^{11} & Z'_1Z_2r^{12} + A^{-1}g^{12} \\ Z'_2X_1r^{12} & Z'_2X_2r^{22} & Z'_2Z_1r^{12} + A^{-1}g^{12} & Z'_2Z_2r^{22} + A^{-1}g^{22} \end{bmatrix} \begin{bmatrix} \hat{b}_1 \\ \hat{b}_2 \\ \hat{a}_1 \\ \hat{a}_2 \end{bmatrix}$$

$$= \begin{bmatrix} X'_1y_1r^{11} + X'_1y_2r^{12} \\ X'_2y_1r^{11} + X'_2y_2r^{12} \\ Z'_1y_1r^{11} + Z'_1y_2r^{12} \\ Z'_2y_1r^{11} + Z'_2y_2r^{12} \end{bmatrix}$$

例 6

个体	性状 1	性状 2
1	41	180

（续表）

个体	性状 1	性状 2
2	50	150
3	146	205
4	63	130
5	152	220

$$y_1 = \mu_1 1 + Z_1 a_1 + e_1$$

$$y_2 = \mu_2 1 + Z_2 a_2 + e_2$$

假设：（1）没有系统环境的影响；（2）个体之间没有亲缘关系。

$$\mathrm{X}_1 = \mathrm{X}_2 = \begin{bmatrix} 1 \\ 1 \\ 1 \\ 1 \\ 1 \end{bmatrix} \qquad \mathrm{Z}_1 = \mathrm{Z}_2 = \begin{bmatrix} 1 & 0 & 0 & 0 & 0 \\ 0 & 1 & 0 & 0 & 0 \\ 0 & 0 & 1 & 0 & 0 \\ 0 & 0 & 0 & 1 & 0 \\ 0 & 0 & 0 & 0 & 1 \end{bmatrix}$$

$$\begin{bmatrix} g_{11} & g_{12} \\ g_{12} & g_{22} \end{bmatrix} = \begin{bmatrix} 4 & 1 \\ 1 & 6 \end{bmatrix} \qquad \begin{bmatrix} r_{11} & r_{12} \\ r_{12} & r_{22} \end{bmatrix} = \begin{bmatrix} 25 & -5 \\ -5 & 65 \end{bmatrix}$$

$$\begin{bmatrix} g^{11} & g^{12} \\ g^{12} & g^{22} \end{bmatrix} = \begin{bmatrix} 4 & 1 \\ 1 & 6 \end{bmatrix}^{-1} \approx \begin{bmatrix} 0.2609 & 0.0435 \\ 0.0435 & 0.1739 \end{bmatrix}$$

$$\begin{bmatrix} r^{11} & r^{12} \\ r^{12} & r^{22} \end{bmatrix} = \begin{bmatrix} 25 & -5 \\ -5 & 65 \end{bmatrix}^{-1} \approx \begin{bmatrix} 0.0406 & 0.0031 \\ 0.0031 & 0.0156 \end{bmatrix}$$

MME

$$\begin{bmatrix} 0.2030 & 0.0155 & 0.0406 & 0.0406 & 0.0406 & 0.0406 & 0.0406 & 0.0031 & 0.0031 & 0.0031 & 0.0031 & 0.0031 \\ & 0.0780 & 0.0031 & 0.0031 & 0.0031 & 0.0031 & 0.0031 & 0.0156 & 0.0156 & 0.0156 & 0.0156 & 0.0156 \\ & & 0.3015 & 0 & 0 & 0 & 0 & 0.0466 & 0 & 0 & 0 & 0 \\ & & & 0.3015 & 0 & 0 & 0 & 0 & 0.0466 & 0 & 0 & 0 \\ & & & & 0.3015 & 0 & 0 & 0 & 0 & 0.0466 & 0 & 0 \\ & & & & & 0.3015 & 0 & 0 & 0 & 0 & 0.0466 & 0 \\ & & & & & & 0.3015 & 0 & 0 & 0 & 0 & 0.0466 \\ & & \text{对称} & & & & & 0.1895 & 0 & 0 & 0 & 0 \\ & & & & & & & & 0.1895 & 0 & 0 & 0 \\ & & & & & & & & & 0.1895 & 0 & 0 \\ & & & & & & & & & & 0.1895 & 0 \\ & & & & & & & & & & & 0.1895 \end{bmatrix}$$

$$\begin{bmatrix} \hat{\mu}_1 \\ \hat{\mu}_2 \\ \hat{a}_{11} \\ \hat{a}_{12} \\ \hat{a}_{13} \\ \hat{a}_{14} \\ \hat{a}_{15} \\ \hat{a}_{21} \\ \hat{a}_{22} \\ \hat{a}_{23} \\ \hat{a}_{24} \\ \hat{a}_{25} \end{bmatrix} = \begin{bmatrix} 21.0947 \\ 15.2072 \\ 2.2226 \\ 2.4950 \\ 6.5631 \\ 2.9608 \\ 26.8532 \\ 2.9351 \\ 2.4950 \\ 3.6506 \\ 2.2233 \\ 3.9032 \end{bmatrix}$$

$$\begin{bmatrix} \hat{\mu}_1 \\ \hat{\mu}_2 \end{bmatrix} = \begin{bmatrix} 90.4 \\ 177 \end{bmatrix}$$

$$\hat{a}_{11} \quad \hat{a}_{12} \quad \hat{a}_{13} \quad \hat{a}_{14} \quad \hat{a}_{15} = [-6.8935 \quad -6.2838 \quad 8.4470 \quad -4.8912 \quad 9.6214]$$

$$\hat{a}_{21} \quad \hat{a}_{22} \quad \hat{a}_{23} \quad \hat{a}_{24} \quad \hat{a}_{25} = [-2.0308 \quad -4.2232 \quad 5.0154 \quad -5.3601 \quad 6.5988]$$

第九章　BLUP 用于基因组育种值估计

一、基因组选择的基本过程

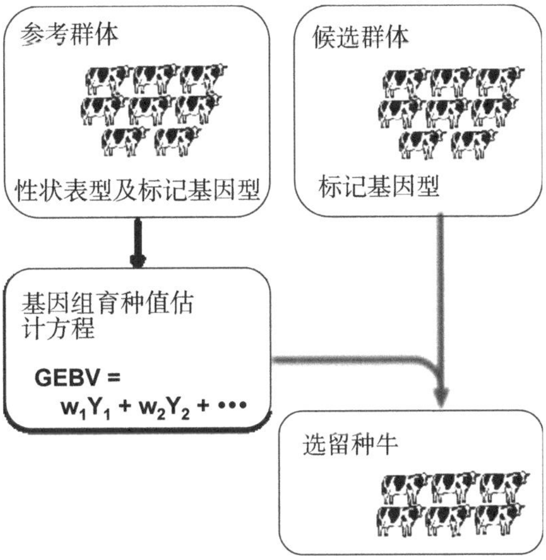

关键要素：

（1）高通量标记基因型测定；

（2）大规模高质量的参考群体；

（3）准确的基因组育种值估计方法。

二、RR-BLUP（ridge regression BLUP）

也称为 SNP-BLUP

$$y = Xb + \sum_{j=1}^{m} M_{j}g_{j} + e$$

$$= Xb + \begin{bmatrix} M_1 & M_2 & \cdots & M_m \end{bmatrix} \begin{bmatrix} g_1 \\ g_2 \\ \vdots \\ g_m \end{bmatrix} + e$$

$$= Xb + Mg + e$$

y：参考群个体的表型值向量

g_j：第 j 个标记的效应

M_j：第 j 个标记的基因型向量

m：标记数量

标记基因型：0、1、2

假设

$$g \sim N(0,\ I\sigma_g^2)\ (\text{所有 } SNP \text{ 有相同的方差})$$

基因组育种值=标记效应总和：

$$a=\sum_{j=1}^{m} M_{jgj}=Mg$$

MME

$$\begin{bmatrix} X'X & X'M \\ M'X & M'M+Ik \end{bmatrix}\begin{bmatrix} \hat{b} \\ \hat{g} \end{bmatrix}=\begin{bmatrix} X'y \\ M'y \end{bmatrix}$$

$$k=\frac{\sigma_e^2}{\sigma_g^2}$$

$$\sigma_g^2=\frac{\sigma_a^2}{m}\ (\textit{Meuwissen}\text{ et al.，2001})$$

或考虑 *SNP* 等位基因频率的差异：

$$\sigma_g^2=\frac{\sigma_a^2}{2\sum_{j=1}^{m} p_j(1-p_j)}\ (\textit{Habier}\text{ et al.，2007；}\textit{Gianola}\text{ et al.，2009})$$

例 1

10 个 SNP 的基因型（M）

	动物	Y	1	2	3	4	5	6	7	8	9	10
参考群	1	0.19	0	0	0	0	0	0	1	2	0	2
	2	1.23	1	0	0	1	1	1	2	1	0	1
	3	0.86	1	0	0	1	0	0	1	1	1	1
	4	1.23	1	1	1	1	0	1	2	1	1	1
	5	0.45	0	1	1	1	1	1	2	1	0	1

$$\begin{bmatrix} 1'1 & 1'M \\ M'1 & M'M+I \end{bmatrix}\begin{bmatrix} \hat{\mu} \\ \hat{g} \end{bmatrix}=\begin{bmatrix} 1'y \\ M'y \end{bmatrix}$$

假设没有系统环境效应

$$Xb=1\mu$$

假设

$$k=\frac{\sigma_e^2}{\sigma_g^2}=1$$

则

$$[\hat{\mu} \quad \hat{g}_1 \quad \hat{g}_2 \quad \hat{g}_3 \quad \hat{g}_4 \quad \hat{g}_5 \quad \hat{g}_6 \quad \hat{g}_7 \quad \hat{g}_8 \quad \hat{g}_9 \quad \hat{g}_{10}]$$
$$= [0.47 \quad 0.29 \quad -0.05 \quad -0.05 \quad 0.08 \quad -0.02 \quad 0.13 \quad 0.13 \quad -0.08 \quad 0.11 \quad -0.08]$$

	候选个体	SNP 基因型（M）									
	1	1	1	1	1	1	1	2	1	0	1
选择群	2	1	0	0	1	1	1	2	1	0	1
	3	1	0	0	1	1	1	2	1	0	1
	4	1	0	0	1	1	1	2	1	0	1
	5	0	0	0	0	0	0	1	2	0	2

$$GEBV = M\hat{g}$$

$\hat{g}$	GEBV
0.29	0.47
-0.05	0.58
-0.05	0.58
0.08	0.58
-0.02	-0.20
0.13	
0.13	
-0.08	
0.11	
-0.08	

三、GBLUP（genomic BLUP）

为考虑不同 SNP 等位基因频率的差异，对个体的基因型（0，1，2）进行校正。

$$W_{ij} = M_{ij} - 2p_j$$

注意：$2p_j$ 是标记基因型值的群体均值（假设 HWE）。

$$y = Xb + Mg + e \longrightarrow y = Xb + Wg + e \qquad a = Wg$$

$$Var(a) = WW'\sigma_g^2 = WW'\frac{\sigma_a^2}{2\sum p_j(1 - p_j)} = G\sigma_a^2$$

$$G = WW'\frac{1}{2\sum p_j(1 - p_j)}$$

计算 G 的 R 语言程序

```
G_matrix <-function (M) {
# M is the SNP genotype matrix with number of row equal to number of genotyped
# individuals and number of columns equal to number of SNPs
p <-apply (M, 2, mean) /2    # calculate allele frequencies for each SNP
T <-matrix (2 * p, byrow=T, nr=nrow (M), nc=ncol (M) )
W <-M-T
d <-2 * sum (p * (1-p) )
G <-W %*% t (W) /d
return (G)
}
```

G 矩阵的另一种算法（VanRaden，2008）

$$G = \frac{1}{m}WDW'$$

m＝标记的数量

$$D = diag\left\{\frac{1}{2p_i(1 - p_i)}\right\}$$

注意：$2p_i(1 - p_i)$ 是标记基因型值的方差（假设 HWE）。

$$y=Xb+Za+e$$

$$Var(a) = G\sigma_a^2$$

y：参考群个体的表型值向量；

a：参考群和选择群中所有个体的基因组育种值。

MME

$$\begin{bmatrix} X'X & X'Z \\ Z'X & Z'Z + G^{-1}k \end{bmatrix} \begin{bmatrix} \hat{b} \\ \hat{a} \end{bmatrix} = \begin{bmatrix} X'y \\ Z'y \end{bmatrix}$$

$$k = \frac{\sigma_e^2}{\sigma_g^2}$$

方程组大小与标记数量无关。

常规 BLUP：

$$\begin{bmatrix} X'X & X'Z \\ Z'X & Z'Z + A^{-1}k \end{bmatrix} \begin{bmatrix} \hat{b} \\ \hat{a} \end{bmatrix} = \begin{bmatrix} X'y \\ Z'y \end{bmatrix}$$

四、A 矩阵 vs G 矩阵

A：根据系谱计算的个体间加性遗传相关矩阵；

G：根据基因组标记计算的个体间加性遗传相关矩阵。

例如：全同胞间的加性遗传相关

系谱

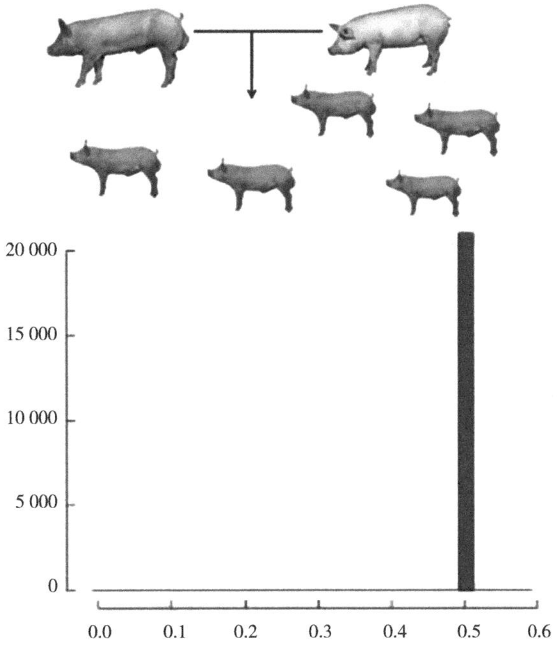

全同胞间的加性遗传相关均为 50%＝平均的（期望的）加性遗传相关
基因组

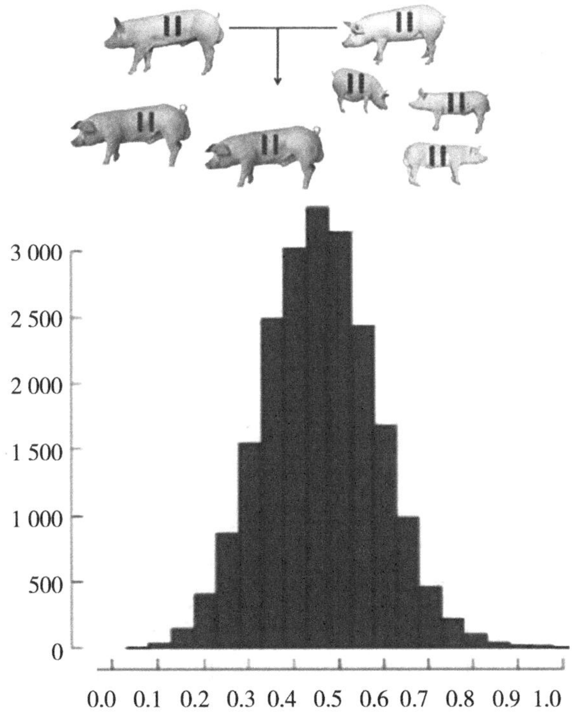

全同胞间的加性遗传相关可大于或小于50%=真实的加性遗传相关

个体	父亲	母亲
1	—	—
2	1	—
3	1	—
4	—	—
5	1	—

$$a = 0.5\,a_s + 0.5\,a_d + m$$

A 矩阵假设不同个体的 m 的相关为 0

G 矩阵考虑了不同个体的 m 的相关

A 矩阵

1	0.5	0.5	0	0.5
0.5	1	0.25	0	0.25
0.5	0.25	1	0	0.25
0	0	0	1	0
0.5	0.25	0.25	0	1

G 矩阵

1	0.5	0.5	0.02	0.5
0.5	1	0.20	0.015	0.20
0.5	0.20	1	0.025	0.30
0.02	0.015	0.025	1	0.025
0.5	0.20	0.30	0.025	1

例 2

	脂肪															
	动物	父亲	母亲	平均	EDC	DYD	SNP 基因型									
参考群	13	0	0	1	558	9.0	2	0	1	1	0	0	0	2	1	2
	14	0	0	1	722	13.4	1	0	0	0	0	2	0	2	1	0
	15	13	4	1	300	12.7	1	1	2	1	1	0	0	2	1	2
	16	15	2	1	73	15.4	0	0	2	1	0	1	0	2	2	1
	17	16	5	1	52	5.0	0	1	1	2	0	0	0	2	1	2
	18	14	6	1	87	7.7	1	1	0	1	0	2	0	2	2	1
	19	14	9	1	64	10.2	0	0	1	1	0	2	0	2	2	0
	20	14	9	1	103	4.8	0	1	1	0	0	1	0	2	2	0

（续表）

	脂肪															
	动物	父亲	母亲	平均	EDC	DYD	SNP 基因型									
选择群	21	1	3	1	13	7.6	2	0	0	0	0	1	2	2	1	2
	22	14	8	1	125	8.8	0	0	0	1	1	2	0	2	0	0
	23	14	11	1	93	9.8	0	1	1	0	0	1	0	2	2	1
	24	14	10	1	66	9.2	1	0	0	0	1	1	0	2	0	0
	25	14	7	1	75	11.5	0	0	0	1	1	2	0	2	1	0
	26	14	12	1	33	13.3	1	0	1	1	0	2	0	1	0	0

EDC：有效女儿贡献（effective daughter contribution）；DYD：女儿产量离差（daughter yield deviation）。

模型

$$y = 1\mu + Za + e$$

假设：

$$\sigma_a^2 = 32.25kg^2$$

$$\sigma_a^2 = 245kg^2$$

$$k = \sigma_e^2/\sigma_a^2 = 6.95$$

基因频率（p_i）=（0.32142857，0.17857143 0.35714286，0.35714286，0.14285714，0.60714286，0.07142857，0.96428571，0.57142857，0.39285714）

$$注意\ p_i = \frac{1}{2}\frac{1}{n}\sum_j^n M_{ij}$$

n = 有基因型的个体数

$$W = \begin{bmatrix} 1.3571429 & -0.3571429 & \cdots & 1.2142857 \\ 0.3571429 & -0.3571429 & \cdots & -0.7857143 \\ \vdots & \vdots & \cdots & \vdots \\ 0.3571429 & -0.3571429 & \cdots & -0.7857143 \end{bmatrix}_{14\times 10} \quad W_{ij} = M\,ij - 2p_j$$

$$W = \begin{bmatrix} 1.4722422 & -0.44556597 & \cdots & -0.26387888 \\ -0.44556597 & 0.74549387 & \cdots & 0.36193223 \\ \vdots & \vdots & \cdots & \vdots \\ -0.26387888 & 0.36193223 & \cdots & 1.10886806 \end{bmatrix}_{14\times 14} \quad G = WW'\frac{1}{2\sum p_j(1-p_j)}$$

$$2\sum p_j(1-p_j) = 3.538265$$

$$X = 1 = \begin{bmatrix} 1 \\ 1 \\ 1 \\ 1 \\ 1 \\ 1 \\ 1 \\ 1 \\ 1 \end{bmatrix}$$

$$\begin{matrix} 13 & 14 & 15 & 16 & 17 & 18 & 19 & 20 & 21 & 22 & 23 & 24 & 25 & 26 \end{matrix}$$

$$Z = \begin{bmatrix} 1 & 0 & 0 & 0 & 0 & 0 & 0 & 0 & 0 & 0 & 0 & 0 & 0 & 0 \\ 0 & 1 & 0 & 0 & 0 & 0 & 0 & 0 & 0 & 0 & 0 & 0 & 0 & 0 \\ 0 & 0 & 1 & 0 & 0 & 0 & 0 & 0 & 0 & 0 & 0 & 0 & 0 & 0 \\ 0 & 0 & 0 & 1 & 0 & 0 & 0 & 0 & 0 & 0 & 0 & 0 & 0 & 0 \\ 0 & 0 & 0 & 0 & 1 & 0 & 0 & 0 & 0 & 0 & 0 & 0 & 0 & 0 \\ 0 & 0 & 0 & 0 & 0 & 1 & 0 & 0 & 0 & 0 & 0 & 0 & 0 & 0 \\ 0 & 0 & 0 & 0 & 0 & 0 & 1 & 0 & 0 & 0 & 0 & 0 & 0 & 0 \\ 0 & 0 & 0 & 0 & 0 & 0 & 0 & 1 & 0 & 0 & 0 & 0 & 0 & 0 \end{bmatrix}$$

$$y = \begin{bmatrix} 9.0 \\ 13.4 \\ 12.7 \\ 15.4 \\ 5.9 \\ 7.7 \\ 10.2 \\ 4.8 \end{bmatrix}$$

$$\begin{bmatrix} 1'1 & 1'Z \\ Z'1 & Z'Z + G^{-1}k \end{bmatrix} \begin{bmatrix} \hat{b} \\ \hat{a} \end{bmatrix} = \begin{bmatrix} 1'y \\ Z'y \end{bmatrix}$$

注意：此例中的 G 不是满秩的，逆矩阵不存在！

一般地，2 种情况下 G 不满秩：

（1）M 中有 2 行（或多行）完全相等，亦即 2 个个体有完全相同的基因型；

（2）标记数<个体数（如此例中的情形）。

解决办法

对 G 进行调整

$$G^* = wG + (1-w)A$$

A：由系谱计算的加性遗传相关矩阵

通常取 W=0.90，0.95 或 0.98

根据 5 代系谱计算的 A 矩阵

A =

13	1.008													
14	0.033	1.037												
15	0.545	0.021	1.041											
16	0.288	0.021	0.536	1.016										
17	0.285	0.031	0.541	0.293	1.020					对称				
18	0.047	0.580	0.036	0.028	0.032	1.062								
19	0.033	0.613	0.021	0.021	0.031	0.365	1.095							
20	0.033	0.613	0.021	0.021	0.031	0.365	0.613	1.095						
21	0.099	0.031	0.082	0.118	0.074	0.028	0.031	0.031	1.021					
22	0.046	0.586	0.032	0.031	0.039	0.351	0.373	0.373	0.044	1.068				
23	0.096	0.569	0.067	0.043	0.047	0.329	0.357	0.357	0.042	0.338	1.050			
24	0.041	0.574	0.027	0.019	0.026	0.331	0.406	0.406	0.028	0.335	0.335	1.056		
25	0.033	0.548	0.035	0.039	0.039	0.315	0.336	0.336	0.037	0.321	0.310	0.310	1.029	
26	0.035	0.588	0.023	0.024	0.039	0.337	0.376	0.376	0.036	0.347	0.341	0.348	0.325	1.070

取 $G^* = 0.95G + 0.05A$，得 MME 的解

	SNP-BLUP	GBLUP		SNP-BLUP	GBLUP
总平均数	9.944	9.944	候选个体		
参考群			21	0.027	0.028
13	0.070	0.060	22	0.114	0.115
14	0.111	0.116	23	-0.240	-0.240
15	0.045	0.049	24	0.143	0.143
16	0.253	0.260	25	0.054	0.054
17	0.495	-0.500	26	0.354	0.353
18	-0.357	-0.359			
19	0.145	0.146			
20	-0.224	-0.231			

例 2 GBLUP 的 R 语言代码

```
nREF <-8          # number of individuals in the training pop.
nSEL <-6          # number of individuals in the selection pop.
nIND <-nREF+nSEL    # number of individuals with genotypes
nSNP <-10   # number of SNPs
k <-6.95
M <-matrix (c (2, 1, 1, 0, 0, ……), nr=nIND, nc=nSNP)
G <-G_matrix (M)
ID <-13 : 26
SIRE <-c (NA, NA, 13, 15, 15, 14, 14, 14, 1, 14, 14, 14, 14, 14)
DAM <-c (NA, NA, 4, 2, 5, 6, 9, 9, 3, 8, 11, 10, 7, 12)
```

```
ID <-factor (ID)
y <-c (9, 13.4, 12.7, 15.4, 5.9, 7.7, 10.2, 4.8, NA, NA, NA, NA, NA, NA)
data <-data.frame (ID, SIRE, DAM, y)
X <-Matrix (model.matrix (y~1, data) )
Z <-Matrix (model.matrix (y ~ data $ ID-1) )
XX <-crossprod (X)
XZ <-crossprod (X, Z)
ZX <-t (XZ)
ZZ <-crossprod (Z)
Xy <-crossprod (X, y [1: nrow (X) ] )
Zy <-crossprod (Z, y [1: nrow (X) ] )
ped <-add.Inds (data)
#add.Inds () is a function in the package "pedigree"
makeA (ped, which = c (rep (FALSE, nrow (ped) - nIND), rep (TRUE, nIND) ) )
#makeA () is a function in the package "pedigree"
A <-read.table ("A.txt")
A [, 1:2] <-A [, 1:2] - (nrow (ped) -nIND)
Amatrix <-Matrix (0, nrow=nIND, ncol=nIND)
Amatrix [as.matrix (A [, 1:2] ) ] <-A [, 3]
dd <-diag (Amatrix)
Amatrix <-Amatrix + t (Amatrix)
diag (Amatrix) <-dd
G1 <-0.95 * G +0.05 * Amatrix
Ginv <-solve (G1)
LHS <-rbind (cbind (XX, XZ), cbind (ZX, ZZ+Ginv * k) )
RHS <-rbind (Xy, Zy)
sol <-solve (LHS, RHS)
tbv<-c (7.6, 8.8, 9.8, 9.2, 11.5, 13.3)
acc<-cor (tbv, sol [10: 15] )
```

注意：该程序的结果与之前给出的结果略有不同，这是因为该程序中使用的 A 矩阵仅根据数据中给出的谱系构建，而不是从谱系追溯到 5 代。

$$
\begin{array}{ll}
 & \text{(Intercept)} \quad 9.9401475 \\
sol= & \begin{bmatrix}
\text{data \$ ID13} & 0.06805916 \\
\text{data \$ ID14} & 0.10956089 \\
\text{data \$ ID15} & 0.05861555 \\
\text{data \$ ID16} & 0.27704867 \\
\text{data \$ ID17} & -0.48409188 \\
\text{data \$ ID18} & -0.34801014 \\
\text{data \$ ID19} & 0.13211242 \\
\text{data \$ ID20} & -0.23741270 \\
\text{data \$ ID21} & 0.02505832 \\
\text{data \$ ID22} & 0.11113740 \\
\text{data \$ ID23} & -0.22811951 \\
\text{data \$ ID24} & 0.13800476 \\
\text{data \$ ID25} & 0.05373792 \\
\text{data \$ ID26} & 0.33775946
\end{bmatrix}
\end{array}
$$

五、ss-GBLUP（Single-step GBLUP）

利用有表型但无标记基因型的个体的表型信息

$$y = Xb + Za + e$$

$$y = \begin{bmatrix} y_1 \\ y_2 \end{bmatrix} \begin{matrix} \text{无基因型的个体的表型值向量} \\ \text{参考群个体表型值向量} \end{matrix}$$

$$a = \begin{bmatrix} a_1 \\ a_2 \end{bmatrix} \begin{matrix} \text{无基因型的个体的育种值向量} \\ \text{有基因型的个体（参考群和选择群）的育种值向量} \end{matrix}$$

如果不考虑标记信息

$$E\begin{bmatrix} a_1 \\ a_2 \end{bmatrix} = \begin{bmatrix} 0 \\ 0 \end{bmatrix} \qquad Var\begin{bmatrix} a_1 \\ a_2 \end{bmatrix} = A\sigma_a^2 = \begin{bmatrix} A_{11} & A_{12} \\ A_{21} & A_{22} \end{bmatrix}\sigma_a^2$$

假设 a 服从正态分布，则

$$E(a_1 \mid a_2) = A_{12}A_{22}^{-1}a_2$$

$$Var(a_1 \mid a_2) = \sigma_a^2(A_{11} - A_{12}A_{22}^{-1}A_{21})$$

因此，可将 a_1 表示为

$$a_1 = A_{12}A_{22}^{-1}a_2 + \varepsilon$$

$$a_2 \text{ 和 } \varepsilon \text{ 相互独立}$$

$$\varepsilon \sim N(0,\ \sigma_a^2(A_{11} - A_{12}A_{22}^{-1}A_{21}))$$

$$Var(a_1) = A_{12}A_{22}^{-1}Var(a_2)A_{22}^{-1}A_{21} + \sigma_a^2(A_{11} - A_{12}A_{22}^{-1}A_{21})$$

如果考虑标记信息，a_2 个体间的关系可完全由标记决定，无须考虑系谱，所以

$$Var(a_2) = G\sigma_a^2 \qquad Cov(a_1,\ a'_2) = Cov(A_{12}A_{22}^{-1}a_2,\ a'_2) = \sigma_a^2A_{12}A_{22}^{-1}G$$

$$Var(a_1) = \sigma_a^2A_{12}A_{22}^{-1}GA_{22}^{-1}A_{21} + \sigma_a^2(A_{11} - A_{12}A_{22}^{-1}A_{21})$$

于是

$$Var\begin{bmatrix}a_1\\a_2\end{bmatrix}=\sigma_a^2\begin{bmatrix}A_{12}A_{22}^{-1}GA_{22}^{-1}A_{21}+A_{11}-A_{12}A_{22}^{-1}A_{21} & A_{12}A_{22}^{-1}G\\ GA_{22}^{-1}A_{21} & G\end{bmatrix}=\sigma_a^2H$$

$$H^{-1}=A^{-1}+\begin{bmatrix}0 & 0\\0 & G^{-1}-A_{22}^{-1}\end{bmatrix}$$

H^{-1} 的导出

$$A^{-1}=I\longrightarrow\begin{bmatrix}A^{11} & A^{12}\\A^{21} & A^{22}\end{bmatrix}\begin{bmatrix}A_{11} & A_{12}\\A_{21} & A_{22}\end{bmatrix}=\begin{bmatrix}I & 0\\0 & I\end{bmatrix}$$

$$A^{11}A_{11}+A^{21}A_{21}=I\qquad A^{11}A_{12}+A^{12}A_{22}=0$$

$$A^{21}A_{11}+A^{22}A_{21}=0\qquad A^{21}A_{12}+A^{22}A_{22}=I$$

$$\begin{bmatrix}A^{11} & A^{12}\\A^{21} & A^{22}\end{bmatrix}=$$

$$\begin{bmatrix}(A_{11}-A_{12}A_{22}^{-1}A_{21})^{-1} & -(A_{11}-A_{12}A_{22}^{-1}A_{21})^{-1}A_{12}A_{22}^{-1}\\ -A_{22}^{-1}A_{21}(A_{11}-A_{12}A_{22}^{-1}A_{21})^{-1} & A_{22}^{-1}+A_{22}^{-1}A_{21}(A_{11}-A_{12}A_{22}^{-1}A_{21})^{-1}A_{12}A_{22}^{-1}\end{bmatrix}$$

类似地

$$\begin{bmatrix}H^{11} & H^{12}\\H^{21} & H^{22}\end{bmatrix}\begin{bmatrix}H_{11} & H_{12}\\H_{21} & H_{22}\end{bmatrix}=\begin{bmatrix}I & 0\\0 & I\end{bmatrix}$$

容易证明

$$H^{11}=A^{11}\qquad H^{12}=A^{12}\qquad H^{21}=A^{21}\qquad H^{22}=G^{-1}-A_{22}^{-1}+A^{22}$$

因此

$$H^{-1}=A^{-1}+\begin{bmatrix}0 & 0\\0 & G^{-1}-A_{22}^{-1}\end{bmatrix}$$

注意：$A_{22}^{-1}\neq A^{22}$

MME

$$\begin{bmatrix}X'X & X'Z\\Z'X & Z'Z+H^{-1}k\end{bmatrix}\begin{bmatrix}\hat{b}\\\hat{a}\end{bmatrix}=\begin{bmatrix}X'y\\Z'y\end{bmatrix}$$

$$k=\frac{\sigma_e^2}{\sigma_a^2}$$

GBLUP

$$\begin{bmatrix}X'X & X'Z\\Z'X & Z'Z+G^{-1}k\end{bmatrix}\begin{bmatrix}\hat{b}\\\hat{a}\end{bmatrix}=\begin{bmatrix}X'y\\Z'y\end{bmatrix}$$

常规 BLUP

$$\begin{bmatrix}X'X & X'Z\\Z'X & Z'Z+A^{-1}k\end{bmatrix}\begin{bmatrix}\hat{b}\\\hat{a}\end{bmatrix}=\begin{bmatrix}X'y\\Z'y\end{bmatrix}$$

		脂肪																
		动物	父亲	母亲	平均	EDC	DYD	SNP 基因型										
有基因型	有表型没	13	0	0	1	558	9.0	2	0	1	1	0	0	0	2	1	2
		14	0	0	1	722	13.4	1	0	0	0	0	2	0	2	1	0
		15	13	4	1	300	12.7	1	1	2	1	1	0	0	2	1	2
		16	15	2	1	73	15.4	0	0	2	1	0	1	0	2	2	1
		17	15	5	1	52	6.0	0	1	1	2	0	0	0	2	1	2
和表型	有基因型	18	14	6	1	87	7.7	1	1	0	1	0	2	0	2	2	1
		19	14	9	1	64	10.2	0	0	1	1	0	2	0	2	2	0
		20	14	9	1	103	4.8	0	1	1	0	0	1	0	2	2	0
		21	1	3	1	13	7.6	2	0	0	0	0	1	2	2	1	2
		22	14	8	1	125	8.8	0	0	0	1	1	2	0	2	0	0
有表型	没基因型	23	14	11	1	93	9.8	0	1	1	0	0	1	0	2	2	1
		24	14	10	1	66	9.2	1	0	0	0	1	1	0	2	0	0
		25	14	7	1	75	11.5	0	0	0	1	1	2	0	2	1	0
		26	14	12	1	33	13.3	1	0	1	1	0	2	0	1	0	0

$$G=\begin{bmatrix} 0.762 & 0.209 & 0.093 & 0.096 & -0.137 & 0.149 & -0.330 & 0.091 & -0.176 \\ 0.209 & 0.801 & 0.394 & -0.690 & 0.152 & 0.170 & -0.307 & 0.380 & 0.114 \\ 0.093 & 0.394 & 0.839 & -0.537 & -0.232 & 0.592 & -0.154 & -0.004 & -0.270 \\ 0.096 & -0.690 & -0.537 & 2.217 & -0.497 & -0.211 & 0.115 & -0.537 & -0.268 \\ -0.137 & 0.152 & -0.232 & -0.497 & 1.184 & -0.445 & 0.686 & 0.840 & 0.572 \\ 0.149 & 0.170 & 0.592 & -0.221 & -0.445 & 0.684 & -0.368 & -0.216 & -0.493 \\ -0.330 & -0.307 & -0.154 & 0.115 & 0.686 & -0.368 & 1.067 & 0.378 & 0.380 \\ 0.091 & 0.380 & -0.004 & -0.537 & 0.840 & -0.216 & 0.378 & 0.836 & 0.264 \\ -0.176 & 0.114 & -0.270 & -0.268 & 0.572 & -0.483 & 0.380 & 0.264 & 1.107 \end{bmatrix}_{9\times 9}$$

$$A_{22}=\begin{bmatrix} 1.062 & & & & & & & & \\ 0.365 & 1.095 & & & & & & & \\ 0.365 & 0.613 & 1.095 & & & & \text{对称} & & \\ 0.028 & 0.031 & 0.031 & 1.021 & & & & & \\ 0.351 & 0.373 & 0.373 & 0.044 & 1.068 & & & & \\ 0.329 & 0.357 & 0.357 & 0.042 & 0.338 & 1.050 & & & \\ 0.331 & 0.406 & 0.406 & 0.028 & 0.335 & 0.335 & 1.056 & & \\ 0.315 & 0.336 & 0.336 & 0.037 & 0.321 & 0.310 & 0.310 & 1.029 & \\ 0.337 & 0.376 & 0.376 & 0.036 & 0.347 & 0.341 & 0.348 & 0.325 & 1.070 \end{bmatrix} \quad G^{*}=0.65G+0.5A22$$

MME 的解

平均效应	6.895
有表型记录的动物 EBV	
13	3.114
14	1.697
15	4.200
16	3.842
17	2.861
有基因型记录的动物 GEBV	
18	1.477
19	1.410
20	0.572
21	0.691
22	1.526
23	0.036
24	0.564
25	1.765
26	0.527

六、Bayesian alphabets

$$y_i = \mu + \sum_{j=1}^{n} \delta_j x_{ij} g_j + e_i$$

x_{ij}：SNP 基因型（0/1/2）

g_j：SNP 效应

δ_j：SNP 效应指示变量（0/1）（$\delta_j=0$ 表示该 SNP 效应为 0）Prob（$\delta_j=0$）$=\pi$

$$GEBV_i = \sum_{j=1}^{n} x_{ij} \hat{g}_j$$

方法	π	g_j 的分布	Var（g_j）
RR-BLUP	0	正态	所有 SNP 相同
Bayes A	0	t 分布	每个 SNP 特异
Bayes B	给定值 > 0	非零效应 SNP-t 分布	每个非零效应 SNP 特异
Bayes Cπ	由样本估计	非零效应 SNP-正态	所有非零效应 SNP 相同
Bayes R	3 个□由样本估计	4 个正态分布的混合	每个分布不同

七、GEBV 的准确性

GEBV 与真实育种值（TBV）的相关系数 $r_{GEBV,\ TBV}$

影响准确性的因素

（1）群体的遗传结构（有效群体大小）；

（2）性状的遗传基础（遗传力，QTL 数量）；

（3）参考群体的大小；

（4）选择群体与参考群的关系；

（5）标记密度；

（6）基因组育种值估计方法。

理论预测（假设标记密度足够大）

$$r = \sqrt{Nh^2/(Nh^2 + q)}$$ （Daetwyler *et al.*，2008）

N=参考群大小

h^2=遗传力

q=QTL 数量≈$2N_eL$

N_e=有效群体大小

L=基因组长度（Morgen）

遗传力和参考群大小的影响

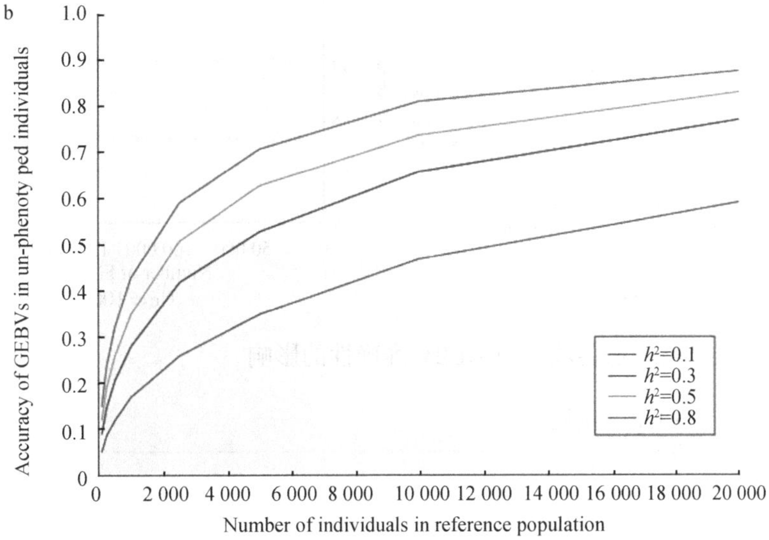

有效群体大小的影响

标记密度的影响

（1）基因组选择依赖于标记与 QTL 间的连锁不平衡（LD）；

（2）标记与 QTL 之间的 LD 取决于标记密度；

（3）需要的标记密度。

$$> 10 \times N_e \times L$$ （Meuwissen *et al.*，2009）

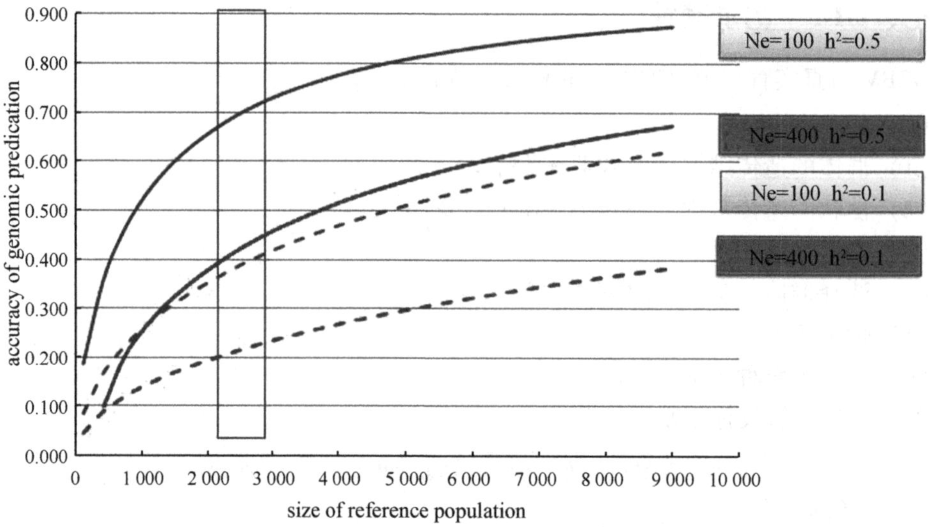

对于奶牛：$N_e \approx 100$，L=30M

$$10 \times 100 \times 30 = 30000$$

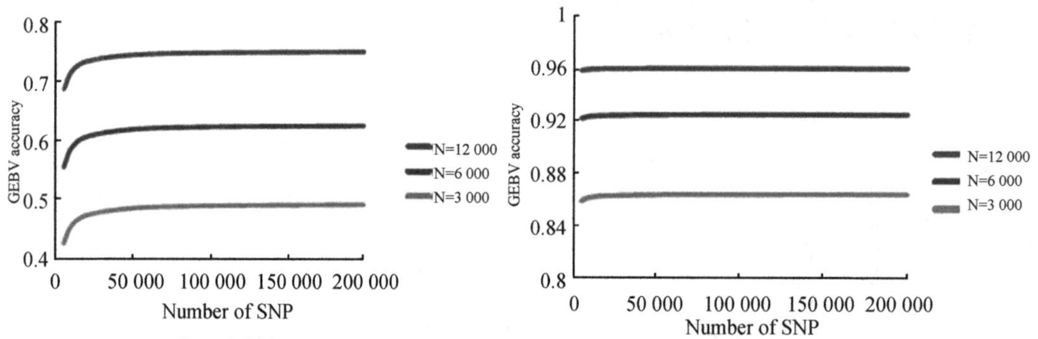

Ne=1 000　　　　Ne=100

参考群与候选群的遗传联系对 GEBV 准确性的影响

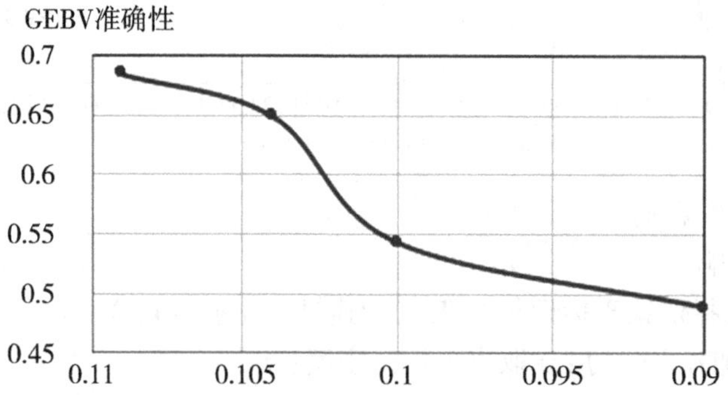

参考群与候选群的平均遗传联系（Malena Erbe，dissertation，2013）

如何估计

（1）在模拟研究中可直接计算 $r_{GEBV,\ TBV}$（TBV 已知）；

（2）对于实际资料（TBV 未知）。

① 由混合模型方程组计算

和常规 BLUP 中计算 EBV 的准确性相同，在经历选择的群体中会高估准确性。

② 用验证群体估计

建立独立的验证群体，用参考群进行交叉验证（cross validation），计算验证群中个体的 EBV 及其准确性 $r_{EBV,\ TBV}$，计算验证群中 GEBV 与 EBV 之间的相关 $r_{GEBV,\ EBV}$。

$$r_{GEBV,\ TBV} \approx \frac{r_{GEBV,\ EBV}}{r_{EBV,\ TBV}}$$

独立验证群体

由参考群体（表型+标记）估计标记效应，后验证群体（表型+标记）计算 EBV 和 GEBV，计算 $r_{GEBV,\ EBV}$。

交叉验证（cross validation）

10 倍交叉验证

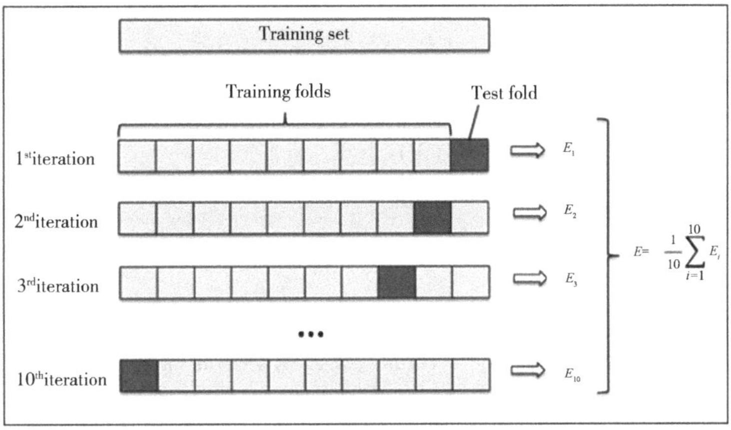

练　习

对例 1，用 GBLUP 估计参考群和选择群的 GEBV。

```
nREF <-5          # number of individuals in the training pop.
nSEL <-5          # number of individuals in the selection pop.
nIND <-nREF+nSEL    # number of individuals with genotypes
nSNP <-10   # number of SNPs
k <-1
M <-matrix (c (0, 1, 1, 1, 0, 1, 1, 1, 1, 0,
```

```
              0, 0, 0, 1, 1, 1, 0, 0, 0, 0,
              0, 0, 0, 1, 1, 1, 0, 0, 0, 0,
              0, 1, 1, 1, 1, 1, 1, 1, 1, 0,
              0, 1, 0, 0, 1, 1, 1, 1, 1, 0,
              0, 1, 0, 1, 1, 1, 1, 1, 1, 0,
              1, 2, 1, 2, 2, 2, 2, 2, 2, 1,
              2, 1, 1, 1, 1, 1, 1, 1, 1, 2,
              0, 0, 1, 1, 0, 0, 0, 0, 0, 0,
              2, 1, 1, 1, 1, 1, 1, 1, 1, 2), nr=nIND, nc=nSNP)
G <-G_matrix (M)
ID <-1 : 10
ID <-factor (ID)
y <-c (0.19, 1.23, 0.86, 1.23, 0.45, NA, NA, NA, NA, NA)
data <-data.frame (ID, y)
X <-Matrix (model.matrix (y~1, data) )
Z <-Matrix (model.matrix (y ~ data $ ID-1) )
XX <-crossprod (X)
XZ <-crossprod (X, Z)
ZX <-t (XZ)
ZZ <-crossprod (Z)
Xy <-crossprod (X, y [1: nrow (X) ] )
Zy <-crossprod (Z, y [1: nrow (X) ] )

G1<-G+diag (0.01, 10, 10)
Ginv <-solve (G1)
LHS <-rbind (cbind (XX, XZ), cbind (ZX, ZZ+Ginv*k) )
RHS <-rbind (Xy, Zy)
sol <-solve (LHS, RHS)
sol

q <-10
nh <-1
C <-solve (LHS)
Czz <-C [ (nh+1): (nh+q), (nh+1): (nh+q) ]
dd<-diag (Czz)

REL<-c ()
for (i in (1: q) ) {
```

```
rel<-1- (k* dd [i] )
  REL<-rbind (REL, rel)
}
REL
```

第十章　贝叶斯统计在动物育种中的应用

一、马尔科夫蒙特卡罗（MCMC）

MCMC（Markov Chain Monte Carlo）方法突破了原本极为困难的计算问题，它通过模拟的方式对高维积分进行计算，进而使原本异常复杂的高维积分计算问题迎刃而解。设$f(\theta|y)$为一高维函数，即使$f(\theta|y)$的计算是可行的，获的$f(\theta_i|y)$也需要计算高维积分。因此可以从$f(\theta|y)$的经验后验分布抽样来进行统计推断。吉布斯抽样（Gibbs sampler）是经常使用的方法之一。

假设由$f(x_1, x_2, \cdots, x_n)$抽样，即使计算可行，直接抽样经常也是十分困难的。Gibbs 抽样的步骤如下：

（1）给定初始值x^0；

（2）抽取x^t

$$x_1^t \sim f(x_1 | x_2^{t-1}, x_3^{t-1}, \wedge, x_n^{t-1})$$
$$x_2^t \sim f(x_2 | x_1^t, x_3^{t-1}, \wedge, x_n^{t-1})$$
$$x_3^t \sim f(x_3 | x_1^t, x_2^t, \wedge, x_n^{t-1})$$
$$\vdots$$
$$x_n^t \sim f(x_n | x_1^t, x_2^t, \wedge, x_{n-1}^t)$$

由x^1、x^2、$\wedge$、x^n构成“平稳分布”（Stationary Distribution）为$f(x_1, x_2, \wedge, x_n)$的马尔科夫链，可由此进行统计推断，具有如下性质：

（1）不可约性：由任一状态i出发可抵达另一任意状态j；

（2）正递归性：可在有限时间内抵达任一状态。

二、贝叶斯推断在线性模型中的应用

简单线性模型的参数可用贝叶斯统计估计，这里分别使用 Gibbs 抽样和最小二乘法对以下模型的截距、斜率和剩余方差进行估计。

$$y_i = \beta_0 + x_i\beta_1 + e_i \qquad (1)$$

此处，第i个观察值为y_i，β_0是截距，β_1是斜率，x_i是自变量，e_i是残差；截距和斜率的先验分布为均匀分布；残差服从独立同分布的正态分布$N(0, \sigma_e^2)$，σ_e^2的先验分布为逆卡方分布。上式的矩阵形式为

$$y = X\beta + e$$

此处

$$X=\begin{bmatrix}1 & x_1\\ 1 & x_2\\ \vdots & \vdots\\ 1 & x_n\end{bmatrix}$$

因此，β 的最小二乘估计为 $\hat{\beta}=(X'X)^{-1}X'y$，其方差为 $Var(\hat{\beta})=(X'X)^{-1}\sigma_e^2$。

以下由贝叶斯推断估计参数，从 $f(\beta \mid y,\ \sigma_e^2)$ 抽取 β，使用贝叶斯定理，其条件密度为

$$\begin{aligned}f(\beta \mid y,\ \sigma_e^2)&=\frac{f(y \mid \beta,\ \sigma_e^2)f(\beta)f(\sigma_e^2)}{f(y,\ \sigma_e^2)}\\ &\propto f(y \mid \beta,\ \sigma_e^2)f(\beta)f(\sigma_e^2)\\ &\propto f(y \mid \beta,\ \sigma_e^2)\\ &=(2\pi\sigma_e^2)^{-n/2}\exp\left\{-\frac{1}{2}\frac{(y-X\beta)'(y-X\beta)}{\sigma_e^2}\right\}\end{aligned} \tag{2}$$

（2）式为 n 维正态分布，平均值为 $X\beta$，协方差矩阵为 $I\sigma_e^2$。因为 $f(\beta \mid y,\ \sigma_e^2)$ 是二维密度函数，所以（2）式指数部分二次型 $Q=(y-X\beta)'(y-X\beta)$ 可以重排为：

$$\begin{aligned}Q&=(y-X\beta)'(y-X\beta)\\ &=y'y-2y'X\beta+\beta'(X'X)\beta\\ &=y'y+(\beta-\hat{\beta})'(X'X)(\beta-\hat{\beta})-\hat{\beta}'(X'X)\hat{\beta}\end{aligned} \tag{3}$$

此处 $\hat{\beta}$ 是 $(X'X)\hat{\beta}=X'y$ 的解，即用最小二乘估计的 β。在（3）式中只有第二部分与 β 有关。这样，$f(\beta \mid y,\ \sigma_e^2)$ 能被写为

$$f(\beta \mid y,\ \sigma_e^2)\propto \exp\left\{-\frac{1}{2}\frac{(\beta-\hat{\beta})'(X'X)(\beta-\hat{\beta})}{\sigma_e^2}\right\}$$

上式右侧部分为均值 $\hat{\beta}$，方差为 $(X'X)^{-1}\sigma_e^2$ 的二元正态分布，这样为了简单起见，此处设 β 后验分布的均值为上面的最小二乘解，使用 Gibbs 抽样法在本例子中没有必要，这里只是为了阐明 Gibbs 抽样如何使用。为了对 β 进行抽样，将上面的线性模型改写为：

$$y=1\beta_0+x\beta_1+e$$

在 Gibbs 抽样中，β_0 的完全后验分布为 $f(\beta_0 \mid y,\ \beta_1,\ \sigma_e^2)$，由此可以计算当前抽样的 β_1 和 σ_e^2，因此我们可将模型改写为

$$w_0=1\beta_0+e$$

此处，$w_0=y-x\beta_1$，则 β_0 的最小二乘估计为

$$\hat{\beta}_0=\frac{1'w_0}{1'1}$$

此估计值的方差为

$$Var(\hat{\beta}_0)=\frac{\sigma_e^2}{1'1}$$

β_0 的完全条件后验分布为均值 $\hat{\beta}_0$，方差 $\frac{\sigma_e^2}{1'1}$ 的正态分布。与此类似，β_1 的完全条件后验分布也是正态分布，其均值为

$$\hat{\beta}_1 = \frac{x'w_1}{x'x}$$

方差为 $\frac{\sigma_e^2}{x'x}$，此处 $w_1 = y - 1\beta_0$。此处，我们使用 σ_e^2 的真值进行计算。

σ_e^2 的完全条件后验分布为逆卡方分布，其密度函数为

$$f(\sigma_e^2) = \frac{(S_e^2 v_e/2)^{v_e/2}}{\Gamma(v_e/2)}(\sigma_e^2)^{-(2+v_e)/2}\exp\left\{-\frac{v_e S_e^2}{2\sigma_e^2}\right\} \qquad (4)$$

此处 S_e^2 和 v_e 分别为尺度参数和自由度，由贝叶斯定理合并先验分布和似然函数（2），剩余方差的完全后验分布为：

$$\begin{aligned} f(\sigma_e^2 \mid y, \beta) &= \frac{f(y \mid \beta, \sigma_e^2) f(\beta) f(\sigma_e^2)}{f(y, \beta)} \\ &\propto f(y \mid \beta, \sigma_e^2) f(\beta) f(\sigma_e^2) \\ &\propto (\sigma_e^2)^{-n/2}\exp\left\{-\frac{1}{2}\frac{(y - X\beta)'(y - X\beta)}{\sigma_e^2}\right\} \times (\sigma_e^2)^{-(2+v_e)/2}\exp\left\{-\frac{v_e S_e^2}{2\sigma_e^2}\right\} \\ &= (\sigma_e^2)^{-(n+2+v_e)/2}\exp\left(-\frac{(y - X\beta)'(y - X\beta) + v_e S_e^2}{2\sigma_e^2}\right) \end{aligned} \qquad (5)$$

比较（4）和（5）式，可以看出其服从自由度为 $\tilde{v}_e = n + v_e$，尺度参数为 $\tilde{S}_e^2 = \frac{(y - X\beta)'(y - X\beta) + v_e S_e^2}{\tilde{v}_e}$ 的逆卡方分布，因此 σ_e^2 可由 $\frac{(y - X\beta)'(y - X\beta) + v_e S_e^2}{\chi^2_{\tilde{v}_e}}$ 抽样获得，此处 $\chi^2_{\tilde{v}_e}$ 是自由度为 $\tilde{v}_e$ 的卡方分布。

斜率 β_1 的先验分布为正态分布 $N(0, \sigma_\beta^2)$，且 σ_β^2 已知时的参数推断，设模型为：$y = 1\beta_0 + x\beta_1 + e$

此处，我们假设 β_0 的先验分布为均匀分布，参数 $\theta' = [\beta, \sigma_e^2]$ 的完全后验分布为

$$\begin{aligned} f(\theta \mid y) &\propto f(y \mid \theta) f(\theta) \\ &\propto (\sigma_e^2)^{-n/2}\exp\left\{-\frac{(y - 1\beta_0 - x\beta_1)'(y - 1\beta_0 - x\beta_1)}{2\sigma_e^2}\right\} \\ &\quad \times (\sigma_\beta^2)^{-1/2}\exp\left\{-\frac{\beta_1^2}{2\sigma_\beta^2}\right\} \\ &\quad \times (\sigma_e^2)^{-(2+v_e)/2}\exp\left\{-\frac{v_e S_e^2}{2\sigma_e^2}\right\} \end{aligned}$$

β_1 的完全条件分布可去除所有与 β_1 无关的项而获得：

$$f(\beta_1 \mid ELSE) \propto \exp\left\{-\frac{(y - 1\beta_0 - x\beta_1)'(y - 1\beta_0 - x\beta_1)}{2\sigma_e^2}\right\} \times \left\{-\frac{\beta_1^2}{2\sigma_\beta^2}\right\}$$

$$\propto \exp\left\{-\frac{w'w - 2w'x\beta_1 + \beta_1^2(x'x + \sigma_e^2/\sigma_\beta^2)}{2\sigma_e^2}\right\}$$

$$\propto \exp\left\{-\frac{w'w - (\beta_1 - \hat{\beta}_1)^2(x'x + \sigma_e^2/\sigma_\beta^2) - \hat{\beta}_1^2(x'x + \sigma_e^2/\sigma_\beta^2)}{2\sigma_e^2}\right\}$$

$$\propto \exp\left\{-\frac{(\beta_1 - \hat{\beta}_1)^2}{\dfrac{2\sigma_e^2}{(x'x + \sigma_e^2/\sigma_\beta^2)}}\right\}$$

此处，$\hat{\beta}_1 = \dfrac{x'w}{(x'x + \sigma_e^2/\sigma_\beta^2)}$，$w = y - 1\beta_0$，因此$\beta_1$的完全条件后验分布为平均数$\hat{\beta}_1$，方差为$\dfrac{2\sigma_e^2}{(x'x + \sigma_e^2/\sigma_\beta^2)}$的正态分布。

三、R 语言代码

1. 模拟数据

```
n=20 # number of observations
k=1 # number of covariates
x=matrix (sample (c (0, 1, 2), n*k, replace=T), nrow=n, ncol=k)
X=cbind (1, x)
head (X)
     [, 1] [, 2]
[1,]    1    1
[2,]    1    2
[3,]    1    1
[4,]    1    0
[5,]    1    2
[6,]    1    0
betaTrue=c (1, 2)
y=X %*% betaTrue + rnorm (n, 0, 1)
head (y)
           [, 1]
[1,]   3.6252194
[2,]   5.8042673
[3,]   2.7079506
[4,]  -0.5465267
[5,]   5.7501353
[6,]   0.5530680
```

2. 由最小二乘法估计参数

```
XPX=t (X)%*% X
rhs=t (X)%*% y
(XPXi=solve (XPX) )
[, 1]                [, 2]
[1,]     0.11848341   -0.08056872
[2,]  -0.08056872    0.09478673
(betaHat=XPXi %*% rhs)
          [, 1]
[1,] 0.8758475
[2,] 2.4186175
eHat=y-X %*% betaHat
(resVar=t (eHat)%*% eHat/ (n-2) )
            [, 1]
[1,] 1.451384
```

3. Gibbs 抽样

```
beta=c (0, 0) # starting values for beta
# loop for Gibbs sampler
niter=10000 # number of samples
meanBeta=c (0, 0)
for (iter in 1: niter) {
  # sampling intercept
  w=y-X [, 2] * beta [2]
  x=X [, 1]
  xpxi=1/ (t (x)%*% x)
  betaHat=t (x)%*% w * xpxi
  beta [1] =rnorm (1, betaHat, sqrt (xpxi) ) # using residual var=1
  # sampling slope
  w=y-X [, 1] * beta [1]
  x=X [, 2]
  xpxi=1/ (t (x)%*% x)
  betaHat=t (x)%*% w * xpxi
  beta [2] =rnorm (1, betaHat, sqrt (xpxi) ) # using residual var=1
  meanBeta=meanBeta + beta
  if ( (iter%%1000) = =0) {
    cat (sprintf ("Intercept=%6.3f \ n", meanBeta [1] /iter) )
    cat (sprintf ("Slope=%6.3f \ n", meanBeta [2] /iter) )
  }
```

```
}
Intercept=   9.610
Slope=26.643
Intercept=   5.238
Slope=14.534
Intercept=   3.788
Slope=10.489
Intercept=   3.058
Slope=   8.474
Intercept=   2.613
Slope=   7.270
Intercept=   2.324
Slope=   6.461
Intercept=   2.115
Slope=   5.885
Intercept=   1.959
Slope=   5.453
Intercept=   1.840
Slope=   5.115
Intercept=   1.744
Slope=   4.845
```